U0119217

大廚食材完全指南

Adrian Bailey 著

進口食材採購指南

◆元寶實業股份有限公司

進口食材／法國烘焙原料、澳洲乳酪、法國奶油及乳酪

門市地址　台北市環山路二段133號一樓

聯絡電話　(02) 2657-7058

＊中、南部讀者可電洽，詢問較近的經銷商

◆禾廣有限公司

進口食材／乳酪、蔬菜、香料

聯絡電話　(02) 2741-6564

◆尖東貿易有限公司

進口食材／香料

地址　請電話洽詢，介紹您到方便的零售點購買

聯絡電話　(02) 8630-3566

◆東遠國際有限公司

進口食材／沙拉蔬菜、乳酪、義大利式香腸、香料、醃漬品、醬料、蝦貝類及軟體動物

地址　台北市汀州路二段201巷3號二樓

聯絡電話　(02) 2365-0633

＊如果您需要上述以外的食材，可電洽訂購，每週皆有一次航班

◆海森食品

進口食材／蔬菜、香料、肉類、煙燻鮭魚、鵝肝醬、魚子醬、果醬、乳酪、鮮奶油、醃漬品、義大利麵醬、義大利麵、義大利式香腸

門市地址　台北市興安街214號

門市電話　(02) 2712-6470

＊門市另附設歐菜餐廳，菜色可預先指訂，或由專責人員設計搭配

＊如果您需要上述以外的食材，可電洽訂購，凡是政府許可進口的食材，最晚於兩週內送達

＊中、南部讀者可來電洽詢方便購買的零售點

推薦序

了解食材，
是烹飪的第一步，也是最高境界

台北凱悅大飯店凱菲屋主廚　施紀明

當你從書架上拾起這本書，知道它的內容爲有關食材的介紹，或許心中會問，「這和廚藝或生活有什麼直接關係呢？」首先我要說，如果你只當它是本有趣的食材圖鑑匆匆瀏覽，那就太可惜了。

許多人學習烹飪的第一步都是從食譜開始，然而，「烹小鮮如治大國」，要從根本做起。如果你知道如何挑選品質好的食材，知道如何烹調最能帶出它的美味，了解搭配什麼樣的菜色、香料或醬汁最能相得益彰，你必定能夠燒出一手好菜來。更何況，烹飪的眞正樂趣始於自發性的組合創造，信手拈來都能組合出一道道讓人心滿意足、笑容滿面的可口佳餚，這就更需要對食材有充分的認識才行。

事實上，早在十年前國外就已有這類書籍的出版，例如大開本的《The Book of Ingredients》，和這本《大廚食材完全指南》的原文版《Cook's Ingredients》。當時，國內尚缺乏中文版的食材書，許多人只好買來原文版邊查字典邊閱讀，直到今天，才終於得見中文版的問世。而在這十年之間，這本食材書雖幾經改版，卻一直是國內許多餐飲從業人員不可或缺的工具書，至今歷久不衰，除了因爲內容詳盡、開本大小也較適當外，它精美的圖片與文字搭配說明，對所有愛好者來說，都具有極實用的價値。

此外，對於喜好旅遊的朋友來說，食材書也必定助益良多。從大處來說，「吃」這門人生大事最能直接反應生活，乃至社會狀況，因此從食物就可以了解當地的文化梗概；進一步來說，即使人到了國外，也能懂得細細品味食物的好壞，而不只是像劉姥姥逛大觀園般看看熱鬧。看了本書，你會曉得在德國該吃哪一種香腸、知道鱘魚卵才是眞正的正宗魚子醬，當你看見Roquefort乳酪，就明白自己和「乳酪之王」相逢了。即使身在國外，對於吃你還是能保有相當的聰明，不致失去判斷能力。至少，你不必拿著菜單糊塗亂指，硬是把不合胃口的食物囫圇吞下，甚至還可以利用書裡的圖片，和服務人員做清楚的溝通。

這本《大廚食材完全指南》共集結了世界各國五花八門的食材，是英國DK出版社多年來的重量級好書，雖然在比例上仍以西方爲主，不過在台灣這塊彈丸之地依舊能悉數取得，左頁所附的進口食材採購指南，相信能夠提供您滿意的答案。

A DORLING KINDERSLEY BOOK
www.dk.com

DIY生活百科 9：大廚食材完全指南

Original title : DK POCKET ENCYCLOPEDIA : COOK'S INGREDIENTS

翻譯　陳系貞
系列主編　謝宜英 張瑩瑩
責任編輯　陳穎潔 / 特約編輯　趙慧如
電腦排版　李曉青
電腦排版　黃文慧　陳金德　鄭麗玉
發行人　蘇拾平
出版　貓頭鷹出版社
發行　城邦文化事業股份有限公司
台北市信義路二段 213 號 11 樓
http://www.cite.com.tw
讀者服務專線　(02) 2396-5698
傳真：(02) 2357-0954
郵撥帳號 18966004 城邦文化事業股份有限公司
香港發行所　城邦(香港)出版集團
電話：852-25086231　傳真：852-25789337
馬新發行所　城邦(馬新)出版集團
電話：603-90563833　傳真：603-90562833
印製　五洲彩色製版印刷股份有限公司
初版　1999 年 10 月 / 初版十六刷　2002年 5月

定價　新臺幣 450 元

ISBN 957-0337-06-0

目　錄

前言

今天一般的食品店裡陳列著令人目不暇給的烹飪材料。但是您知道「蔬菜義大利直麵」是什麼嗎？您曾想過爲什麼龍蝦煮熟後顏色會轉紅？而Parmesan乳酪是怎麼做的嗎？又眞的了解洋蔥是什麼嗎？當然，市面上有成千上萬的食譜，教導讀者做各式菜樣，但是它們幾乎都忽略了一件重要的事，那就是好的烹調方式和健康的進食方法必須仰賴對於食材的認識，以及了解材料的最佳準備方法。

這些年來，消費者已經開始仔細審視商品標籤，好清楚知道他們究竟給家人吃進些什麼：是有益健康的食物，還是一堆防腐劑。今天人們想要的是高品質的天然食材，這也代表商店裡所陳列的各類食物必須要跟上時代。米不再僅僅是米，它區分成巴斯馬帝米、巴特那米和糙米，同時還有許多不同穀物可以替代稻米：您知道玉米粉、黃豆粉和未發酵的麵粉到底是什麼嗎？該如何運用呢？

食譜常忽略了食物的可塑性。今日的熟食店裡堆成山的乳酪及義大利香腸，眞是讓人賞心悅目。光是看

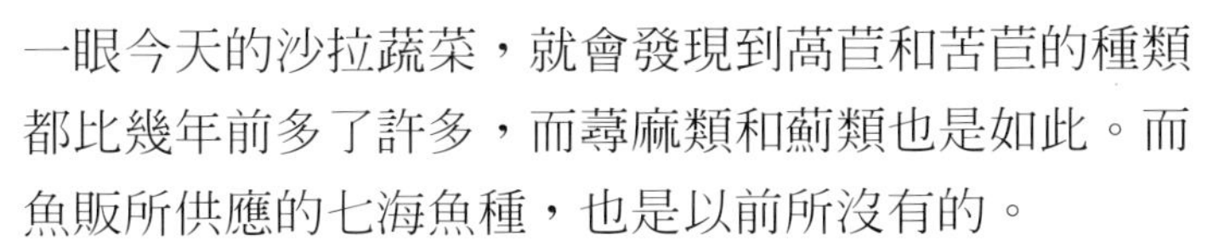

一眼今天的沙拉蔬菜，就會發現到萵苣和苦苣的種類都比幾年前多了許多，而蕁麻類和薊類也是如此。而魚販所供應的七海魚種，也是以前所沒有的。

寫下這本書的目的，是爲了儘可能帶您走出食材的迷宮。不論您是新手或經驗豐富，這本終極採購指南都可以爲您原有的烹調知識，增加更新更廣的內容。書中將告訴您這些主要食材來自哪裡，如何製造出來，又包含了哪些營養，以及世界各地的人們是以何種形式將它們端上餐桌。

書中同一種類的食材將收成一組集中說明，例如：蔬菜和豆類，香料和辛香料，調味醬與調味料，水果及堅果類，穀物，以及乳製品和肉類。書中還提供數百種各類材料的使用小祕訣：是脫水處理最好呢？還是該切成薄片？該切片還是該剝皮？該用什麼方法烹調呢？還是該生吃才對？並且又該與哪一種材料搭配才好？

本書並附有許多令人垂涎的食材圖片，相信這本書不僅讀來精彩，同時更能以豐富的資料讓您在採購及烹調時獲益良多，也更能吃出全新的樂趣來。

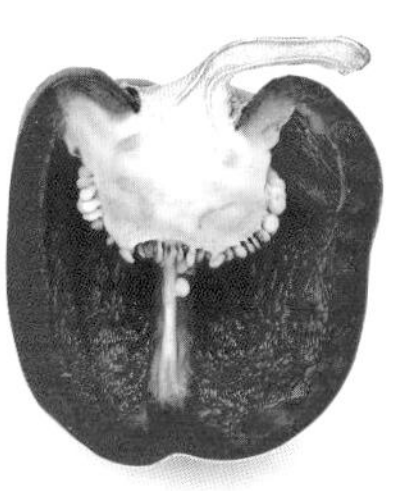

蔬菜

蔬菜就像水果一樣，是某些特定植物的可食部位，它們享有幾種共通特性：味道鹹而不甜，我們會在蔬菜裡加鹽，而且在大多數的國家中，蔬菜也和家禽、肉類及魚類密不可分，同屬於正餐的一部分，或拿來當作這些肉食料理的一種材料。依照植物學的劃分，有些蔬菜是歸類爲水果，例如：番茄是漿果類，酪梨是核果類，但是因爲這兩種水果都不甜，所以一般都當作蔬菜使用。有些人還會增加兩者間的差異，認爲蔬菜通常都會經過烹煮，然而水果則是生吃，但是這種定義方法非常鬆散，因爲沙拉裡的蔬菜通常都是生的，而很多菜餚中所需要的水果卻是煮熟的。

蔬菜栽培史

所有人工栽培蔬菜都是源自於植物的原始品種，然而有些蔬菜的始祖卻始終不詳，不過我們確實知道，許多現今的栽培蔬菜早在史前時代就已開始耕作。證據顯示豌豆在公元前6500年的土耳其就已栽種，始祖爲野生豌豆(*Pisum elatus*)，而瓜類和利馬豆可能還有玉蜀黍，在公元前5000年就生長於墨西哥，除此之外，馬鈴薯和番茄在當時可能也已經開始收成了。

原種蔬菜的耕作起源可能是在中國、中東和南美洲這幾個遠遠相隔的地區所自然衍生出來的。公元前3000年時，美索不達米亞的農人開始栽植各種農作物，包括：蕪菁(菜頭)、洋蔥、蠶豆、豌豆、扁豆、蒜苗、大蒜和蘿蔔等。

隨著西亞開始農耕，早期的耕種糧食作物遂開始引進歐洲。希臘和羅馬人促進蔬菜生產量達到相當大的規模，凡是羅馬軍隊所到之處，當地農民便開始栽植軍隊引進的各種農作物，包括：胡蘿蔔、蒜苗、朝鮮薊、花椰菜、大蒜、洋蔥以及萵苣。西班牙回教徒向北侵略攻入法國時，就在停留期間於當地種下稻米、菠菜、茄子、胡蘿蔔和一些柑橘類水果。

到了中世紀，歐洲的蔬菜耕種事業大規模地發展，尤其是在低地國家，因爲那裡的蔬菜栽培農場能夠將一部分的收成銷至國外。隨著西班牙人在十五世紀末征服南美洲，歐洲國家和美洲大陸間遂展開了重要的農作物貿易交流。

整個十六、十七世紀，兩大陸間的農作交流已逐漸完成。來自美洲的蔬菜有甘藷、馬鈴薯、番茄、甜玉米、胡椒、菜豆、南瓜、菊芋，以及名字和美洲無關的法國四季豆。由歐洲移民引進美洲的則有蠶豆、蘿蔔、鷹嘴豆、黑眼豆、胡蘿蔔、包心菜、黃秋葵及薯蕷，其中黑眼豆、黃秋葵和薯蕷是隨著非洲奴隸船而進口。

食用蔬菜的生產工作後來變成了高度發展的產業，尤其是在法國，也就是化學家尼可拉斯．阿佩爾(Nicolas Appert)在十八世紀末首先創出了罐頭食品之時。阿佩爾的生產技術迅速改革了蔬菜的行銷活動，在市場上的重要性始終無可匹敵，直到1929年美國物理學家克拉倫斯．伯宰(Clarence Birdseye)發明了今日廣爲使用的冷凍食品爲止，才算是等量齊觀的重要事件。

蔬菜的成分

在蔬菜的成分中，味道所佔的比例極少。大多數的蔬菜都含有至少80%的水分，剩下的則是碳水化合物、蛋白質及脂肪。南瓜類包含的水分尤其多，然而馬鈴薯卻含有大量澱粉質，可作爲供給生長所需的儲備食糧。

轉化糖也是一種食物來源，在甜玉米、胡蘿蔔、美洲防風、洋蔥等蔬菜中就含有蔗糖。當蔬菜老化，木質素便會增加，水分也會減少，甜分則開始集中，這也是老胡蘿蔔比青胡蘿蔔甜了許多的原因。但是蔬菜一經採離母株，糖分就會馬上轉變，像甜玉米就是個好例子，因此通常一摘下就放進鍋內烹煮，以保存它的原味。

蛋白質在蔬菜中大約佔1%，但是也有例外，像甜玉米高達4%，豆莢則高達8%。蔬菜也是維他命的可靠來源，這可依時間、溫度及何時採收而改變。日照會增加蕪菁的維他命C含量，如果是在早上採收，維他命B的含量也會比較多，生長於10～15℃的包心菜，維他命B群的含量較多，而且剛採收時的營養價値也較高，至於主要的營養都集中在外層葉片。

每種蔬菜的特色都來自於細胞的排列方法，以及它所含有的物質。細胞壁是由細胞膜質及木質素所構成，木質素則是一種能產生如管束纖維質(球狀朝鮮薊)、線狀纖維質(芹菜)及脆質(胡蘿蔔)的一種細胞構成物，此外，蔬菜的脆度也需視含水量而定。細胞是由果膠接合，而果膠就是碳水化合物的另一種形式。蔬菜的一般成分是澱粉和水，而且大部分包含了大量的水分，尤其是南瓜類及歐南瓜。

某些蔬菜讓人熟悉是因爲含有少量化學成分，例如蕓苔屬蔬菜含有硫，因此水煮包心菜的氣味擴散力極強，至於洋蔥則含有刺激淚腺分泌的酵素。此外，蔬菜裡還含有脂肪、有機酸和色素，如葉綠素、黃色或橙色的胡蘿蔔素，以及紫色或藍色的花青素。

烹調須知

選擇蔬菜時應該避免頹軟、枯萎、變色或受傷的青菜。葉菜類應仔細挑揀，以免在菜餚裡發現植物寄生蟲。需要燉煮的蔬菜應該在即將下鍋前處理，而且準備過程應該越簡單越好。剝、切蔬菜時如果曝露在空氣中，蔬菜中的維他命及養分就會流失，甚至將蔬菜浸泡在水中處理也是一樣。去皮時要削薄一點，因爲表皮下通常是維他命含量最豐富的部分。

烹煮蔬菜的主要目的，在於破壞它的澱粉質和纖維素，好讓這些成分容易消化。利用加熱的方式就可以達到這個目的，至於烹調方法則不拘。對大多數的蔬菜而言，理想的烹煮時間越短越好，如此才能保存它們的特性、味道及新鮮。雖然水煮蔬菜會流失大部分的營養，但是湯汁中就會留下那些養分。因此煮過蔬菜的汁液通常含有珍貴的礦物質及維他命，成爲非常好的煮湯材料。煨菜及炒菜的另一個烹調方法是放在蒸籠裡蒸煮，同時壓力鍋及微波爐也能保存蔬菜中大多數的養分。

有些蔬菜不論生鮮或煮熟，只要一接觸空氣就會變色。這是因爲有些酵素會形成氧化作用，不過添加酸物就會因此停止氧化，這就是廚師剝完根芹菜和蘋果時，會將它們浸在加了酸物的水裡(水中經常會加點檸檬汁)的原因。汆燙可以幫忙留住蔬菜的色澤，尤其是對綠色蔬菜最爲有效，但有些蔬菜的色素卻會流失。像紫色花椰菜含有葉綠素(綠色)及花青素(紫色)，其中花青素是水溶性的，所以水煮過的紫色花椰菜會變成綠色。紅色高麗菜的反應則像石蕊試紙：把它放進鹼水(加有石灰的自來水)中會變成藍色，因此你需要加點食用醋之類的酸物，才能保有它原有的色彩。

蔬菜可以根據植物的類別來區分，如蕓苔屬(包心菜類)蔬菜，或以蔬菜的食用部位來分別，例如根菜、葉菜、芽菜、莖菜或鱗莖蔬菜等。

葉菜類

萵苣（**Lettuce,** *Lactuca sativa*）

原產地可能是地中海沿岸一帶，而今遍布全世界。萵苣主要有三類：結球類，有個緊包的頭部（圖中所示爲「冰山」種）；長葉類，有長而質粗的葉片；以及包心菜或包心類，葉片從軟到硬都有。小葉種是小型的長葉萵苣。雖然萵苣有時會用來煮湯或燜煨，但通常是放在沙拉裡生吃，萵苣頭則是法蘭西斯小甜豆菜（*petits pois à la français*，譯注：一種烹煮小甜豆的方法，由法蘭西斯所發明）的材料之一。淡紅色葉片的品種也在最近幾年培育出來，包括：橡木菜萵苣、紅萵苣和四季萵苣。萵苣全年皆可取得，但夏天時在熱帶國家無法生長。

西洋菜（**Watercress,** *Nasturtium officinale*）

西洋菜的風味乾淨清新，帶點辛辣味，並含有豐富的維他命，很適合做沙拉。也有人用它來煮湯，或在東方炒菜裡作配飾。原生於歐洲，現在世界各地都有栽種，而且全年皆可買到。

菠菜（**Spinach,** *Spinacea oleracea*）

原產地應爲波斯，由於內含草酸，因此帶有令人愉快的酸味。菠菜爲一年生植物，但全年皆可取得。最佳吃法是放在沙拉裡生吃，或加點水快煮。「佛羅倫斯的」這個名詞表示它的烹調用法。紐西蘭菠菜（*Tetragonia expansa*）雖然在植物學上與菠菜無關，但外觀和味道相近，烹調方式也相同。屬於夏季蔬菜。

芥菜與水芹

蒲公英（**Dandelion,** *Taraxacum officinale*）

蒲公英爲野生草本植物，生有鮮黃色小花以及長管形的根，應該趁開花前採收嫩葉，否則味道會轉苦。將燙過的葉片用在沙拉中的吃法，在法國及南美尤其普遍。根部可作咖啡替代品，日本人也把它當作蔬菜食用。

野苣（**Lamb's Lettuce,** *Valerianella olitoria*）

原爲歐洲野生植物，現今全世界都有栽種，又名玉米萵苣，法文爲mâche。葉片微苦，是冬季沙拉的常見蔬菜。

芥菜（**Mustard,** *Sinapis alba*）與水芹（**Cress,** *Lepidium sativum*）

芥菜與水芹通常種在一起，在幼苗時便採摘食用。它們的味道辛辣，通常加在沙拉或三明治裡生吃。全年皆可採收，自己栽種也很容易。

黃花南芥菜（**Rocket,** *Eruca sativa*）

原生地爲地中海沿岸地區，栽植目的在於食用它的葉片。味道有點辛辣刺激，通常作爲生菜沙拉，或像菠菜一樣烹煮。

黃花南芥菜

其他葉菜

卡拉魯

（**Calalou,** *Colocasia esculenta*）

西印度群島人及克里爾奧人將芋屬植物或加勒比海菠菜的葉片，稱之爲「卡拉魯綠葉」。葉片的吃法與包心菜相同。

萵苣筍

（**Celtuce,** *Lactuca sativa*）

原產地在中國，是帶有芹菜質地和味道的混種萵苣。可以加在沙拉裡生吃，或煮熟食用，春夏皆可採收。

陸生水芹

（**Land Cress,** *Barbarea verna*）

又稱美國水芹或冬水芹，原產地在歐洲及美國，味道略微辛辣，產於冬季，類似西洋菜，吃法也相同。

歐洲海蓬子（**Samphire**）

海蓬子有兩種，兩者全無關連，但都是原生於歐洲的野生植物，分別爲：沼澤生歐洲海蓬子（*Salicornia europaea*）和岩生歐洲海蓬子（*Crithmum maritinum*），前者又稱爲鉀豬毛菜。沼澤生歐洲海蓬子的株型小且多汁，經常加在夏季沙拉裡或拿來烹煮。岩生歐洲海蓬子的葉片肥厚芳香，常作爲蔬菜烹食並可醃漬。

葡萄葉（**Vine,** *Vitis vinifera*）

葡萄原生於地中海沿岸一帶，現今世界各地都有栽種。葡萄葉在土耳其、希臘及中東一帶大都作爲烹飪材料，其中最有名的菜是多馬西(dolmasi)，以葡萄葉包米和絞肉的菜餚。市面上的葡萄葉爲新鮮葉片，或是泡在鹽水裡販賣，也用來包野味或做新鮮水果盤的點綴品。

酸模（**Sorrel,** *Rumex acetosa*）

有多種不同種類，但主要品種爲一般酸模(如圖示)及盾葉酸模(*Rumex scutatus*)。酸模是原產於歐洲及亞洲的多年生植物，現今在美洲及澳洲也有栽種，帶有清爽的微微酸味(「acetosa」這個字暗示有酸味特性，主要是因爲它含有草酸)。酸模和食用大黃有親緣關係，可以當作蔬菜食用(加入沙拉裡生吃，或像菠菜一樣煮成濃湯)，還可以當作香料調味(加在湯或調味醬裡，也可以和其他香料一起作爲魚的塡塞料)。整個夏天均可取得。

葡萄葉

酸模

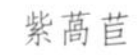

紫萵苣

苦苣

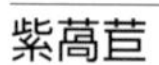

紫萵苣

（**Radicchio,** *Cichorium endivia*）

這種菊苣科的紅葉成員原生於義大利北部的特拉維索(Treviso)一帶。葉片緊實又鮮脆，味道微苦帶辛辣。加入沙拉後，它特有的紅色能爲沙拉帶出戲劇性的效果，並可作爲絕佳的點綴裝飾。全年皆可取得。

苦苣

（**Endive,** *Cichorium endivia*）

苦苣原生於亞洲和中國北部，葉片捲曲而微苦，有多種不同品種，包括圖中所示的捲葉苦苣或稱法國苦苣，以及捲度更大的巴達維亞(Batavian)苦苣或稱寬葉菊萵苣。苦苣主要用於沙拉，還可燜煨，冬季及夏季皆能購得。

瑞士恭菜（**Swiss Chard,** *Beta vulgaris,* var. *cicla*）

又稱海甜菜，它和一般的甜菜有親緣關係，只是不使用根部。瑞士恭菜有許多不同種類，包括莖部鮮紅的紅恭菜，又叫大黃恭菜，以及味道有點像菠菜的菠菜甜菜。雖然綠葉也可以利用，但它堅實的莖部才最有價值。從春季到隆冬皆可取得。

蕁麻（**Nettle,** *Urtica dioica*）

全世界皆可見其蹤跡，屬多年生植物，烹調方式和菠菜及酸模相同，在烹煮同時並可破壞植株上的毛刺。蕁麻是蕁麻湯的基本材料，同時可釀啤酒和泡茶。

蕓苔屬蔬菜

春綠（**Spring Greens,** *Brassica oleracea,* spp.）

所有的蕓苔屬植物皆原產於歐洲和西亞。這種綠色蔬菜是沒有包心的包心菜，而且是在間拔包心菜的幼苗時所採收的，主要在英國販售。早春時包心菜仍很稀有，春綠則不虞匱乏，所以是此時很好的綠色蔬菜來源。

春綠

花椰菜（**Cauliflower**）

花椰菜常被稱爲甘藍科中的貴族，首先耕種於中東地區。它的花又稱「結球花」，一般拿來生吃或稍微烹煮後食用，而且通常煮成奶汁烤椰菜，搭配貝夏墨醬（Béchamel sauce）上桌。

花椰菜

綠色大頭菜

大頭菜（**Kohlrabi,** *Brassica oleracea*）

大頭菜的俗名Kohlrabi原爲德文，意思是「包心菜-蕪菁」，爲包心菜的突變種，有紫色和綠色兩種，它的厚莖有蕪菁般的美味，可水煮或磨碎後加入沙拉中生食。葉片也可以水煮來吃。

紫色大頭菜

綠花椰菜（**Broccoli,** *Brassica oleracea,* spp.）

綠花椰菜與花椰菜近緣，是一種多年生植物，並有許多品種如：白芽球、紫芽球和綠芽球，其中紫芽球又稱紫心或紫花椰菜。一般都是生吃，但蒸過後滋味最好，搭配融化的奶油、歐蘭德茲醬(hollandaise)或雞蛋黃油醬上桌極爲美味。綠花椰菜也可以做成開胃小點(hors d'œuvre，譯注：指狀大小的點心，用於正餐之前)，或加在湯裡烹煮。全年皆可買到。

羽衣甘藍

（**Kale,** *Brassica oleracea,* spp.）

羽衣甘藍的品種很多，皺葉或平葉皆有。它和近緣的芥蘭菜大概都原產於地中海東部一帶，從兩千年前便有耕種。羽衣甘藍是冬天的蔬菜，雖然質地較粗，但不失爲冬季綠色蔬菜的極佳來源。最好的調理方法是水煮，瀝乾水分後加上奶油一起吃。

綠花椰菜

紫花椰菜

羽衣甘藍

抱子甘藍

抱子甘藍（**Brussels Sprouts,** *Brassica oleracea,* spp.）

抱子甘藍爲迷你包心菜的一種，原產地應爲比利時。它長在高大的木質莖幹上，結成小球時採收最爲理想，烹煮時間以能保有一點硬度及辣味爲佳。從夏末到仲春皆能購得。可以和栗子或胡桃一起烹煮，或煮後加奶油調味，或煎炒，或加入湯裡。主莖頂端的葉片可以當作蔬菜食用。

包心菜

包心菜的分類法主要是依據季節(春、夏、秋、冬)及類型(半包心、綠包心、硬白心和紅心)。春季包心菜的葉片平滑疏鬆，結球較小。綠色結球種的結球可能為圓形或圓錐形，此外皺葉甘藍也屬於綠色品種。硬白心種有高麗菜以及冬白甘藍。中國出產的白菜比原生種包心菜的味道更為細膩。

皺葉甘藍

皺葉甘藍(Savoy Cobbage, *Brassica oleracea,* spp.)

皺葉甘藍是綠色包心菜的一種，很可能起源於義大利，可生吃也可熟食，切成薄片後加在沙拉中非常美味。它的皺葉比平葉的圓頭甘藍更有點綴上的變化，而以包心菜葉包裹餡料的菜式就是採用它的葉片。

圓頭甘藍 (Roundhead Cabbage, *Brassica oleracea,* spp.)

又稱為一般包心菜，可以生食或稍微煮過後再吃，它和圓錐頭甘藍一樣，都可以在夏、冬兩季買到。

圓頭甘藍

白菜（*Brassica pekinensis*）

由於白菜的形狀較長，所以長相和長葉萵苣很類似，中式煮法常拿來快炒，但也可以生吃，而且可以和普通包心菜交替使用。外葉主脈與蘆筍的煮法類似。白菜在日本叫做はくさぃ。

小白菜
（**Pak-Choi,** *Brassica chinesis*）

這種植物不會結球，越近晚冬品質越佳，它的葉子則會讓人聯想到菠菜或恭菜。小白菜通常是加在沙拉裡生吃，然而也可以和稻米一起炒食。在中式烹飪裡尤其經常使用。

紅色高麗菜（**Red Cabbage,** *Brassica oleracea*, spp.）

通常加醋一起烹調以保存顏色，而且常與野味一起上桌。英國人將紅色高麗菜醃漬，至於荷蘭、丹麥和瑞士則與蘋果及辛香料一起煨煮。也可以生吃。

高麗菜（**White Cabbage,** *Brassica oleracca*, spp.）

又稱爲荷蘭珍甘藍，這種包心菜不容易變壞而且適合儲藏。它爽脆堅實的結球特別適合磨碎來吃，或做成包心菜沙拉和酸泡菜（sauerkraut）。

嫩莖蔬菜

球狀朝鮮薊（**Globe Artichoke,** *Cynara scolymus*）

球狀朝鮮薊爲薊類植物，原是一種北非多年生植物的花頭，但現今已成爲歐洲的冬季蔬菜和北美洲的全年生蔬菜。小的球狀朝鮮薊可整棵醃漬，而蕾座和花心也有罐裝或冷凍品出售。烹調法有焗烤、油炸和水煮，或是塡入其他食材搭配油醋汁、美乃滋或歐蘭德茲醬上桌。花頭部位的花梗常汆燙去皮後加入湯或煨菜裡。鮮嫩的朝鮮薊還可以生吃。

竹筍
（**Bamboo,** *Bambusa vulgaris*）

竹筍是幼竹內部的白肉，形狀如圓錐，在亞洲市場是以鮮品販賣，但在其他各地可買到熟食及罐頭。竹筍的脆口感及微酸的味道特別適合與豬肉搭配互補。

棕櫚心
（**Palm Hearts,** *Palmaceae* **科**）

熱帶佳餚，採自某些棕櫚樹末端的嫩枝，可以生食，但也賣半成品或罐裝食品。

蘆筍（**Asparagus,** *Asparagus officinalis*）

原生於歐洲，蘆筍爲植株上的嫩芽，種類共有20多種，最常見的是綠色及白色種，其中較瘦長的綠色種在英國稱爲「sprue」，而法國人、比利時人、義大利人及德國人比較喜歡白蘆筍。蘆筍可以搭配奶油熱食，或煮熟放涼搭配油醋汁。也可以加在湯、基許(quiche)、酥芙蕾(soufflés)以及其他菜餚中。在春季及夏初可買到新鮮蘆筍。

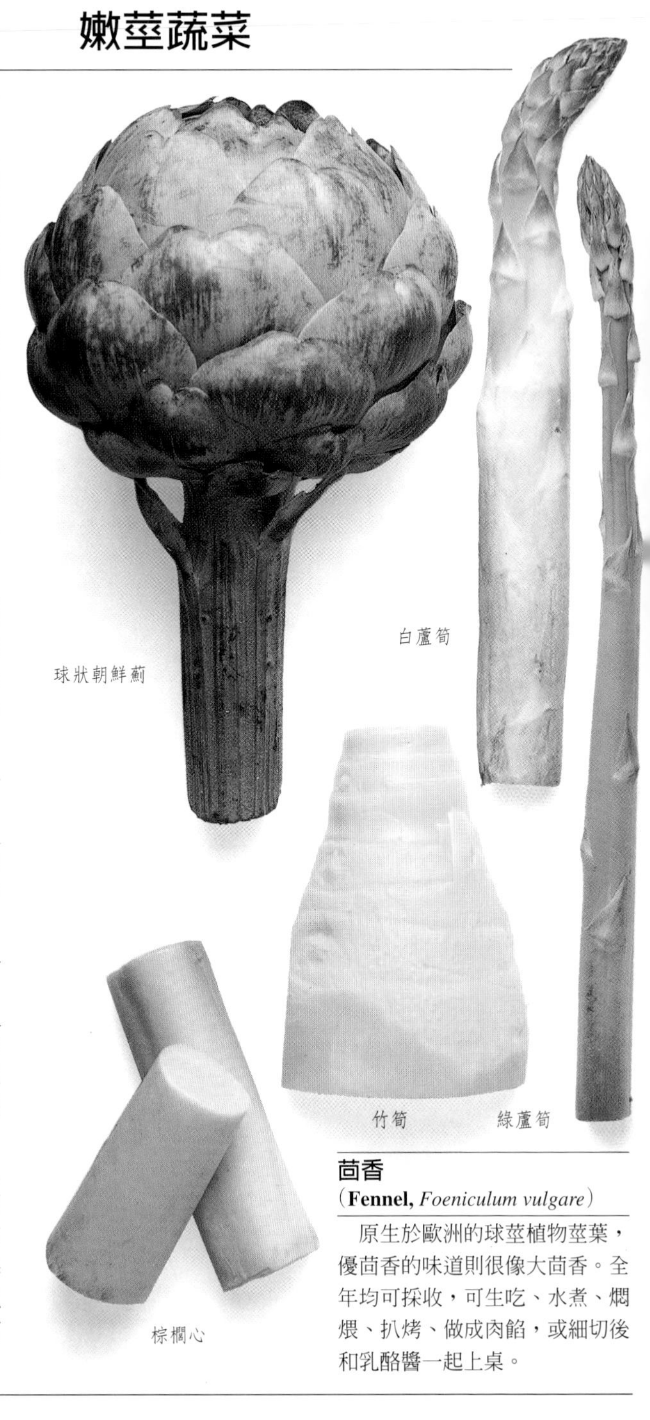

球狀朝鮮薊

白蘆筍

竹筍

綠蘆筍

棕櫚心

茴香
（**Fennel,** *Foeniculum vulgare*）

原生於歐洲的球莖植物莖葉，優茴香的味道則很像大茴香。全年均可採收，可生吃、水煮、燜煨、扒烤、做成肉餡，或細切後和乳酪醬一起上桌。

芹菜（**Celery,** *Apium graveolens*）

由義大利的園丁在十六世紀時改良而成。芹菜有許多品種，有些會自己變白，有些則需要將土壤圍在莖梗四周才能變得白嫩。全年皆可買到罐頭食品或新鮮芹菜，後者還分芹菜頭或芹菜梗，生吃熟食皆可。

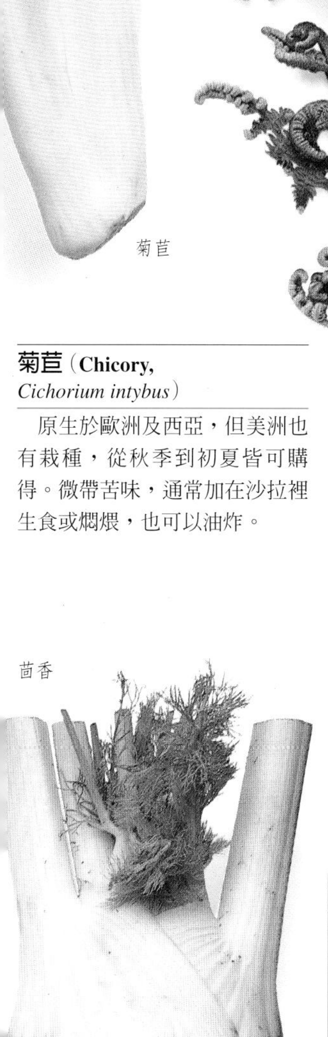

菊苣（**Chicory,** *Cichorium intybus*）

原生於歐洲及西亞，但美洲也有栽種，從秋季到初夏皆可購得。微帶苦味，通常加在沙拉裡生食或燜煨，也可以油炸。

蕨菜（**Fiddlehead Fern,** *Pteridium aquilinium*）

這種蕨類有很多變種，又稱龍頭菜，野生於美洲及歐洲。嫩芽可煮熟後供膳，烹調法則如綠花椰菜，並可搭配歐蘭德茲醬配食，也可以加入沙拉裡生吃。市面上有罐裝蕨菜，或在春夏時購買鮮菜。

其他嫩莖蔬菜

南歐朝鮮薊
（**Cardoon,** *Cynara cardunculus*）

與球狀朝鮮薊同科的薊類植物。南歐朝鮮薊原產於地中海沿岸一帶，莖梗變白後與芹菜相似，通常爲生吃，但也可以換個口味燜煨。

海芥蘭
（**Seakale,** *Crambe maritima*）

海芥蘭是一種原生於西歐的野生海灘植物，但也可以像一般植物那樣栽種成作物。通常採集白色莖梗清蒸，吃法與蘆筍相同。

果 菜

茄子（**Aubergine,** *Solanum melongena*）

茄子可能原生於印度，又稱爲蛋果。它的形狀有很多種，顏色從深紫到白色，但紫色最常見，全年皆可購得。黃粉綠色的品種大都熟食，也可以切片，或挖空塡入食材烹煮。典型的烹調法有茄片鑲肉、普羅旺斯燜菜以及伊曼拜耶爾帝菜(imam bayeldi)。

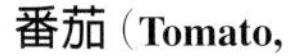

番茄（**Tomato,** *Lycopersicum esculentum*）

原產於南美洲，曾有「愛的蘋果」之稱，番茄其實是一種漿果，而且與馬鈴薯有親屬關係。這種迷人的果實品種衆多，形狀和大小也各有不一，包括綠番茄、深紫色番茄、牛排番茄以及櫻桃番茄。番茄全年都買得到，有新鮮番茄或罐頭，生吃、熟食皆可。紅番茄可以拿來搾汁，做泥糊或番茄醬；至於綠番茄通常做成泡菜或甜辣醬。

厚紫茄

那不勒斯早收紫茄

「苗條吉姆」茄子

櫻桃番茄

牛排番茄

厚紫茄

椒類蔬菜
(Peppers, *Capsicum annuum*)

原生於熱帶美洲和西印度群島，椒類蔬菜的味道不是甜就是辣(熱辣)，而且顏色及形狀衆多。甜椒是還未成熟的紅椒或黃椒，兩種全年都可買到，新鮮或罐裝皆有。甜椒的味道溫和，吃法生熟皆宜。紅番椒或辣椒幾乎只拿來作調味品，尤其在印度咖哩及墨西哥、拉丁美洲菜中更是常見。

酪梨 (**Avocado,**
Persea americana)

這種油潤又高營養的果實在許多熱帶國家都有栽種，但事實上它原生於中美洲。酪梨又稱爲鱷梨，主要有兩種：一種帶有深綠色果皮，另一種的果皮上則有黑疣。酪梨全年皆可購得，通常使用於沙拉、調味醬、沾料、慕斯或開胃小點中，也是墨西哥菜瓜卡摩雷(guacamole)的主要材料。

酪梨

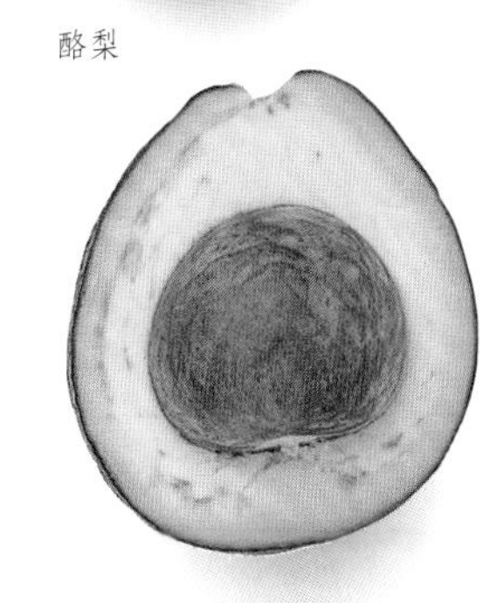

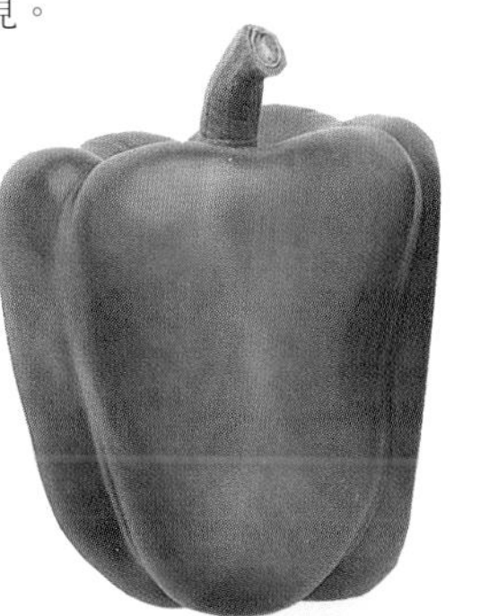

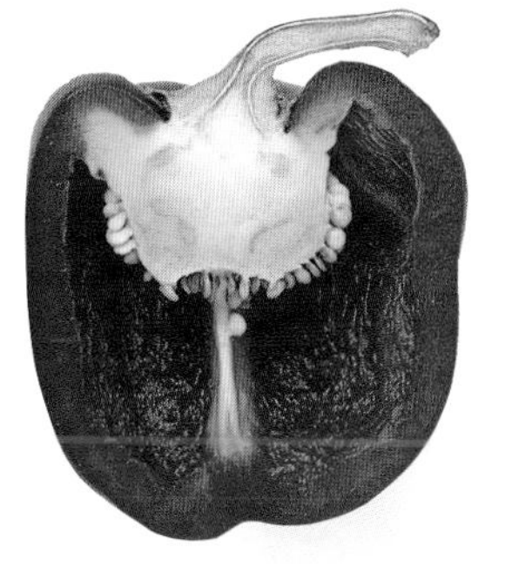

甜椒

沙拉番茄

辣椒

其他果類蔬菜

阿奇樹 (**Akee,** *Blighia sapida*)

歷史記載阿奇樹是由布萊船長引進西印度群島，因此它的學名就是沿用船長姓氏而得。果實的大小屬中型，粉紅色的外皮帶有毒性，但是無毒的部位常被牙買加人拿來配鹽漬鱈魚。大部分爲罐裝。

麵包樹 (**Breadfruit,**
Artocarpus communis)

麵包樹和阿奇樹的果子一樣，也是由布萊船長引進西印度群島。這種大型果子的果肉也作爲蔬菜食用，通常是以燒烤的方式來烹調。

南瓜類和葫蘆瓜類

南瓜和葫蘆瓜植物的共通點，是它們的原產地都在新、舊大陸，在美洲及西印度群島的料理中都佔有重要地位，在非洲、中東及東方菜餚裡也很重要。品種極多。

義大利直麵南瓜（**Spaghetti Squash,** *Cucurbita pepo*）

又稱爲蔬菜義大利直麵，外型如香瓜，可以在冬季時買到。通常連皮放進水裡煮熟，然後將令人聯想到義大利麵的白色瓜肉取出，調味後趁熱搭配奶油、番茄醬或其他醬料食用，也可以放涼後搭配肉或沙拉，或是裹上麵糊炸酥來吃。

橡實南瓜

義大利直麵南瓜

橡實南瓜（**Acorn Squash,** *Cucurbita pepo*）

這種厚皮的美國南瓜在秋天採收，烹調前如果放在涼爽通風的室內可以幾天不壞。市面上售有鮮瓜、罐頭或冷凍品。味道甜，果肉爲淡黃色。由於它的果皮較厚，通常是整粒烹煮，但是也可以去皮切成環狀後清蒸，尤其適合塞入其他食材焗烤。

扇貝南瓜（Custard Squash, *Cucurbita pepo*）

又稱圓扁南瓜或扇貝葫蘆瓜，屬於夏季南瓜品種，吃起來感覺粉粉的，全熟時味道最佳。這種南瓜不論瓜皮、瓜肉或種子都可以吃，烹調法則或蒸、或煮、或塞入餡料來烤都不錯。

金瓜（Golden Nugget, *Cucurbita pepo*）

原生於美國，屬夏季南瓜品種，瓜肉爲橘色略帶淺綠，通常要在瓜肉尚未熟透而味道溫和時享用。烹調法有清蒸、水煮或像葫蘆瓜類蔬菜塞入餡料焗烤。也可以讓它留在瓜藤上熟透，等瓜皮也變厚了再摘下烹煮，但烹調時就必須先去皮，好處是可以保存數日不壞。成熟的南瓜可以水煮後搗爛配奶油和調味料食用，或是拿來焗烤。

扇貝南瓜

金瓜

其他南瓜品種

佛手瓜（Chayote, *Sechium edule*）

又稱爲克里斯多夫瓜或恰基瓜，至於原名chayote則來自阿茲特克語的chayotl，可見這種南瓜原產於中美洲。

長頸南瓜（Crookneck Squash, *Cucurbita moschata*）

這種顏色亮黃的南瓜形狀很像一條長頸子，它的名字也是因此而來。長頸南瓜屬於夏季南瓜品種，皮很薄，幼瓜整顆可食，連種子都不例外。

西印度群島南瓜（**West Indian Pumpkin,** *Cucurbita pepo*, spp.）

西印度群島南瓜屬於巨型南瓜品種，和一般南瓜有極其密切的關係，又稱卡拉霸扎南瓜或冬南瓜。除了缺乏南瓜派所需的緊密質地和甜味外，這類南瓜的吃法和其他小型南瓜並沒有不同。

南瓜的形狀大都很相似，瓜皮通常也都是明亮的橘色，並且因爲南瓜派而出名。南瓜通常是配鮮奶油當水果食用，但也可以當成蔬菜稍微水煮，或切成薄片油炸來吃，還可以搾成泥糊或加在湯裡。法國人會將南瓜製成南瓜果醬，至於義大利人則將搗爛的南瓜做成義大利餃的甜餡。南瓜的種子帶有豐富的脂肪及蛋白質，例如有一種食用油就是用它們做成的。

西印度群島南瓜

蛇瓜（**Snake Squash,** *Trichosanthes cucumeriana*）

捲曲而引人注目，產自東南亞及澳洲，但是也可以在美洲和歐洲栽種。夏天時趁蛇瓜還未成熟而瓜皮仍薄時食用，通常都是切成圓形薄片蒸食，或水煮後搭配奶油、鹽、胡椒和香艾菊、蒔蘿、牛至之類的香料上桌。

蛇瓜

灰胡桃南瓜

灰胡桃南瓜（**Butternut Squash,** *Caryoka nuciferum*）

原產於熱帶美洲，但現今北美洲和歐洲都有栽種。可在夏天趁果肉軟嫩時採收，最好是切成薄片慢煨或水煮，再搭配清淡的調味醬上桌，或加在派中烤來吃。秋季時南瓜裂開後還可以採下水煮至半熟，再烤成全熟。也可以用來做果醬、醃製品和泡菜。

歐南瓜（**Marrow,** *Cucurbita pepo*）

歐南瓜爲食用性植物，原產於美洲，這類夏季蔬菜的質地又密實又重，瓜長可達30公分。烹調法有清蒸、水煮或塡入餡料烤熟，亦可切丁撒乳酪絲焗烤，或做成甜辣醬(chutney)和果醬。歐南瓜花可以做成義大利菜，方法是沾麵糊用大量的油油炸。

筍瓜（**Courgette,** *Cucurbita pepo*）

筍瓜是一種還未成熟的歐南瓜，在它還來不及長成英國人喜愛的巨形蔬菜前就採摘下來。整個夏天都可以買到，不需去皮，只要簡單地去頭去尾再切片就能生吃，或蒸熟、烤熟食用，還可切成薄片沾麵糊油炸，或加在湯中、煨菜和拉塔圖雅(ratatouille)裡。筍瓜和歐南瓜一樣，花朵也可以沾麵糊油炸來吃。

黃瓜
（**Cucumber,** *Cucumis sativus*）

雖然大部分的人不把黃瓜當作南瓜的一種，但事實上兩者屬於同科。黃瓜應該原產於印度，是種很古老的農作物，主要有兩種品種：一種長而皮薄，表面平滑，生長在玻璃溫室裡，又稱溫室黃瓜或栽培黃瓜；另一種是瓜形粗大、表皮粗糙的大黃瓜，由於通常長在田壟上，所以又名田壟黃瓜。黃瓜全年皆可購得，有新鮮黃瓜和醃漬品，生吃或熟食皆可。印度人會將黃瓜加在優酪乳中做成提神的萊塔(raita)，也用來中和咖哩的味道；北歐人則與酸奶油搭配；法國人是用鹹味發泡奶油裝飾黃瓜沙拉。黃瓜也可以鹽漬，加在湯或醬料裡(尤其配水煮鮭魚最美味)，或做成沙拉。黃瓜片淋沙拉醬前必須先鹽漬將水分擠出。

條紋歐南瓜

平面歐南瓜

筍瓜

田壟黄瓜

溫室黄瓜

鱗莖蔬菜

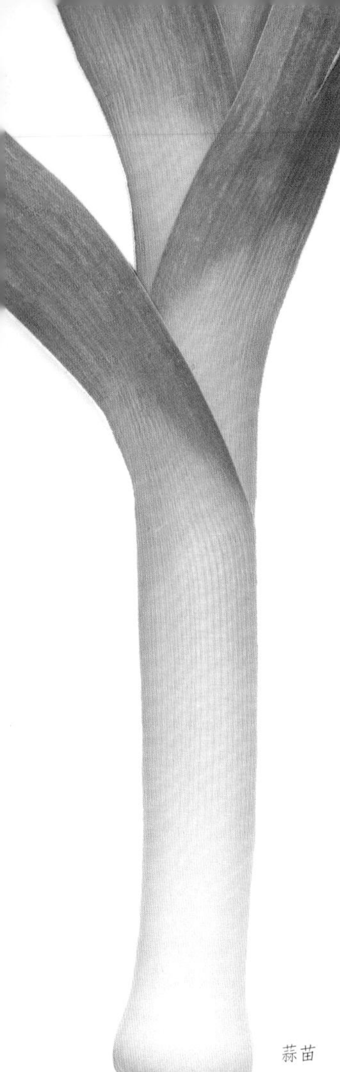

蒜苗

蒜苗（**Leek,** *Allium porrum*）

蒜苗是原產於歐洲的冬季蔬菜，味道不如洋蔥辛辣，從秋天到春季都可以買到。蒜苗可以燜煨、搭配調味料食用、加乳酪絲焗烤，或燉煮。蔥原產於西伯利亞而不是威爾斯，它是一種類似小型蒜苗的鱗莖蔬菜，味道可口，可以爲煨菜調味。

醃漬洋蔥（**Rickling Onion,** *Allium cepa*）

這種蔬菜在鱗莖剛形成時就採收下來，由於莖形很小，因此很適合做泡菜。水煮後以調味醬佐食也不錯。

西班牙洋蔥（**Spanich Onion,** *Allium cepa*）

又戲稱爲「蔬菜之王」，因爲它的味道具有主宰性，影響力大而持久，用途也很廣泛。西班牙洋蔥一般以味道分爲溫和和辛辣兩種，形狀也區分成球形和長形。全年皆可購得，可以用生鮮洋蔥水煮、清蒸、燜煨、油炸後單獨食用，或加進各種菜餚、餡料或醬料裡。西班牙洋蔥和所有的洋蔥一樣原產於中亞，今日全世界都有栽種；然而和大部分的白色洋蔥不一樣的是，它的刺激性較小且容易保存。

醃漬洋蔥

西班牙洋蔥

義大利紅洋蔥（**Italian Red Onion,** *Allium cepa*）

長橢圓形、味道溫和並帶點甜味，在很多地方都有栽種，把這種洋蔥切成薄薄的圓環看來很迷人，由於烹煮後會褪色，因此通常是用生的作爲菜餚配飾。義大利紅洋蔥和所有的洋蔥、蒜苗及紅蔥頭一樣，切開後如果曝露在空氣中過久，味道就會較苦。

義大利紅洋蔥

大蒜（**Garlic,** *Allium sativum*）

由於中國和埃及在很久以前就使用大蒜，所以它大概是原產於中亞。全年都可買到整顆蒜頭，但實際上每次的用量都很少，可能只用一兩瓣而已。大蒜不是作爲蔬菜使用，而是爲無數菜餚增添美味，其中最有名的一道菜是法國的皇家野兔肉捲（lièvre à la royale），大約需要用30瓣蒜瓣。另外，蒜瓣可以拿來栽種。

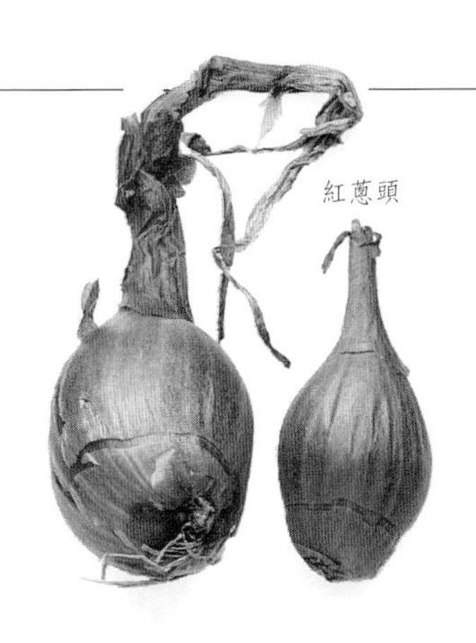
紅蔥頭

紅蔥頭
（**Shallot,** *Allium ascalonicum*）

古時並不知道這種植物，它的原產地也無法確定。紅蔥頭是洋蔥的近親，但是味道較不刺激，在法國廣泛使用，並有灰色、粉紅色和金黃色品種。在夏天和秋天大致都可買到，主要用來調醬料。長形的品種味道較強。

青蔥
（**Spring Onion,** *Allium cepa*）

青蔥是在鱗莖尚未成形並且還很柔嫩時摘取的嫩蔥，從隆冬到仲夏都買得到，可以把新鮮的青蔥作爲配飾、佐料和沙拉。

青蔥

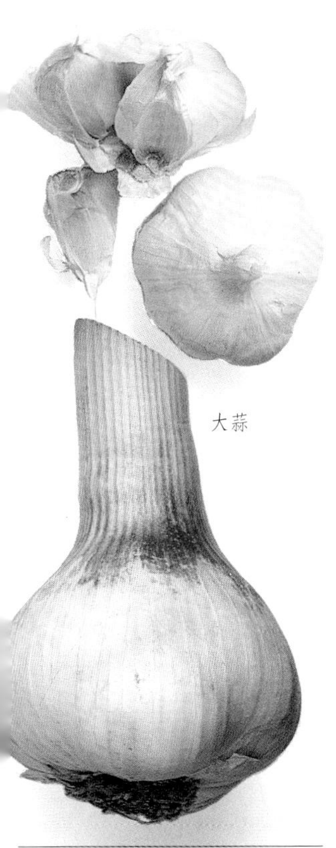
大蒜

大紅洋蔥（**Large Red Onion,** *Allium cepa*）

這種洋蔥的味道並不刺激，通常還相當甜。可以加在沙拉裡生吃、水煮或當成蔬菜焗烤，還可以爲湯、醬料及煨菜增加風味。

大紅洋蔥

根 菜

白蘿蔔（White Radish, *Raphanus sativus*）

蘿蔔在史前時代的中東就有栽種，更是古埃及人的寵兒，然而野蘿蔔最早可能生長於南亞。白蘿蔔在很多國家都有耕種，通常在春季時味道最好，但全年都買得到。主要是用來做沙拉。

日本蘿蔔（Daikon Radish, *Raphanus sativus*）

這種日本的傳統蘿蔔味道比別種蘿蔔溫和，通常拿來磨碎作爲配飾，或做成醃蘿蔔。日本人常將它切成薄片和其他蔬菜一起烹煮，或加在湯裡。

日本蘿蔔

那維特蘿蔔

白蘿蔔

那維特蘿蔔（Navette, *Brassica rapa*）

法國蕪菁的一種，在冬天和早春時皆可買到。那維特蘿蔔可以水煮，或加在湯、煨菜和砂鍋菜裡。根肉通常是白色的，然而也有黃色和黑色品種。

斯可左那拉參

斯可左那拉參（**Scorzonera,** *Scorzonera hispanica*）

斯可左那拉參和有近緣關係的葉婆羅門參的根都長得又長又細，是雛菊科的一員。由於葉婆羅門參的根部有牡蠣的味道，所以又叫牡蠣菜。斯可左那拉參原產於歐洲和地中海一帶，參皮是黑色的，葉婆羅門參的皮則是白色。這兩種植物都可以煮湯、做沙拉、當成蔬菜烹煮或是搗成泥糊，也可以加在開胃小點、砂鍋菜中。斯可左那拉參又稱黑色葉婆羅門參，滋味最佳的季節是在秋末。

美洲防風（**Parsnip,** *Pastinaca sativa*）

原生於歐洲，根部帶有甜味，目前在美洲也有栽種。全年都可以買到生鮮的美洲防風，但是冬季時味道最好。它可以燜煨、水煮、燒烤、搾泥糊或糖漬，甚至可以釀成酒。

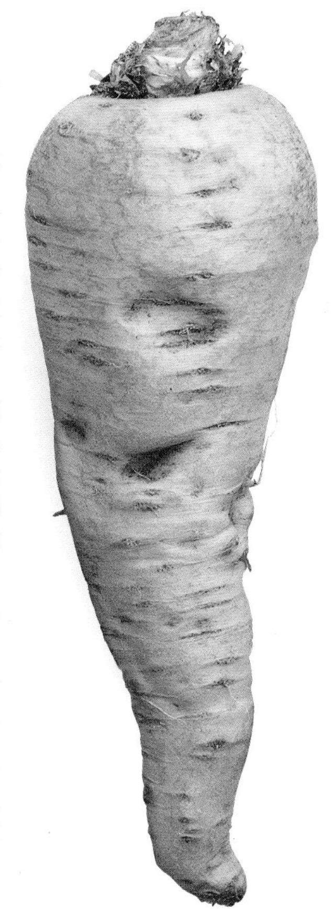

美洲防風

蕪菁

蕪菁（**Turnip,** *Brassica rapa*）

這種球根植物應該原產於歐洲，各種蕪菁不論大小、形狀或顏色的差異都相當大。蕪菁全年都可以買到，青嫩的小型球根可以整顆烹煮並搾泥糊，或將老蕪菁加在煨菜和湯裡。蕪菁上端的綠葉可用來作爲春季蔬菜。

瑞典蕪菁
(**Swede,** *Brassica napobrassica*)

這種根菜不但很重而且皮粗，原產於歐洲，但在美洲也很常見，稱作蕪菁甘藍。它味道最好的季節是在冬季，和蕪菁長得很像，但根肉是黃橘色的。可以用來烘焙，或和肉一起燒烤，也可以切薄片油炸、水煮後搗碎，或切丁汆燙加在烘菜裡。芬蘭人則將它和奶油、辛香料一起蒸煮。

紅衣蘿蔔
(**Red Radish,** *Raphanus sativus*)

紅衣蘿蔔的原產地在南亞，栽培品種在歐洲和美洲全年都可以買到，但是春季採收時的味道比較不辣。通常加在沙拉裡生吃，或配麵包、奶油作爲開胃小點，葉片可以爲沙拉加點辛辣味。

甜菜根
(**Beetroot,** *Beta vulgaris*)

甜菜根和它的近緣植物都是從野生甜菜(*Beta maritima*)改良而成，是一種原產於地中海一帶的沿海植物，根部在中世紀時引進德國耕種。世界各地都有大量栽培，而且全年都可以買到鮮品或罐頭。可以水煮或烘烤後趁熱上桌，或放涼後做成泡菜。甜菜根是一種傳統俄國湯——羅宋湯(bortsch)的必備材料，而且常常做成沙拉。美國人會將小型甜菜根加進橘子汁裡做成耶魯甜菜汁(Yale beets)，或加入酸甜醬裡做成哈佛甜菜汁(Harvard beets)。

紅衣蘿蔔

瑞典蕪菁

甜菜根

根芹菜 (**Celeriac,** *Apium graveolens*, var, *rapaceum*)

根芹菜是芹菜的特殊品種，滋味和芹菜很接近，栽種目的就在於取用它厚實的塊狀根。根芹菜爲冬季蔬菜，質地應該很緊實，煮前必須去皮，不過先切成片再去皮會比較容易。可以生吃、磨碎或用水煮軟，然後搭配調味醬上桌，或汆燙後淋油醋汁食用，也可以搾成泥糊用在湯及燉菜裡。根芹菜在剁切的過程中容易褪色，所以烹調時最好在水或沙拉中加幾滴檸檬汁以保存顏色。

根芹菜

胡蘿蔔

胡蘿蔔（**Carrot,** *Daucus carota*）

原產地應該在歐洲，到了中世紀時，荷蘭人才將野生胡蘿蔔拿來耕作。胡蘿蔔全年都可買到，但是初夏的收成味道最溫和、根型較小，嚐起來也較甜。生鮮、罐裝或冷凍品都有售。不論清蒸或是水煮，滋味都很好，加奶油和香料熱炒也不錯，也可以和肉一起烤，或加在煨菜和湯裡，還能拿來做成胡蘿蔔蛋糕，搾出來的鮮果汁既營養又美味。

其他根菜

阿比歐和阿拉卡哈（**Apio & Arracacha,** *Apios tuberosa*）

兩種都是豆科植物，原產於北美，烹調法則如馬鈴薯，也可以當成甜點。這兩種蔬菜的味道相近，可以互相替代使用。南美另有一種類似蔬菜也叫阿拉卡哈，即祕魯胡蘿蔔（*Arracacia xanthorrhiza*），耕種於安地斯山脈，但原產地是在哥倫比亞。它的根可以拿來烘烤、油炸或像馬鈴薯一樣加在湯及煨菜裡。利用它的根所做的粉可以做麵包和煎餅。

慈菇（**Arrowhead,** *Sagittaria sagittifolia*）

慈菇是一種葉片如箭的水生植物，又稱爲莞草馬鈴薯或瓦帕圖。中菜裡不論葉片或根部都會利用。

苦根馬齒莧（**Bitterroot,** *Lewisia rediviva*）

原產於北美洲西北部，根部多漿、肉肥而極具營養，雖然名字中有苦這個字，事實上去皮後一點也不苦。

黑蘿蔔（**Black Radish,** *Raphanus sativus*）

這種黑色的冬季蘿蔔和一般的蘿蔔不同，它的根和小蕪菁一樣大，最常用來作爲冬季沙拉菜。

牛蒡（**Burdock,** *Arctium lappa*）

這是一種很像薊的野生植物，在北半球非常普遍，青嫩的葉莖可做成沙拉。日本人把牛蒡叫做ごぼう，整棵植物都拿來利用。

中國朝鮮薊（*Stachys affinis*）

原產於中國，後來由法國人引進歐洲栽種。它的塊莖可以磨碎加在蔬菜沙拉裡，也可以作爲肉食的配菜，中國人則與青菜一起烹調。秋末上市。

漢堡西洋芹（**Hamburg Parsley,** *Petroselinum hortense*）

又稱爲蕪菁根西洋芹，栽種目的在於取用根部。它的根爲白色，細瘦的形狀與美洲防風非常相像，從它在東歐及北歐受歡迎的程度看來，就可以知道爲什麼取這個名字了。可以加在湯或煨菜裡，還可以像根芹菜一樣和其他蔬菜搭配。有些堅果味。

山葵（**Horseradish,** *Armoracia rusticana*）

山葵原產於東南歐及西亞，壓碎的根常用來做成一種調味料。它帶有辛辣味，是烤牛肉及肉類冷盤最常用的佐料（參閱第56頁）。

蓮藕（**Lotus,** *Nelumbium nuciferum*）

在印度及中國，蓮藕是一種宗教性的植物，原產地即在遠東，也是當地經常可見的菜餚。將蓮藕切片後可以見到藕節裡有很多洞，因此在中菜及日本料理中就成爲極佳的點綴。不論是新鮮或罐頭都可以在市面上買到，也可以做成蓮藕粉、蓮藕泡菜或蒸食。生鮮葉片可以放在沙拉裡。

塊莖

薯蕷（**Yam,** *Dioscorea batatas*）

薯蕷原產於非洲和亞洲，在熱帶美洲也有栽種。味道溫和且富含澱粉質，品種很多。非洲人會將薯蕷搗碎，拌入胡椒和辛香料做成佛佛（foufou）及喀拉俊恩（kalajoum）。它也可以像馬鈴薯般烹調，在西印度群島料理中很常見。

菊芋（**Jerusalem Artichoke,** *Helianthus tuberosus*）

原產於北美洲，十七世紀時引進歐洲栽種，品種很多，從灰棕色到淺紅棕色都有。味道很像堅果，可以加在沙拉裡生吃，或煮後放入醬汁及砂鍋菜裡。屬於冬季蔬菜。

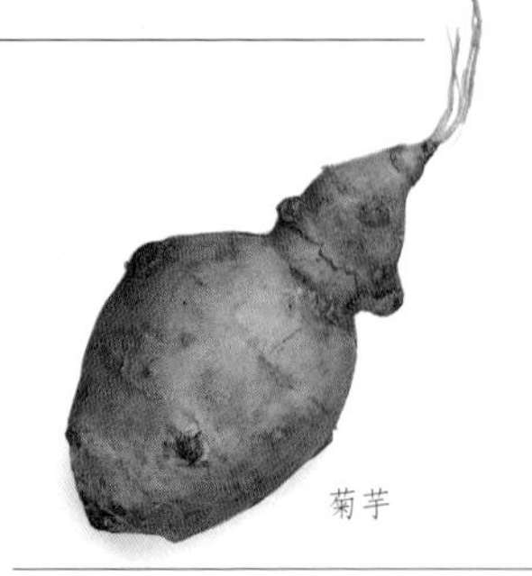

菊芋

薯蕷

白甘藷

紅甘藷

甘藷（**Sweet Potato,** *Ipomœa batatas*）

雖然甘藷和一般的馬鈴薯都原產於中美洲，但兩者並沒有任何關連。甘藷又稱西班牙馬鈴薯，比馬鈴薯還早引進歐洲耕種，並且廣受歡迎。它是美國感恩節時的傳統食材，從秋天到初夏都可以買到。主要有兩種品種，可以互相替代：紅甘藷，有橘色的甜肉，烤熟後非常好吃，壓碎了還可以做甘藷蛋糕、酥芙蕾或餡料；白甘藷的根型較小，肉色淺黃，甜份也較少，可以油炸、水煮或煮砂鍋菜。

其他塊莖

樹薯（**Cassava,** *Manihot utilissima*）

又稱木薯，這種產自中美洲的塊莖植物澱粉含量極多，主要用來製木薯粉（參閱第106頁）。發酵後可以加入一種酒精飲料中，葉片可以當作蔬菜食用，粉末則可做蛋糕和派。

芋（**Taro,** *Colocasia antiquorum*）

這種塊莖含有質地細膩、容易消化的澱粉質，在西印度群島的料理中是當作蔬菜使用，煮法和馬鈴薯相同，葉片的吃法則和包心菜一樣。

馬鈴薯類

馬鈴薯(*Solanum tuberosum*)是茄科植物的成員之一，也是南美洲的一種土產，但現今全世界皆有栽種。馬鈴薯的品種有許多，其中白馬鈴薯採用水煮和油炸的烹調方式滋味最佳，紅馬鈴薯則適合燒烤。

新品馬鈴薯(**New Potato**)

爲現代品種，生長快速，根肉爲白色，通常在初夏時從土裡挖出販賣。最好的烹調法是稍微刮皮後連皮放進水裡煮熟，然後拌奶油、鹽和胡椒上桌。

新品馬鈴薯

克雷格皇家馬鈴薯

克雷格皇家紅馬鈴薯(**Craig Royal Red Potato**)

在七月成熟，肉質不粉，根肉爲白色，外皮則是紅色或淺粉紅色，每一顆的形狀或大小都完全一致。平滑的肉質最適合油炸、水煮或放在沙拉裡。

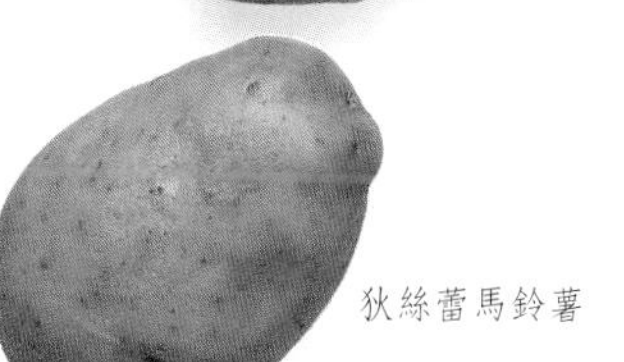

狄絲蕾馬鈴薯

塞普勒斯新品馬鈴薯(**Cyprus New Potato**)

新品或幼小的馬鈴薯通常在冬末至初春間最易買到。根型很小時應該買少量就好，因爲放久了會失去原味。外皮，只要洗淨就可以烹調，不用去皮但不適合搗碎。也可以買到罐頭。

塞普勒斯新品馬鈴薯

朋特蘭獵鷹馬鈴薯(**Pentland Hawk Potato**)

肉色淡黃，肉質密實如奶油，爲中級馬鈴薯。可以清蒸或水煮，也可以切片烹調，同時可搭配奶油、香料、鹽、胡椒或美乃滋。搗碎或油炸皆宜。

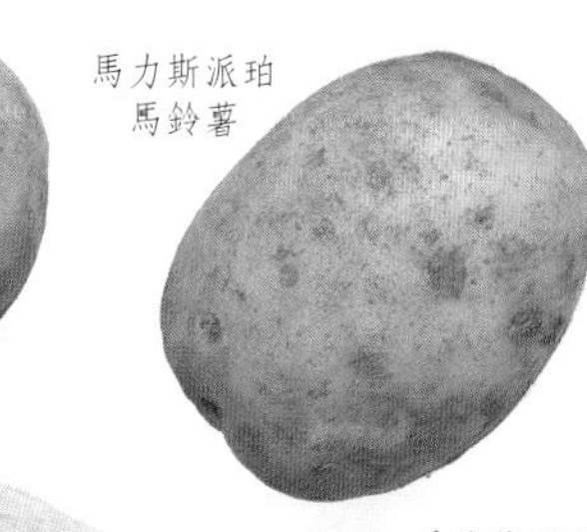

朋特蘭獵鷹馬鈴薯

馬力斯派珀馬鈴薯

朋特蘭騎士馬鈴薯(**Pentland Squire Potato**)

肉質密實，根肉爲白色，是一種中級的通用型馬鈴薯。它和其他品種一樣，市售冷凍品可供油炸，或者也有脫水品及罐頭。

朋特蘭騎士馬鈴薯

朋特蘭皇冠馬鈴薯

愛德華國王馬鈴薯

朋特蘭皇冠馬鈴薯(**Pentland Crown Potato**)

皮很薄、肉色乳白，味道最好的時候是在聖誕節前夕、塊莖剛成熟時。粉質的根肉非常適合烘烤，然而就像所有的粉質馬鈴薯一樣，放涼後粉質就會降低。

狄絲蕾馬鈴薯(**Desiree Potato**)

這種高品質的馬鈴薯質地粉粉的，非常適合烘烤或油炸，也可以拿來水煮及搗碎。

愛德華國王馬鈴薯(**King Edward Potato**)

品種最佳的馬鈴薯之一，根肉爲乳白色，偶爾也有黃色，不論用哪一種烹調法都非常美味。

馬力斯派珀馬鈴薯(**Maris Piper Potato**)

肉質密實度適中，肉色乳白，由於不太會氧化變黑，因此是最適合水煮的馬鈴薯。可以用在沙拉裡，或煎炒油炸。

豆莢及種子

豌豆（Pea, *Pisum sativum*）

豌豆最早生長於中東，很可能是最早的栽培作物。市面上的培育種豌豆有生鮮（從初夏到秋天都有）、冷凍、罐裝和脫水品（參閱第39頁），可以做成泥糊，或放在湯及煨菜裡，也可以當成一般蔬菜烹調。外莢通常會剝去，但也可以用來做豌豆湯。

豌豆

脆甜豌豆（Mangetout, *Pisum sativum*）

又稱爲雪豌豆或甜豌豆，是一種早收的品種（通常在春天就可以採收），豆莢質地柔嫩。烹調前先去頭尾，然後連莢一起煮食。豇豆（*Lotus tetragonolobus*）不屬於豌豆科植物，但食用法和豌豆相同。

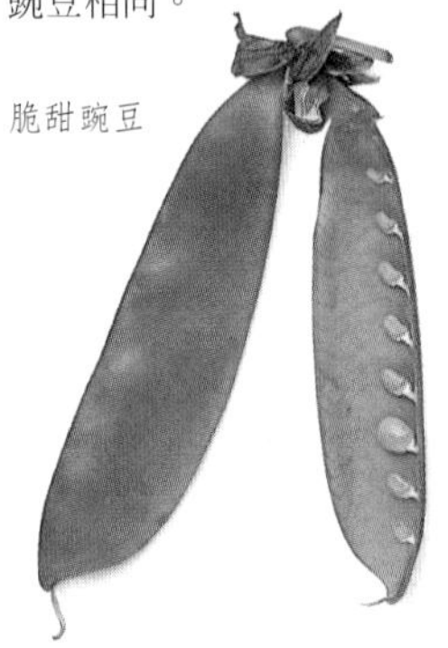
脆甜豌豆

甜玉米（Sweetcorn, *Zea mays*）

又稱玉米、玉蜀黍或印第安玉米，這種作物原產於美洲，現今全世界皆有栽種。不需全熟就可以採收，市面上有新鮮玉米、冷凍品及罐裝食品，用法和蔬菜一樣，可以水煮或烘烤，然後搭配奶油一起吃。玉米也可以加入湯裡，或搾成泥糊、裹麵糊油炸、做玉米粉、玉米麵包，以及碎玉米。

小甜豆（Petits Pois, *Pisum sativum*）

當豌豆還非常小並又甜又嫩時所採收的作物，在法國尤其受到歡迎，並且公認是所有品種中最好的一種。

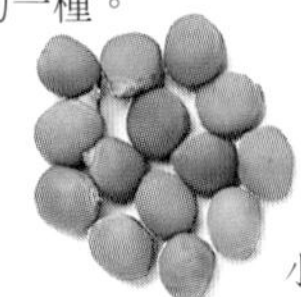
小甜豆

秋葵（Okra, *Hibiscus esculenta*）

又稱爲玉女指或黃秋葵，原生於熱帶非洲，是一種一年生的棉花科植物的果實。在美國南方各州的烹調中使用廣泛，例如加在秋葵湯裡，或是摻入米的料理中。印第安料理的賓地菜（bindi）和中東的巴米雅菜（bamia）都有秋葵，後者是一道加有秋葵的燉小羊肉。生鮮、罐裝或脫水秋葵都可以買到，可讓湯及燉菜變濃，或是當成一般蔬菜烹煮。

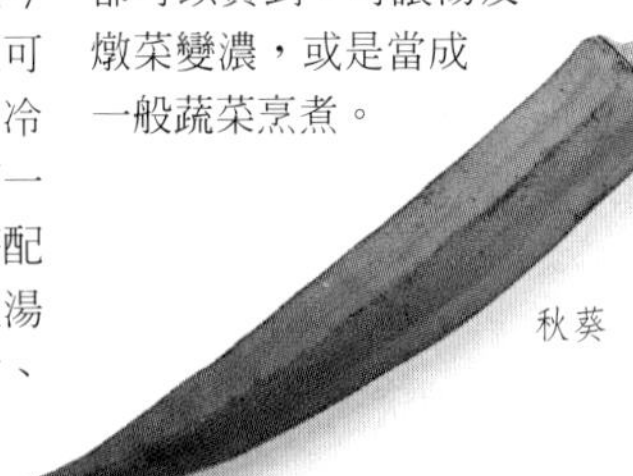
秋葵

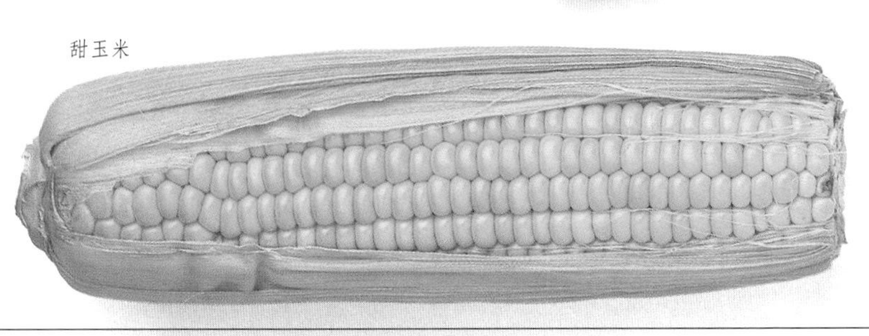
甜玉米

豆芽（**Bean Sprouts,** *Phaseolus aureus*）

幾乎所有的穀粒及大型種子都可以發芽，但綠豆（參閱第41頁）是最常拿來大量發芽的豆類。苜蓿籽通常也用來發芽。豆芽在東方料理中是當作一般蔬菜，另外也可以加入沙拉裡生吃。

綠豆芽

豆芽

苜蓿芽

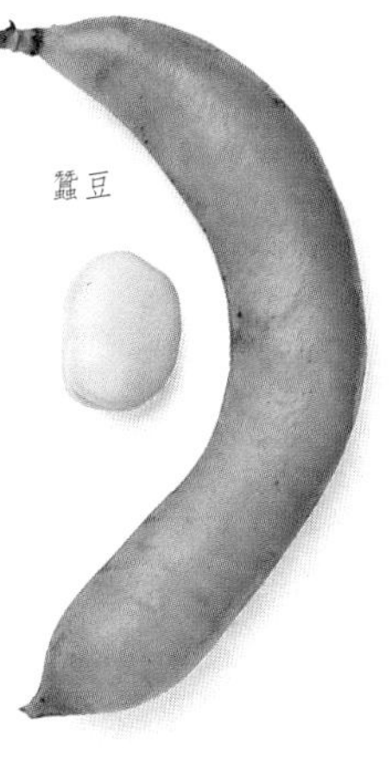

蠶豆

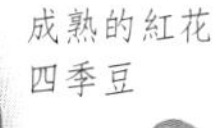

成熟的紅花四季豆

蠶豆（**Broad Bean,** *Vicia faba*）

唯一原產於舊大陸的豆類，整個歐洲及中東遠自史前時代就開始栽種，並當作食物來運用（參閱第38頁及42頁）。另一種褐色的埃及品種是主食福爾（ful）的材料。蠶豆可以打成乳脂狀搭配調味醬上桌，或做成泥糊，同時也是火腿和培根的傳統搭配材料。不論冷凍品或罐頭都能買到。新鮮蠶豆則在夏季時購買，通常都已去莢，如果豆莢夠嫩也可以連莢烹煮食用。

四季豆（**Green Bean,** *Phaseolus vulgaris*）

原產於中美洲，栽種目的在於取用豆莢，市面上有很多品種，包括紅花四季豆、利馬豆、法國四季豆以及扁豆。法國四季豆在烹調前只要去掉頭尾便行，而紅花四季豆就算再鮮嫩，煮前一定要去掉豆莢邊緣的細筋。另外還有一種黃色品種，就是俗稱的菜豆莢，在北美洲非常受歡迎。蒙哥特豆則是法國四季豆的西班牙品種。

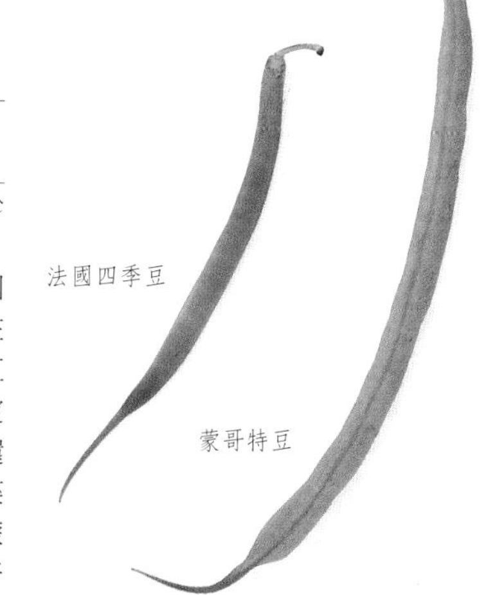

法國四季豆

蒙哥特豆

脫水豆類

豆子是某些豆科植物的可食種子，包括豆類、豌豆類和扁豆類。大致上來說，四季豆、蠶豆、利馬豆和青豌豆是使用生鮮蔬菜來料理，其他則是使用乾燥豆子，而這些脫水後的豆子數千年來就一直是某些地區的主食之一。

有關植物起源的考古研究報告指出，豆類是自人類有農耕以來最古老的作物之一。常見的豆類有：「普通豆」，包括了菜豆及許多其他品種，如斑豆和黑豆，首次成爲農作物是在墨西哥；利馬豆的首次栽種區是在祕魯；蠶豆和藜豆是在中東；大豆和紅豆則在中國；至於牛眼豆和柳豆則在非洲首度成爲農作物。然而豆科食物很快就被原產國以外的大部分國家接受，因此現今世界各地都買得到各種豆類。

不論是在中東、亞洲、加勒比海、墨西哥或中南美洲的烹調裡，豆科食物今日依舊像從前那樣受人歡迎。然而在北美洲及歐洲，人們對豆科食物的喜好之所以持續攀升，一方面是由於肉類價格偏高，另一方面則是因爲素食料理越來越受歡迎。

處理方法

需要脫水的豆類必須在採收後儘快處理，以保存它們的味道、豐腴和質地。接著就要區分等級，並在包裝前除去所有砂石。大部分的豆類食品目前是以人工方式脫水處理，並用機器進行分級作業。此外，綠豆和大豆或許也會用來發芽，將它們的嫩芽當成新鮮蔬菜食用。

在某些情況下，乾燥的豆類、豌豆和扁豆也會拿來烹調或裝罐，同時某些品種還會用來發酵，或處理成其他形式，例如粉狀、油狀、豆腐或豆皮。發酵的方式則有許多種，而且差異極大。在中國，黑豆是放入鹽裡發酵，非洲則是放在木灰裡。發酵的過程有時需要數月，例如將大豆發酵成醬油就需要幾個月的時間。

烹調須知

大部分的豆類在各地都買得到，至於一些比較少見的品種則可以在特定的進口食品店或健康食品店裡購得。雖然豆子可以保存得很好，也很容易恢復原狀，但還是應該存放在乾燥陰涼的地方，並在六到九個月的期限內用完。

豆類、豌豆和扁豆可以整顆放入砂鍋菜、沙拉以及蔬菜料理中調理，或搾成泥糊加在湯餚中，也可以磨成粉末做沾醬（dip）和炸丸子（croquette）。所有的豆類及扁豆都含有很高的蛋白質，如果將它們和穀物一起食用就會釋出30%以上，這就是爲什麼世界各地有許多豆類料理都是和米飯或麵包一起配食的原因。

很多食譜中的豆類都是可以互相取代的，不過還是應該考慮風味及質地上的差異，因爲對某些特定菜餚來說，這些因素就會促使某些豆子遠比其他豆類更加適用。所有加熱後質地會變軟、並且會吸收其他食材風味的豆類、豌豆或扁豆，特別適合與辛香料或香料一起燉煮成砂鍋菜，至於其他質地較爲緊實的豆類則適合當作蔬菜整顆烹煮，或是加在沙拉裡。

請記住大部分的豆類都必須浸泡及烹煮，至於需要多久時間則端視豆子的類型和品質而定。清洗豆類或泡水前要先仔細挑撿一遍，以去除所有夾雜的砂礫或石頭，並且在即將煮好前加些鹽巴，因爲這樣可以讓豆子軟化得比較快。

豌豆類

藍豌豆
(**Blue Pea,** *Pisum sativum*)

脫水豌豆過去是很重要的蔬菜，而今日受歡迎的程度卻已大減。但德國人仍將整顆脫水豌豆和酸泡菜及酸奶油一起烘焙。藍豌豆是最美味的脫水豌豆之一，質地爲粉質，煮過後依舊能保持形狀完整。

藍豌豆

剖開的黃豌豆
(**Yellow Pea,** *Pisum sativum*)

與剖開的青豌豆一樣，搾成泥糊後是做湯或蔬菜料理的絕佳材料，並可搭配火腿上桌。

剖開的黃豌豆

藜豆
(**Chick-Pea,** *Cicer arietinum*)

又稱鷹嘴豆，印度名是chana dal，義大利名則爲ceci。這種大型豌豆有許多品種，不論是整顆或剖開來的皆可買到。可以加在砂鍋菜、湯或煨菜裡，並且是胡母斯(hummus，一種開胃菜)和費拉費爾餡餅(felafel)的主要材料。藜豆是中東的主食之一，也用在許多歐式及東方料理中。

中東藜豆

剖開的青豌豆
(**Green Pea,** *Pisum sativum*)

味道比藍豌豆甜，一般用來煮成泥糊，做成傳統的英式豌豆布丁菜，再搭配鹹豬肉上桌，形成絕佳的互補。此外，搭配臀骨煮成豆骨湯也有同樣的效果，還可以用在蔬菜料理中。

地中海藜豆

剖開的青豌豆

剖開的藜豆

扁豆類及豆類

綠扁豆
(**Green Lentil,** *Lens esculenta*)

扁豆所含的蛋白質特別豐富。綠扁豆又稱大陸扁豆，在歐式料理中很受歡迎。它經過烹調後形狀仍保持不變，可以當作蔬菜使用。品種共有大型和小型兩種。

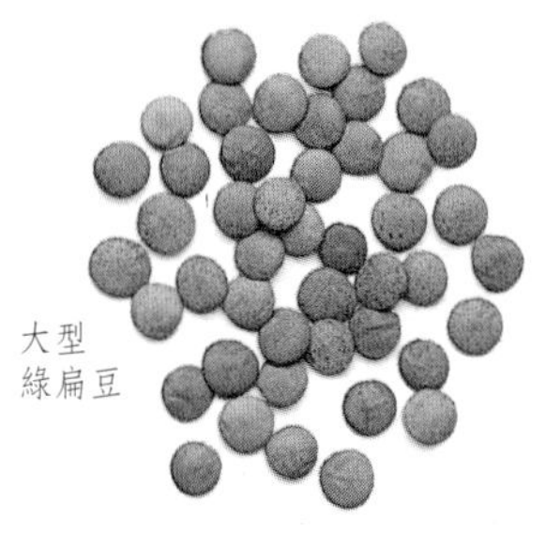
大型綠扁豆

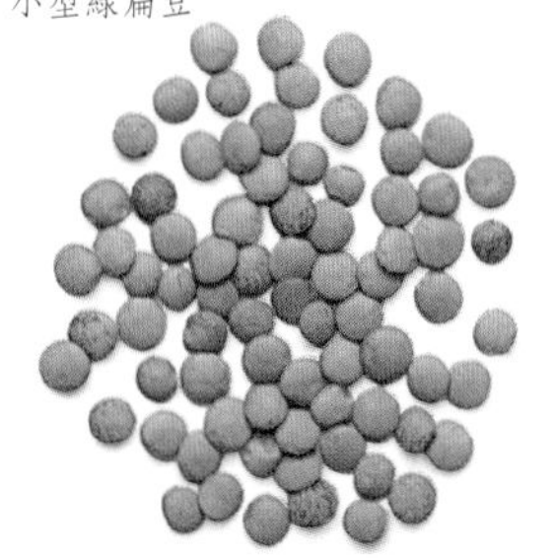
小型綠扁豆

普伊扁豆

普伊扁豆
(**Puy Lentil,** *Lens esculenta*)

這種法國扁豆形狀變化多端，在同類中品質最好，深受人們重視。烹調後依舊能保有形狀。

黃扁豆
(**Yellow Lentil,** *Lens esculenta*)

由於很多種扁豆的原產地都在亞洲，所以也常使用它們的印度名字「豆兒」(dal)。這種扁豆又稱爲黃豆兒，通常是咖哩料理的主菜或配菜。

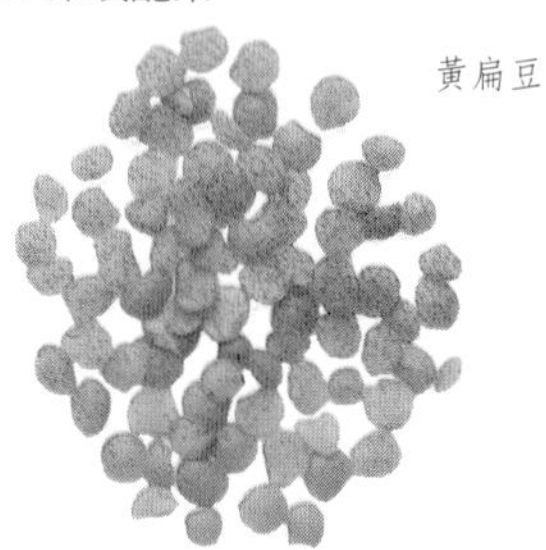
黃扁豆

橙扁豆

印度褐扁豆

印度褐扁豆(**Indian Brown Lentil,** *Lens esculenta*)

又稱馬娑豆兒，帶著豆皮時爲紅色。煮後會變成泥糊狀。

橙扁豆
(**Orange Lentil,** *Lens esculenta*)

扁豆的種類有很多，通常是以顏色來分別及命名。它們的形狀都是圓扁型，但大小各有不同，而且可能整顆或剖半出售。扁豆在印度菜裡佔有很重要的地位，通常不是搭配咖哩成爲主菜就是配菜。剖開的紅扁豆同時還是中東的主食之一，與米飯一起搭配食用。扁豆是豆類食品中唯一煮前不需泡水的豆類。橙扁豆很快就能煮成泥糊。

笛豆
(**Flageolet,** *Phaseolus vulgaris*)

笛豆是普通豆的一種小型綠色品種，原生於美洲，不論新鮮或脫水品都可食用，市面上還有罐裝或預煮好的半成品。笛豆的質感新鮮而美味，所以尤其適合當蔬菜使用或拌沙拉。傳統的法國菜則拿它來搭配烤小羊肉。

笛豆

其他豆類

斑豆(**Pinto Bean,** *Phaseolus vulgaris*)

長相有如腎臟，帶有灰褐色花斑及斑點，烹煮時會褪色，但是不會影響味道。

綠豆（**Mung Bean,** *Phaseolus aureus*）

又稱目豆兒，不論在中國或是印度都大量栽種。綠豆的味道很好，而且維他命含量很高，不論整顆、剖半、帶皮、去皮，全都買得到，此外豆芽(參閱第37頁)也很常見。綠豆在中國受到廣泛使用，磨成粉後還用來做冬粉；至於印度人是將它們與咖哩烹調。主要用於燉菜。

整顆綠豆

去皮綠豆

剖開的綠豆

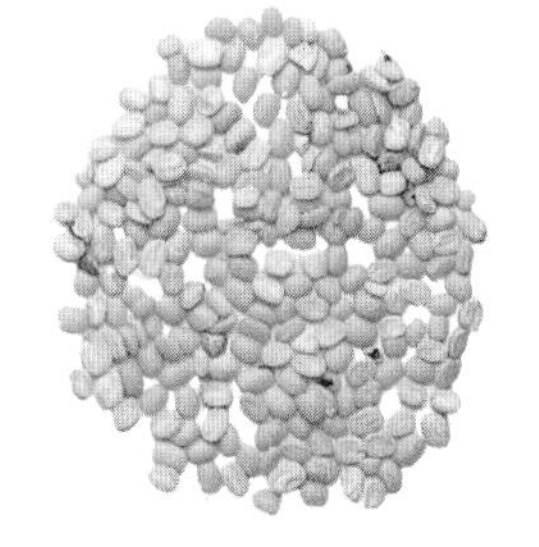

大白豆（**Large White Bean,** *Phaseolus vulgaris*）

大而奶白色的扁平普通豆，又稱爲白扁豆。用於煨菜或砂鍋菜，通常可以和其他豆類互相取代。

大白蠶豆

波士頓豆（**Boston Bean,** *Phaseolus vulgaris*）

小型的白色普通豆，又稱珍珠扁豆、海軍豆或豌豆扁豆。波士頓豆可以用來做法國菜大扁豆燉肉盅，以及傳統的波士頓烤豆，也就是現代罐裝烤豆的前身。

波士頓蠶豆

雞兒豆（**Urd Bean,** *Phaseolus mungo*）

又稱爲回鶻豆或黑克。這種豆子在市面上以數種面貌販賣，原產地應該在印度，印度和遠東地區也都大量栽種。

整顆雞兒豆

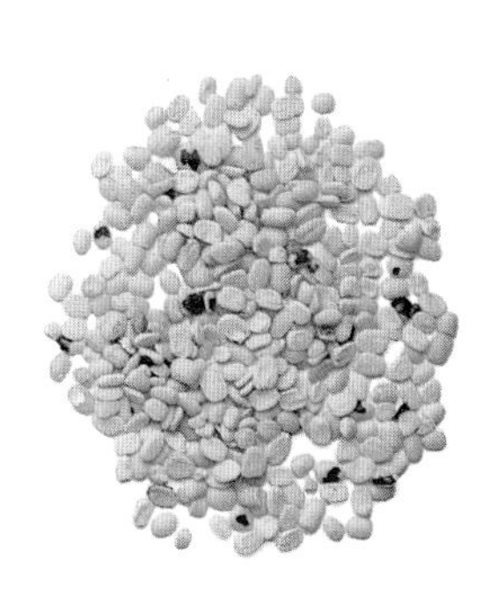

去皮雞兒豆

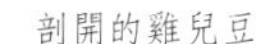

剖開的雞兒豆

蠶豆（Broad Bean, *Vicia faba*）

原生於北非，早在古埃及和希臘時代就是種農作物。現今不論生鮮（參閱第37頁）或脫水品都能買到。脫水豆的質地緊實，可單獨食用，或加入煨菜及沙拉中。

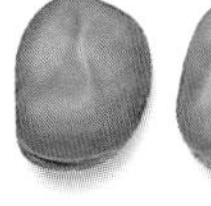
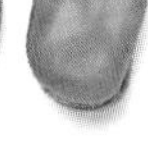

蠶豆

黑豆（Black Bean, *Phaseolus vulgaris*）

這種黑油油的普通豆又嫩又甜，是加勒比海、墨西哥和中南美洲的主食。黑豆加米油炸成的加羅平投（gallo pinto）是哥斯大黎加的全國性早餐；至於費鳩大康普雷塔（feijoada completa）則是巴西的國菜，這道菜混合了黑豆、肉類及樹薯粉、柳橙丁、新鮮辣椒醬及芥蘭菜而成。

黑豆

博羅特豆（Borlotto Bean, *Phaseolus vulgaris*）

又稱爲薩里基亞豆，產自義大利。一般是煮成乳脂狀，和辛辣的砂鍋菜一起焗烤，或是加在沾醬及沙拉中。

博羅特豆

紅花菜豆（Red Kidney Bean, *Phaseolus vulgaris*）

這種甜甜的豆子質地有點粉粉的，種類很多，從深紅色到栗子色都有，是最常搭配墨西哥菜的豆類，尤其在辛辣的奇利恭卡恩（chilli con carne）裡特別多。

紅花菜豆

坎尼里諾豆（Cannellino Bean, *Phaseolus vulgaris*）

一種奶油色的菜豆，大小比波士頓豆稍大而肉質蓬鬆，又稱費吉歐拉，最常用在義大利菜裡，經常烹調成鮪魚煮費吉歐里（tonno e fagioli）。

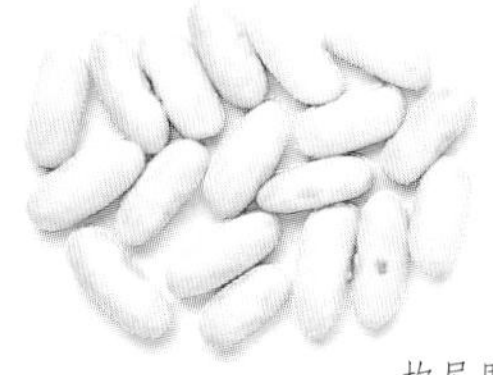

坎尼里諾豆

豆豉（*Glycine max*）

這是一種縮小了的黑色豆子，通常是大豆。中國人將大豆蒸熟後以醬油酵母發酵，再用鹽醃，然後搭配肉類或蔬菜料理。

豆豉

利馬豆（Lima Bean, *Phaseolus lunatus*）

這種腎臟型的豆子有很多品種，但大小只有兩種，不論生鮮或脫水品都可料理食用。市面上可以買到新鮮、脫水或冷凍品。利馬豆的顏色大都有點白綠或乳白，難怪它偶爾會叫奶油豆。它的另一個名字是馬達加斯加豆，因爲雖然利馬豆眞正的原產地是南美洲，但在馬達加斯加島的栽種範圍卻非常大。脫水後的利馬豆形狀完好，常加在熱呼呼的蔬菜裡食用，或加在沙拉中。

利馬豆

福美達美斯豆（Ful Medames, *Lathyrus sativus*）

一種原生於中東的小型蠶豆，廣爲當地人所食，白色的品種則叫福納貝得豆（ful nabed）。中東遍地居民都吃脫水蠶豆小餡餅，又稱塔阿米亞餅（taamiya），而福美達美斯也成了一道埃及國菜的菜名，在這道菜裡，是將這種豆子和蛋、孜然芹、大蒜一起烘烤。當成蔬菜煮熟上桌，味道也不錯。

福美達美斯豆

紅豆（**Aduki Bean,** *Phaseolus angularis*）

又稱相思豆，煮熟後會變得非常柔軟，而且有著不同尋常的甜味，風味相當強。紅豆原產於中國，是一種一年生灌木的種子，由於具有醫療效用，所以在遠東一帶頗受重視，數千年來一直將它加入米飯及湯裡食用。也由於它們的甜度，所以紅豆在東方甜食裡是一種常見的材料。

紅豆

牛眼豆（**Black-Eyed Bean,** *Vigna sinensis*）

原產於中國，美國南方各州居民認為這種豆子是「靈性食物」，當地有種傳統的鹹豬肉加豆類和塔巴斯科紅辣醬做成的菜餚，就是引用它的名字。牛眼豆又稱為牛豆或黑眼豆，中國人用它來快炒，並與魚或肉混合。

牛眼豆

米豆（**Rice Bean,** *Phaseolus calcaratus*）

米豆原產於東南亞，在中國、印度和菲律賓群島的少數地區栽種。取名為米豆是因為味道有點像稻米。

米豆

拉巴拉巴豆（**Lablab Bean,** *Dolichos lablab*）

屬硬皮豆，又稱扁豆，是一種風信子屬植物的豆類果實。原產地在印度，但目前整個亞洲和中東都拿來食用，尤其是埃及。烹調前必須去莢。

拉巴拉巴豆

鴿豌豆（**Pigeon Pea,** *Cajanus cajan*）

又稱柳豆。這種灰褐色的豆子帶點甜味，由於它的形狀和大小而取名為豌豆。原產於非洲，是加勒比海一帶的主食，例如加在巴貝多的啾啾菜(jugjug)裡，或千里達島的鴿豆湯中。

鴿豌豆

大豆（**Soybean,** *Glycine max*）

大豆的顏色從黃、綠、紅到黑色都有。它的營養很高，尤其富含蛋白質，許久以來在東方食物裡佔有重要的地位。大豆可用來做豆腐，或美味的麵條豆簽，也可以做成一種甜味蜜豆。這種豆子還可以發酵處理，做成調味醬和佐料，其中最有名的是醬油（日本稱之為しょうゆ），印尼人則用它來做坦沛(tempeh)，日本人用它來做味噌。近年來大豆也成為西方的基本食物之一，同時也用在工業用途上，例如塑膠工業。大豆可以提供重要的油脂（參閱第75頁），也可以磨成粉末（參閱第107頁），更是大部份肉類替代品的基本原料。此外，大豆還可以製成豆漿。

大豆的質地很硬，煮前需要一段長時間的準備過程。新鮮大豆可以發出又長又脆的嫩芽，最適合生吃。

黑色大豆

黃豆

菇類及松露

「菇類」及「菌類」這兩個名詞始終混淆不清。本書裡我們用「菇類」來代表所有可食的眞菌。菇類有野生的、栽種的、新鮮的、罐裝的、醃製的以及脫水的，使用於調味醬或番茄醬裡，大部分的國家也拿來用在各類菜餚中。菇類含有80%水分，8%碳水化合物，以及1%脂肪，同時也是蛋白質、多種維他命及礦物質的最佳來源之一，例如核醣黃素及硫胺(維他命 B_1)、鐵和銅、還有鉀與磷酸鹽。

雖然各國所採集的菇類都不一樣，但採菇是許多國家很受歡迎的休閒活動。光在美國就有五十多種可食野菇。然而，並不是所有的菇類都可以吃，像有些蠅虎蕈屬(*Amanita*)菇就會致命，如毒鵝膏(*Amanita phalloides*)被稱之爲死亡帽，另一個更生動的名字是死亡天使。禿頭蕈屬(*Psilocybe*)菇類在墨西哥最多，食後會讓人產生幻覺，從前的墨西哥人認爲它是神聖之物。業餘採菇者應該只採集容易辨認的菇種，而羊肚菌是所有菌類中品質最好的，此外墨水菇和塵菌屬菇類也很容易辨認。美國所有菌類學協會的成員，都可以解答菇類的鑑定問題；至於法國，當地藥劑師也可以提供這方面的答案。

菇類栽培

以前的人對於菇類的生長期並不了解，直到1678年，法國植物學家馬爾尙(Marchant)才證明菇類是由長在地面下的菌絲所集結而成，菌絲看起來像蕾絲的纖維，又稱爲菌絲體。腦筋動得快的巴黎園藝家馬上將理論付諸行動，將野生菇的根移植到馬糞裡，成功培育出今日菇類的祖先。

到了1890年代，法國科學家由於發展出低溫殺菌的菌絲，而一統菇類栽培市場，使菇類成爲更可靠的作物。今日的菇類栽培事業依舊蓬勃發展，主要栽培中心有歐洲、美國、澳洲和南美洲。

儘管野生菇在歐洲市場早已佔有一席之地，然而其他地區的菇類栽培事業卻依舊停留在規模較小的區域性栽培，而且主要集中在中國及日本。俄國的美味乳菇(*Lactarius deliciosus*)是採自針葉林中脫水出售，而牛肝菌和法國、義大利、波蘭、德國的鬱金菌也是如此，這些國家市面上的可食菇類約有三百種之多。現今已栽培有五種，包括：普通洋菇、法國和義大利松露、中國草菇和木耳，還有日本香菇。松茸產於日本，雖然沒有人工栽培，但日本人還是大規模採集並裝罐出口。

烹調須知

有些菇類，尤其是鬱金菌類，必須先煮至半熟。很多種菇都可以切片，然後浸在加有麵包屑的蛋汁裡，用培根脂肪油炸；鮮嫩的小菇切片後則加入沙拉裡生吃，滋味極美。脫水菇是放在鐵絲盤上用54℃的循環熱氣持續脫水而成，是很好的廚房備用材料，至少可以保存一年以上。除非新鮮菇類的皮已經變硬，顏色也褪去了，否則不需去皮，只要用溼巾將菇帽擦乾淨就好。如果它們非常髒或沾有很多沙子而必須用水清洗，動作必須儘量快，而且不要浸在水裡。採回來的野生菇必須小心分類，檢查有沒有蟲子或砂礫，並儘快烹調。脫水菇煮前必須先放在溫水裡泡軟，大約需要15分鐘。新鮮菇類可以放進塑膠袋裡儲藏，不用封口就放入冰箱，大概可以放個四、五天不壞，至於脫水菇則是一年以上。85公克的脫水菇泡水後，大約等於450公克新鮮菇。

松露（Truffles, *Tuber magnatum, melanosporum*）

松露是生長於橡木或山毛櫸根部的結節菌，通常「栽種」於橡木林區以促進生長。松露中最主要的兩種，也是烹調上最珍貴的兩種，分別是佩里戈爾黑松露（*Tuber melanosporum*）以及產於義大利阿爾巴的皮耶蒙白松露（*T. magnatum*），兩種松露都是昂貴的奢侈品。其他還有常常被忽視的英國紅紋黑松露（*T. æstivum*），以及歐洲紫松露（*T. brumale*）。新鮮松露是在秋天採集，而且只在當地販賣，所以大部分的人只好買已經失去松露獨特味道及芳香的罐裝品或煮好的成品。

由於松露具有強烈的味道和香味，所以通常趁新鮮時磨碎加入通心粉、里佐托義大利雞肉燉飯（risotto），或蛋類菜餚中，另外還有一種經典烹調法，建議搭配Parmesan乳酪一起烹煮。黑松露可以作爲肥美的鵝肝醬和膠凍料理的配飾，或是像松露煎蛋這道菜一樣和炒蛋一起烹調。

佩里戈爾黑松露

皮耶蒙白松露

木耳（Wood Ear, *Auricularia polytricha*）

木耳與歐洲猶太耳是遠親，栽種在木頭上，或野生於樹幹上，又稱爲雲耳或中國黑眞菌。脫水後的木耳會形成質地堅硬的膠質物，必須浸入熱水裡數次才能恢復原狀，大概要泡30分鐘。

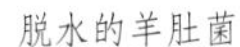

脫水的羊肚菌

脫水的牛肝菌

乾香菇

木耳

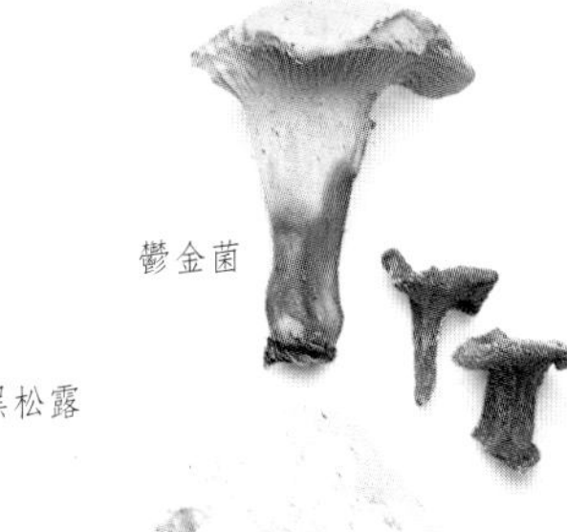

鬱金菌

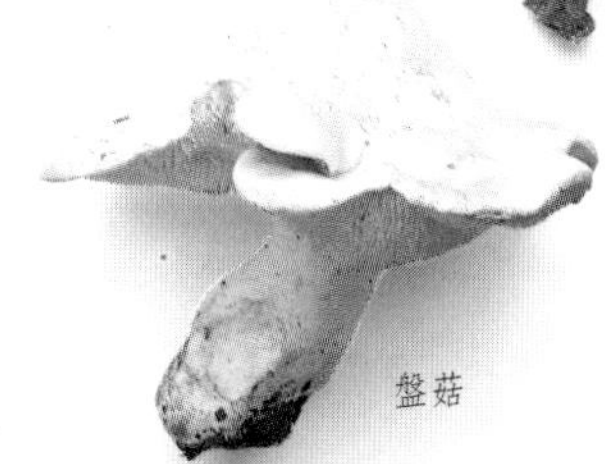

盤菇

盤菇（Rubber Brush, *Hydnum repandum*）

秋天或初冬時在樹林裡都找得到，而它的特殊之處就在於菌摺是向上突起而非向下。盤菇是一種很好的烹調菇類，適合供佛利卡塞（fricassées）使用。

牛肝菌（**Boletus**, *Boletus granulatus*）

又叫黃洋菇，是一種帶有果香的菇類，可以在夏、秋兩季的針葉林裡找到。圖示爲脫水後的牛肝菌。

羊肚菌（**Morel**, *Morchella esculent*）

嚴格來說，羊肚菌並不算是菇類的一種，由於它有褐色海綿狀的菌帽，所以很容易辨認，這是由於菌帽生成時產生了很多洞的關係，因此又有海綿洋菇這個外號。春季或初夏時可以在森林開墾地找到，也可以在特定的食品店中買到罐裝品或脫水品。

香菇（**Shiitake**, *Lentinus edodes*）

又稱中國菇，是東方料理中最常見的菇類，主要分布於中國及日本，生長在枯死的落葉喬木樹幹上。香菇的名字來自於香樹，但是也可以在橡樹和千金楡的樹幹上栽培。栽培法是在砍下來的樹段上挖洞，然後將菌絲種入洞裡，生長期需要三到六年。乾香菇是用日曬或人工方法製成，使用前必須先泡熱水約20分鐘。

鬱金菌（Chanterelle, *Cantharellus cibarius*）

通常可以在樹林裡找到，尤其是在夏季至隆冬時，更容易在山毛櫸樹林裡尋見。鬱金菌又稱雞油菇或蛋菇，在歐洲非常受人歡迎，聞起來有一點杏仁味，煮後嚐起來則有點辣，並帶著甜美的芳香。由於它的肉質比較堅實，所以烹煮時間比其他菌類久。鬱金菌不適於人工栽培，但可以買到脫水品或罐裝品。

菇　類

栽培洋菇（Cultivated Mushrom, *Agaricus bisporus*）

傳統的人工栽培洋菇是在馬糞裡栽培菌絲而長成，主要有三種大小：小型洋菇，或稱爲釦子洋菇；中型洋菇，或稱杯子洋菇；以及大型洋菇，或稱開放(扁平)洋菇。

野洋菇（Field Mushroom, *Agaricus campestris*）

是栽培洋菇的「野生種」，夏末或冬末時可以在草原上找到。

杯子洋菇（Cup Mushroom, *Agaricus bisporus*）

人工栽培洋菇的中型品種。

扁平洋菇（Flat Mushroom, *Agaricus bisporus*）

又稱爲開放洋菇，是栽培洋菇裡株型最大、味道最重的洋菇。

釦子洋菇（Button Mushroom, *Agaricus bisporus*）

株型最小的栽培洋菇，通常是趁洋菇成熟前採集。

藍紫洋菇（Blewit, *Lepista,* spp.）

名字來自於它的藍紫色，可在落葉林或針葉林裡找到，牧草原及森林裡也見得著。藍紫洋菇在每年十～十一月間出現，最佳烹調法是油炸或烘烤。

草原野菇（Field Mushroom, *Agaricus vaporarius*）

野生洋菇的一種，夏秋時在草原或放牧地裡都找得到。

野洋菇

栽培洋菇

杯子洋菇

藍紫洋菇

釦子洋菇

扁平洋菇

草原洋菇

牛排蕈（**Beefsteak Fungus,** *Fistulina hepatica*）

名字源自於它長得像牛肉，牛排蕈有時可以在活樹幹上找到，尤其是橡樹。

洋傘菇（**Parasol Mushroom,** *Macrolepiota procera*）

一種生長於夏季及秋季的菇類，通常挺立於山腰上，經常長在樹邊，株型也很容易辨認。洋傘菇又稱雨傘菇，因為從菌柄長出的菌帽在成熟時和雨傘很像。洋傘菇應該趁幼嫩時採集，雖然它的口味極佳，但菌柄的纖維質又多又硬，所以通常不吃菌柄。

石蕈（**Cep,** *Boletus edulis*）

石蕈又稱牛肝菇，不可和前頁的牛肝菌混淆。石蕈是一種極為美味的野生菇類，在歐洲廣為食用。希臘和羅馬人將bolites這個字用來形容最美味的食用菇類，而在所有的菇類中也只有石蕈用過這個字。夏末或秋天時可以在林地中找到石蕈，它通常是長在山毛櫸或針葉樹下，很容易就可以辨認出來：粗肥的菌柄上有細緻而向上爬升的白色紋路，菌帽下則有垂直的管狀物，褐色的孢子菌就長在裡面。

牛排蕈

洋傘菇

石蕈

其他菇類

仙女環洋菇（**Fairy Ring Mushroom,** *Marasmius oreades*）

這種小型洋菇帶有粉褐色的菌帽，幼嫩時食用最佳，並以油炸法最能保留原味。它可以和牛排一起食用，或加在湯、調味醬及煨菜裡，也可以醃漬成番茄醬。

巨型馬疕蘑菇（**Giant Puffball,** *Lycoperdon giganteum*）

所有的馬疕蘑菇都可以吃，但只能食用幼嫩、質地結實的白色蘑菇。巨型馬疕蘑菇可在八～十月間於森林或草原上找到。

馬菇（**Horse Mushroom,** *Agaricus arvensis*）

繁殖地和草原洋菇很像，馬菇的菌帽是淡淡的黃色，菌摺則為淺灰色。

松茸（**Matsutake,** *Tricholoma matsutake*）

這種繁殖於松樹上的野生菇是歐洲藍紫洋菇的親戚，細緻且極為美味，只能從野外採得，市面售有罐頭及新鮮松茸(在日本)。用於許多日式料理，也可以烤全雞。

月夜茸（**Oyster Mushroom,** *Pleurotus ostreatus*）

菌帽為淺灰色的野生菇，通常用來油炸或燒烤。

草菇（**Padi-Straw Mushroom,** *Volvariella volvacea*）

這種小型菇繁殖於潮溼的稻草中，不論新鮮、罐裝或脫水品都買得到。草菇產業在廣東的歷史可能已經很久了，在素十全及清蒸或油炸雞裡是主要的材料之一。

香料、辛香料及種子

香料是草本植物，通常為一年生，並由種子發芽而成，它們的花、葉、莖及根會拿來當作烹飪調味料，或作為醫療用途。香料的英文「herb」源自拉丁文「herba」，意思是草本類或藥草類植物。香料或藥草類植物的歷史可以追溯到古文明時期，早在古波斯、埃及、阿拉伯、希臘、印度和中國的史書裡，就有詳盡記載。許多香料的名字會讓人聯想起中世紀，當時的修道院是農業中心，有專屬的香料或草藥園。

當作藥材使用的香料，名字都帶有煉金術的味道，像頭蓋草(黃美芩)、聖約翰草(金絲桃)、蟲木草(苦艾)、木頸毛(香豬殃殃)、香膏(香脂草)或自療草(滁州夏枯草)等。所有的香料多多少少都有點療效，例如芸香現在依舊是重要的主藥材。許多香料都兼具烹調及醫療用途，雖然最早的用途無人知曉，但一般的看法是用在烹飪上。早在公元前數世紀就有人指出，藥用是伴隨烹飪而來。自從公元前5000年蘇美人將百里香和月桂使用於醫療後，它們的用途便一個接一個出現而沒有間斷過，而中國也在公元前2700年出現一本列有365種植物的香料植物誌。

香料還具有宗教及神祕性，例如羅馬人相信，讓戰士戴上月桂葉花環可以避免雷擊。而卡爾佩珀(Nicholas Culpeper)在1653年出版的植物誌，將香料與法術、醫療及天象組合，具有十足影響力並極受歡迎。

烹調須知

受到各國不同烹飪傳統的影響，香料在廚房裡的用途也各不相同。每種烹飪法都有偏好的香料：中東或希臘式的小羊肉喜歡加皮薩草、薄荷和蒔蘿；在泰國，幾乎所有的菜都會加上芫荽(香菜)作為裝飾，檸檬葉則用來為魚及雞肉菜餚調味；在英國，鼠尾草是豬肉的調味品，而且Sage Derby乳酪的綠色色澤也是來自於鼠尾草，至於烤小羊排則常搭配薄荷醬。

蒔蘿是一種很重要的調味品，用於北歐的魚、俄國及丹麥的湯，以及美式醃黃瓜裡。義大利人知道迷迭香、羅勒、番茄和小羊肉是令人愉快的組合；德國人拿風輪菜與豆類搭配；法國人以香艾菊和雞肉組合，魚則和茴香搭配。由於普羅旺斯省的土壤肥沃、日照充足，所以當地的植物香味濃郁，極富盛名，有百里香、牛至、杜松、薰衣草、香艾菊、月桂、迷迭香及茴香。香料的烹調用法取決於它的風味和類別，而味道濃烈的香料應該酌量使用。

新鮮的香料經常乾燥處理，而且有許多種都可以在窗邊用罐子栽培，如羅勒、西洋芹、茴香、牛至或百里香。乾燥香料由於水分被去除掉了，所以味道比新鮮香料濃郁，通常一茶匙的乾燥植物等於三茶匙或一大匙的新鮮香料。

香草紮通常在法國菜中使用，是指捆成一束或用棉布包起來的一堆混合香料，通常將它加入調味料、燉物或高湯(court bouillon)裡面煮。基本上，這類香草紮有西洋芹束、百里香束及月桂葉包，但是也可以加入其他調味品，如芹菜、大蒜、迷迭香、牛至、風輪菜等，通常在烹調完畢時取出。月桂葉則可直接加入烹煮，煮完後取出，而牛至、百里香等乾燥香草紮煮完後同樣也要拿出來，如果留在菜餚裡，看起來較不美觀。

儲存和乾燥

儲存新鮮香料時，可以先用紙巾包起來放進塑膠袋裡，然後放在冰箱的蔬菜保鮮區中冷藏。乾燥處理時，首先要趁香料一開花時就採摘下來，因為此時的香味最濃郁。採收時必須趁著天氣乾爽時進行，然後綁成一束吊在溫暖但沒有日曬的房間裡，或者放在烤箱中用低溫慢慢烤乾。接著用紙巾摩擦乾燥的葉片和花朵，儲存在密閉罐裡，放在沒有直接日曬且陰涼的地方。不過，乾燥的香料會逐漸喪失風味。

辛香料及種子

辛香料大多來自熱帶地區，大多是芳香植物脫水後的某些部位，包括花、種子、葉片、樹皮和根。人類自古就知道使用辛香料，在人類歷史上佔有重要的地位。它們的珍貴價值讓大量進口辛香料的國家政府確保了貿易稅收而致富。

雖然不知道辛香料貿易的確切日期，但可以相信的是，從中國、印尼、印度、錫蘭到地中海東岸間的危險貿易線上，大概持續往來了五千年之久。最受歡迎的貿易路線，是穿過白夏瓦(Peshawar)，越過開伯爾山口，路經阿富汗、波斯，最終抵達歐洲的這一條。腓尼基人是很優秀的辛香料商人，阿拉伯人和羅馬人以及後來的威尼斯和熱那亞人在這方面也很優秀。羅馬帝國滅亡後，辛香料貿易曾經一度蕭條，直到葡萄牙人航經好望角，找到一條通達東方的航線後才改觀，但隨之而來的則是荷蘭、葡萄牙、法國以及英國之間的互相競爭。

在歷時數世紀的貿易路線爭奪期裡，到處都有戰爭，很多帝國興起又滅亡，然而廚師自古必備的辛香料還是不斷地送抵各國，包括肉桂、丁香、肉豆蔻、胡椒、薑、番紅花及來自新大陸的牙買加辣椒、胭脂籽、香草和巧克力。雖然辛香料一度貴如黃金，但是今日的售價已經合理，每家超級市場的貨架上也都有包裝完好的各類辛香料。它們不再是來源珍貴的稀有產品，而現今幾乎每個國家都至少生產一種辛香料。

使用辛香料源自於印度、中國及東南亞各國的傳統烹調技術，這些地方目前也依舊大量使用。原產於這幾個地區的辛香料如薑以及肉豆蔻，可以讓乏味的稻米產生令人愉悅的米香，也可以帶出蔬菜、魚、野味以及肉的潛在風味；在東南亞，辛香料成就了辣如火的森巴(sambal)、爲魚醬發酵，而且是印度、巴基斯坦、孟加拉等國都使用的咖哩所不可或缺的材料。

烹調須知

今日辛香料的用途依舊廣泛。有些辛香料如胡椒，就廣泛使用在開胃菜中；其他辛香料如薑根，則可以烘烤或醃漬。薑根應該買生鮮品，脫水的則在搗碎前先泡水。

將種子、樹皮、根烘乾或日曬脫水後，可以釋出芳香的精油，它們的風味也會因而增強。烘乾的熱度必須適度運用，然後就可以磨成粉。不過這些辛香料也可以整個使用，例如在畢里安尼飯(birianis)和土耳其肉飯(pilaus)裡就可以加入肉桂片、整顆丁香或白豆蔻，好增加米飯的香味。辛香料也可以單獨使用，像中國人就將八角單獨加入豬肉或牛肉料理中以增加風味，而薑則加在魚或雞肉裡，但是也可以混合使用，像四川烤鴨就加有五香粉。在日本有一種最受喜愛的調味品叫七味辣椒，是用七種辛香料組合而成的調味粉，其中包含紅辣椒粉、日本辣椒葉(山椒葉)粉、芝麻、芥末、油菜、罌粟籽及脫水的紅柑皮。

法國的四味辛香料(quatre épices)是另一種受歡迎的調味料，包含胡椒籽、白豆蔻、丁香和肉桂。有時候薑也可以替代肉桂。現代有許多廚師會將牙買加辣椒和黑、白胡椒的種子混合磨成粉，放在餐桌上使用。混合辛香料的藝術猶如混合茶葉、香水或香甜酒一般地奧妙，內含材料通常會因廚師個人的偏好而有所不同。

香 料

艾菊
（**Tansy,** *Chrysanthemum vulgare*）

艾菊原產於歐洲，但是目前在其他地區也可以見到。通常是趁鮮切碎使用。以前廣被用來搭配蛋和魚，如今是脫水亮光香腸的主要材料。

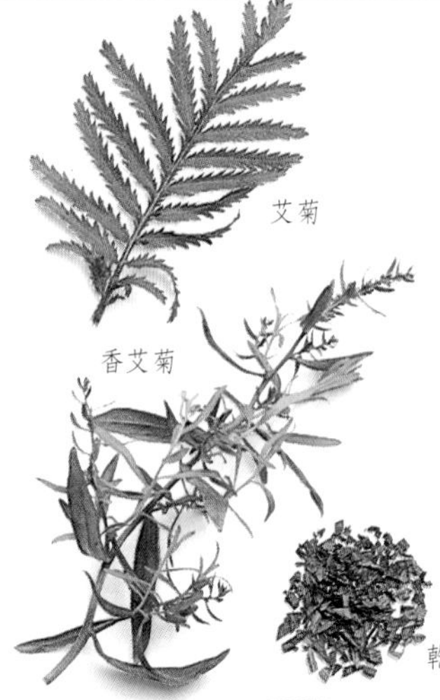

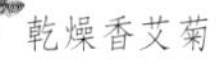

香艾菊（**Tarragon,** *Artemesia dracunculus*）

香艾菊是極具香味又獨特的艾菊屬植物，主要分爲法國香艾菊和俄國香艾菊兩種。俄國香艾菊的香味較差，葉片也比較粗糙；法國香艾菊原產於歐洲，主要用於貝奈茲醬(Béarnaise)、歐蘭德茲醬、香艾菊雞肉、湯、鹹奶油、魚及沙拉裡。不論是新鮮、乾燥葉片或粉末都買得到。

乾燥金盞花

金盞花

金盞花
（**Marigold,** *Calendula officinalis*）

原產於歐洲和亞洲的一年生植物，金色的花瓣在中世紀時就用於烹調，爲乳酪、果凍或蛋糕調香或上色。今天則用來作爲米、魚、肉類、沙拉和湯的調香料或染料。市售品爲乾燥花瓣。

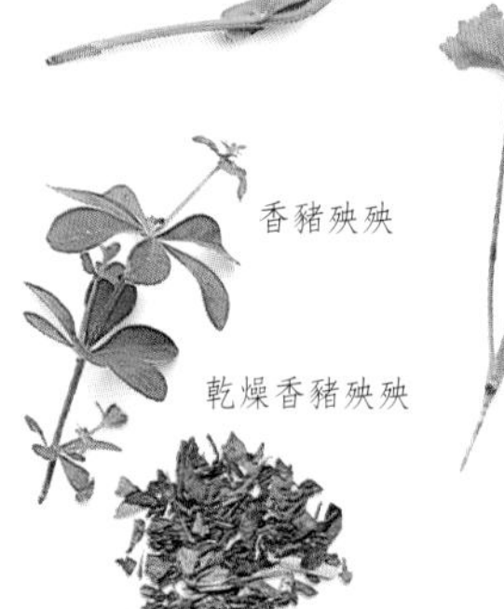

檸檬香水薄荷（**Lemon Balm,** *Melissa officinalis*）

檸檬香水薄荷的名字來自於它淡淡的檸檬香(但也有人稱它爲香脂草)，原生於歐洲，葉片用在蔬菜沙拉或水果沙拉裡，或加入水果雞尾酒和甘露酒之類的飲料中，還可以加在湯和醬料裡，可泡花草茶，或是加入任何需要一點點檸檬香的食物裡。新鮮或乾燥葉片都買得到。

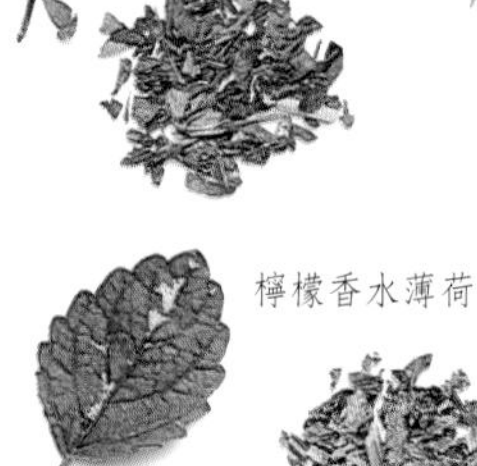

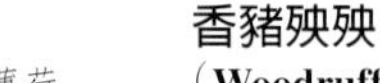

乾燥檸檬香水薄荷

芫荽
（**Coriander,** *Coriandrum sativum*）

芫荽是胡蘿蔔屬的一員，這種自古就有的香料原生於地中海沿岸及高加索山一帶，在拉丁美洲及中國市場上通常稱作香菜。它的味道清新，和柑橘有點相像，不論在印度、亞洲、墨西哥、南美或中東，都會趁葉片新鮮且茂盛時大量使用。它的種子(參閱第59頁)是咖哩的原料之一，也用來爲琴酒之類的酒精飲料調味。泰國人將根部用於咖哩中。

芫荽

啤酒花

啤酒花（**Hop,** *Humulus lupulus*）

原生於歐洲，是一種攀藤植物的花朵，最廣爲人知的用途是釀啤酒。嫩芽可當蔬菜使用，或是加入沙拉裡。據說啤酒花枕頭和啤酒花茶都可治療失眠。

香豬殃殃
（**Woodruff,** *Asperula odorata*）

這種多年生的植物原生於歐洲和亞洲，帶有一種特殊香味，新鮮或乾燥葉片都可以使用。香豬殃殃多半加在一種英國傳統飲料「五月茶」中，也可以泡成花草茶，或加入法國Benedictine甜酒、香檳和水果雞尾酒裡。

琉璃苣
(Borage, *Borago officinalis*)

原生於中東的一年生植物，如今在南歐和英國南部都很普遍。不論生鮮或乾燥都可以使用，通常是將葉及花瓣用在醋、調味醬以及沙拉裡。琉璃苣的味道很容易讓人聯想到黃瓜，而且也可以用在平氏雞尾酒(Pimm's wine cups)中。葉片切碎後還可以作爲奶油乳酪及優酪乳的調味料。

羅勒 (Basil, *Ocimum basilicum*)

原產於印度的一年生植物，香味濃郁刺鼻，又稱甜羅勒。新鮮或乾燥葉片都可以使用：新鮮葉的味道有點像丁香，但乾燥葉就和咖哩比較像了。它的用途很多，最有名的是義大利麵醬料。

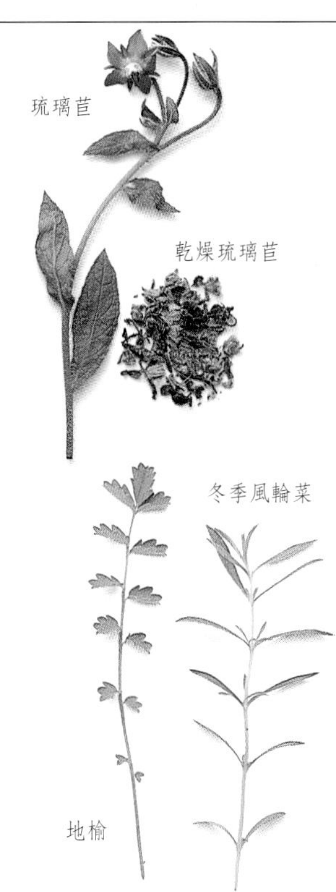

薄荷 (Mint, *Mentha* spp.)

薄荷的品種很多，但就烹調而言主要有兩種：綠薄荷(*M. viridis*)及芳香薄荷(*M. rotundifolia*)。綠薄荷原產於南歐，屬於一般的園藝薄荷，主要用於薄荷調味醬、薄荷果膠、餡料、沙拉以及飲料調味品中，可調成摩洛哥薄荷茶一類的飲料。芳香薄荷具有極佳的香味，葉上覆有極細的絨毛，而鮑爾斯薄荷(*M. villosa alopecuroides*)之類的品種可用在所有烹飪用途上。古龍薄荷(*M. citrata*)又稱柑橙薄荷，香味令人愉悅，可切碎摻進沙拉，或爲夏季冷飲調味。辣薄荷(M. piperita)類的品種可用於芳香糖果或薄荷奶油裡，而美薄荷(*M. longifolia*)則可加在咖哩中。

地榆
(Burnet, *Poteriurm sanguisorba*)

地榆或稱小地榆原生於歐洲，主要用於法國或義大利菜。葉片的味道和琉璃苣很像，不論新鮮或乾燥都有售，可用於沙拉、湯、香甜酒、煨菜和雞尾酒中。

冬季風輪菜 (Winter Savory, *Satureia montana*)

和夏季風輪菜(*S. hortensis*)極爲相似，而且和名字一樣都是季節性的香料，但有些廚師認爲，冬季風輪菜的味道比夏季品種粗糙多了。兩者的味道相當強烈濃郁，烹調用途與百里香一樣。

鼠尾草 (Sage, *Salvia officinalis*)

原生於地中海沿岸北部，是相當出名的香料。鼠尾草有著毛茸茸的葉片，和濃烈的芳香，葉片顏色及味道變化多端。園藝鼠尾草(見附圖)可用來作爲食物的塡塞料，尤其是豬肉和鴨肉，雖然它的味道可能會壓過其他食材，不過還是可以斟酌使用在燉肉或蒸菜裡。

月桂（**Bay,** *Laurus nobilis*）

又稱甜月桂，但注意不可和那些有毒的月桂弄混，這裡所提的月桂產於地中海一帶，葉片大都先經過乾燥處理，市面上可以買到由它做成的月桂粉。月桂主要是爲肉、湯、牛奶布丁、燉菜以及甜白醬調味，此外也是香草紮的原料之一。

百里香（**Thyme,** *Thymus* spp.）

這種多年生植物有許多品種，原產於南歐及地中海沿岸一帶。葉片不論新鮮或乾燥都有許多功能，而且是香草紮的基本材料。百里香的味道強烈刺激，檸檬百里香就比較溫和些，還帶了點檸檬味，所以常是百里香的替代品。百里香可以爲燉菜、湯和烤肉調味，並塞入野味中。

圓葉當歸（**Lovage,** *Levisticum officinale*）

這是一種原生於地中海沿岸的巨型植物，外型有如芹菜，可產生香味濃郁的精油。莖部及根可以像芹菜那樣烹調或糖漬，葉片、根及種子可用於沙拉、湯及調味汁中，另外種子還可以拿來焗烤。市售品有整粒的乾燥種子或乾燥根。

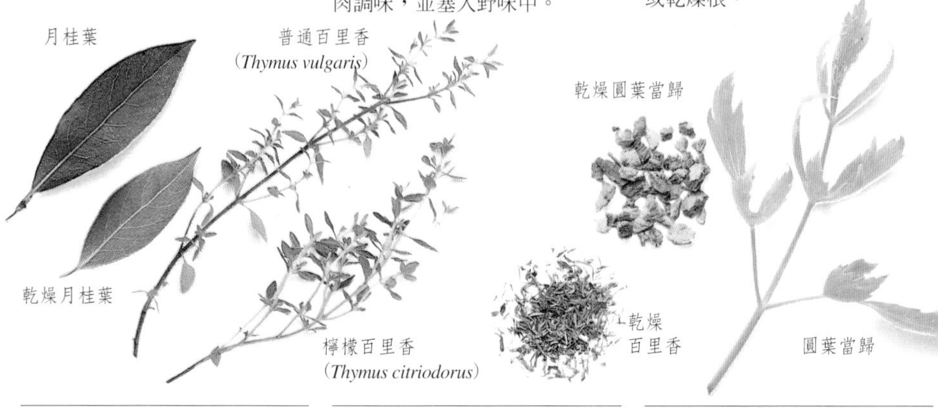

防臭木（**Lemon Verbena,** *Lippia citriodora*）

原生於南美，由西班牙人引進歐洲。其作用在於爲飲料及沙拉添加檸檬味，並當作調香植物使用。不論新鮮或乾燥都買得到。

西洋芹（**Parsley,** *Petroselinum crispum*）

原生於地中海沿岸一帶，品種有很多，包括：寬葉西洋芹、捲葉西洋芹、取用根部的漢堡西洋芹（參閱第33頁）及那不勒斯西洋芹。西洋芹有許多作用，尤其是作爲食物配飾。一般是使用在香草紮裡、加入調味醬中、作爲餡料，或油炸後當作魚的配飾。不論新鮮或乾燥都可以買到。

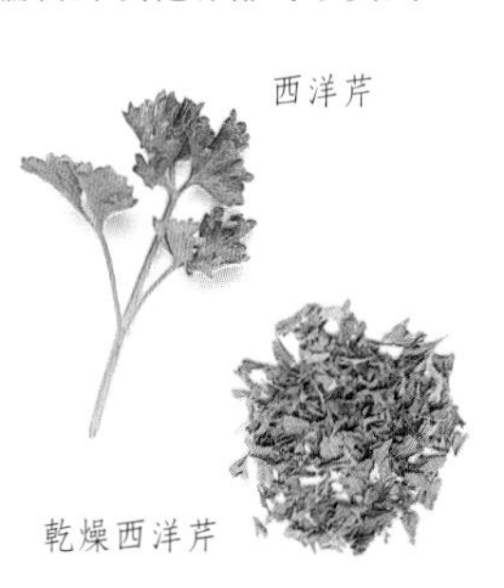

皮薩草（**Oregano,** *Origanum vulgare*）

這種芬芳的香料自古就受中國及歐洲人士愛用，如今在義大利尤其普遍，將它加在比薩裡。皮薩草可以和番茄、乳酪、豆類和茄子一起使用。許多希臘品種的花朵可以作爲肉食的配飾，葉片則通常先乾燥處理後才使用。

細香蔥
(**Chive,** *Allium schoenoprasum*)

原生於歐洲，是洋蔥家族的成員，美麗中空的莖枝應趁新鮮使用，或切碎加入沙拉、炒蛋、奶油湯、蛋捲及開胃小點中。韭菜(*Allium odoratum*)的葉片較大，花香有如玫瑰，滋味卻像大蒜。

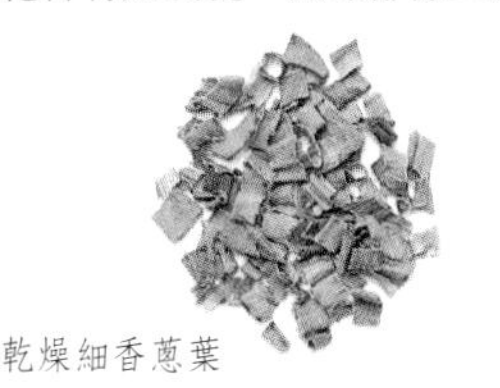

乾燥細香蔥葉

牛至(**Marjoram,** *Origanum majorana*)

雖然majorana這個名稱用在許多植物上，如野牛至及歐尼花薄荷(pot majorana, *Origanum onites*)，然而它通常是指甜牛至或栽培種牛至。牛至可以使用於蛋捲、餡料、香草紮、香腸、馬鈴薯菜、肉食、湯及燉菜中。

牛至

乾燥牛至

綜合香料

經過處理並混合的乾燥香料，通常包括牛至、百里香、西洋芹、迷迭香及羅勒。可以用在所有開胃菜上。

細香蔥葉

迷迭香

乾燥迷迭香

迷迭香(**Rosemary,** *Rosmarinus officinalis*)

一種原生於地中海沿岸的香料植物，現今在歐洲大部分地區及美國都有栽種。迷迭香堅硬如刺的葉片含有樟腦油，廣泛使用在最著名的小羊排、肉食、雞肉和魚裡。它很少加在沙拉或湯中，因為迷迭香的某些特質會因此減退，但粉狀的迷迭香除外。不論新鮮、乾燥或粉末都買得到。

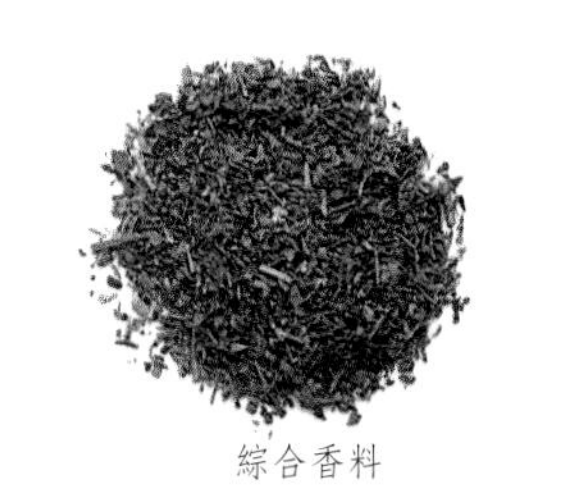

綜合香料

罕用香料

脂香菊(**Costmary,** *Chrysanthemum balsamita, Tanacetum balsamita*)

脂香菊和艾菊很像，帶點辛辣味又不太辣，原產於遠東地區。在英國及美國，葉片的傳統用法是加在啤酒中調味，因此它又叫啤酒指數。用於野味、小牛肉及湯裡，可以買到乾燥的脂香菊。

洋香藜(**Epazote,** *Chenopodium ambrosiodes*)

又稱墨西哥茶、驅蟲草、藜和總狀花藜，野生於美洲以及歐洲部分地區。在墨西哥菜中是種綠色辛香料，在歐洲則用來泡花草茶。

香茅草(**Lemon Grass,** *Cymbopogon citratus, flexuesus, nardus*)

香茅草有數個品種，由於都含有檸檬油，所以全部帶著檸檬香。香茅草原產於東南亞，但此地的某些地方並沒有檸檬樹，不過可以買到用香茅草做成的塞瑞粉(sereh powder)。香茅草很適合為沙拉、魚及湯調味。在泰國和東南亞的其他地區，卡非爾萊姆(*Citrus hystrix*)葉也用在魚料理中。

洛神葵(**Rosella,** *Hibiscus sabdariffa*)

原產於熱帶亞洲。栽種目的在於取用新鮮的紅色花萼，通常拿來調製飲料或做醃製品。

馬鞭草(**Vervain,** *Verbena officinalis*)

常和防臭木混淆，這種古老的歐洲香料主要是用來泡花草茶。可以買到乾燥葉片。

佛手柑
(**Bergamot,** *Monarda didyma*)

香味濃郁，品種有很多，原生於美國，如今在歐洲也見得到。佛手柑屬於薄荷類，又稱蜂香薄荷或蜂香脂草。花朵和葉片不論新鮮或乾燥皆可食用，可煎煮或泡製花草茶。葉片還可以加在沙拉中。

佛手柑

康富力
(**Comfrey,** *Symphytum officinale*)

康富力原生於歐洲及亞洲，與琉璃苣爲近親。新鮮葉片可加入沙拉裡，乾燥或磨成粉的葉片則泡入茶中。乾燥的根部也可以利用，主要是爲葡萄酒調味。

康富力根

乾燥康富力

康富力

蒔蘿 (**Dill,** *Anethum graveolens*)

蒔蘿屬於西洋芹科，原生於歐洲和西亞，如今在全世界都有栽種。蒔蘿有時也稱爲蒔蘿草，最知名的烹調用途是和魚的密切關係，並可增加泡菜的風味。蒔蘿還可以加在湯、蛋和調味醬裡，不論是種子或乾燥葉片都可以買到，但種子的味道比較辛辣而且強烈。

蒔蘿草

乾燥蒔蘿

蒔蘿種子

乾燥咖哩葉

咖哩 (**Curry,** *Chalcas koenigii*)

咖哩是檸檬樹的親戚，原生於東南亞。葉片可爲某些市售咖哩粉賦予咖哩的香味，印度南部居民則放入素菜中。新鮮或乾燥葉皆可買到，但鮮葉較受歡迎。

金蓮花
(**Nasturtium,** *Tropaeolum majus*)

這種一年生植物原產於祕魯，如今全世界皆有栽種。它的葉片（通常是新鮮的）、花瓣及種子都有用處，其胡椒般的辣味很適合加在沙拉及三明治裡。豆莢可以醃成泡菜。

金蓮花

葫蘆巴 (**Fenugreek,** *Trigonella foenum-graceum*)

又稱美斯，原產於西亞，但在地中海沿岸也有栽種。它的葉片有點苦，不論新鮮、乾燥或如岩石般的堅硬種子(參閱第61頁)都可以使用。是咖哩的重要原料。

乾燥葫蘆巴葉

香草紮 (**Bouquet Garni**)

用乾燥香料組合成的混合物，如：百里香、西洋芹或月桂葉，用於湯、煨菜及調味醬中。通常包在棉布裡，上菜前再取出。

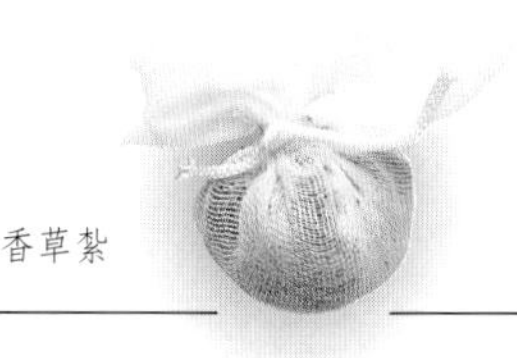

香草紮

黃金菊（**Camomile,** *Chamaemelum nobile*）

這種外型有如雛菊的植物，可在歐洲及美洲大部分的野地裡找到。它的葉片和花朵可泡製提神茶或菊花茶。不論新鮮或乾燥都買得到。

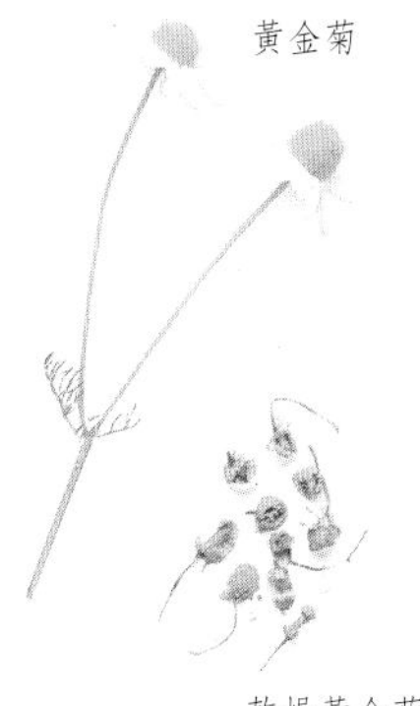

黃金菊

乾燥黃金菊

柳薄荷（**Hyssop,** *Hysoppus officinalis*）

柳薄荷的葉片辛辣，有點苦又帶著薄荷的味道，通常作爲香甜酒的調味料，也可以將鮮葉加入沙拉，不論新鮮或乾燥葉片皆可加入湯、餡料或煨菜裡。

柳薄荷

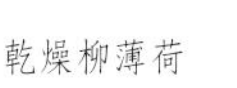

乾燥柳薄荷

茴芹（**Chervil,** *Anthriscus cerefolium*）

原產於俄國南部及中東一帶，長得很像西洋芹，長有羽葉，並公認是法國菜中最好的香料。可以爲湯、沙拉及餡料調味，也可以作爲配飾。可以買到乾燥茴芹，但是最好用新鮮葉片。

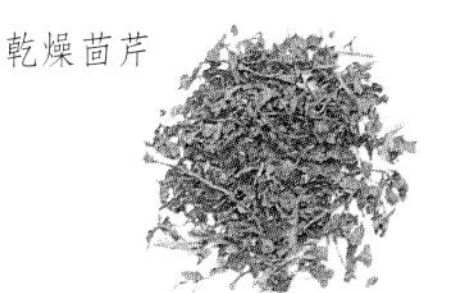

乾燥茴芹

千葉蓍（**Yarrow,** *Achillea millefolium*）

一種原產於英格蘭南部的多年生植物，如今在許多國家都有栽種，包括美國。可使用的部位有葉片（乾燥或新鮮）、種子及根部。

千葉蓍

乾燥千葉蓍

茴香

當歸（**Angelica,** *Angelica officinalis, archangelica*）

當歸是西洋芹的成員之一，原產於歐洲北部。整顆植物都可以利用，甚至連根部都可以拿來當作藥材，但是它最爲人熟知的模樣子是用於烘焙的糖漬莖（參閱第125頁）。

當歸

茴香（**Fennel,** *Foeniculum vulgare*）

原產於南歐，高大且帶羽葉和黃色種子。茴香很早就是魚類的調香植物，雖然現在有商業製品，但各地都見得到野生品種。茴香葉可加入沙拉或餡料裡，莖梗則當成蔬菜烹調（參閱第18頁）。普羅旺斯人通常會將灰烏魚和歐扁魚放在鋪滿乾燥茴香莖的盤子中，用酒精煮熟。茴香種子有些甘草味。

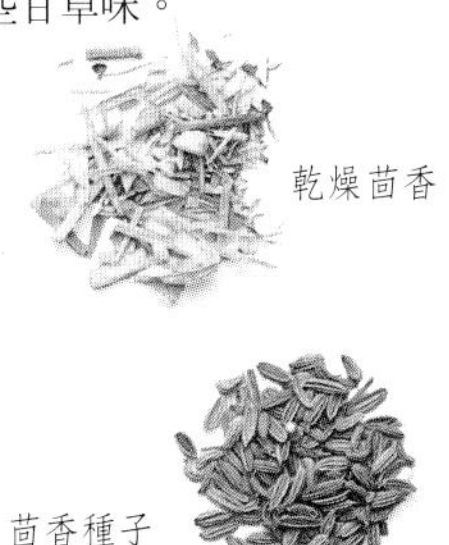

乾燥茴香

茴香種子

辛香料及種子

咖哩粉

這是由不同辛香料組合而成的混合物，為市售成品。它的味道從不辣到很辣共有很多種，完全取決於所使用的辛香料而定。但大多是西方人用它來做咖哩菜。

咖哩粉

醃漬用的辛香料

多種辛香料的混合物，基本材料包括黑胡椒粒、紅辣椒以及不同比例的牙買加辣椒、芥末、丁香、薑、豆蔻和芫荽種子，主要用來醃製泡菜，並加在甜辣醬和醋汁中。

醃漬用的辛香料

伽蘭馬莎拉 (Garam Masala)

這個名字是「辣味混合物」的意思，是一種將烘焙過的辛香料研磨成粉，再綜合而成的混合粉末，例如芫荽籽、辣椒及黑胡椒粉末。雖然在印度及東方需要現磨現混，但在西方買到的則是混合好的成品。是許多印度菜的基本調味品。

五香粉

這是中國的辛香料混合物，成分包含同比例的粉狀大茴香籽、八角、肉桂(或桂皮)、丁香及茴香籽，味道獨特得難以形容，除了東方料理之外，還可以用來烹調所有的豬肉或牛肉。

五香粉

胭脂籽 (**Annatto,** *Bixa orellana*)

胭脂籽又稱絳珠籽、玲瓏籽、碧久籽或蘿考籽，生長於熱帶美洲，是一種樹木的果實與種子。它的果實帶有橘色染料，可為食物上色；種子在拉丁美洲及東南亞一帶則是磨成粉末當作辛香料使用，可讓蝦子、馬鈴薯蛋糕及當地的烏口菜(ukoy)別具特色。

胭脂籽

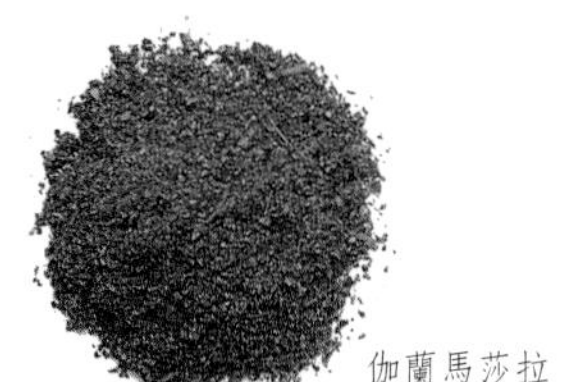

伽蘭馬莎拉

良薑 (**Galangal**)

大良薑(*Alpinia galanga*)和小良薑(*Alpinia officinarum*，參閱附圖)都是薑屬的根部辛香料，帶有淡淡的樟腦味。根及粉末都買得到，通常用在遠東地區的咖哩菜和馬來菜中，也加在香甜酒及苦啤酒裡。

良薑

山葵 (**Horseradish,** *Armoracia rusticana*)

這種植物的根部或許會磨碎或曬乾後出售。最重要的用途是加在傳統的烤牛肉沾醬裡，新鮮時的味道最辛辣。

磨碎的新鮮山葵

乾燥的山葵粉

桂皮(**Cassia,** *Cinnamomun cassia*)

和肉桂很像，經常會被誤認。桂皮是從緬甸的一種常綠樹上採收下來的曬乾樹皮，市面上也有粉末，在東方烹調上很受歡迎。

桂皮

桂皮粉

尼葛拉籽 (**Nigella,** *Nigella sativa*)

這種黑色種子帶有胡椒味，通常撒在麵包及蛋糕上。尼葛拉籽又稱爲野洋蔥籽，常被誤認爲是黑色品種的孜然芹。

尼葛拉籽

芹菜籽(*Apium graveolens*)

原產於義大利，是曬乾的芹菜種子，帶有相當的苦味，用在湯或煨菜裡。

芹菜籽

茴香籽(*Foeniculum vulgare*)

茴香原產於地中海沿岸一帶，極具香味的種子曬乾後會有些大茴香的味道，可以用在多種菜餚中，包括蘋果派、咖哩和魚。

茴香籽

葵花籽(*Helianthus annuus*)

原產於祕魯，爲曬乾後的向日葵種子，主要用途是提煉葵花油(參閱第75頁)，但是也可以連殼烘烤後食用。品種有許多。

葵花籽

羅望籽 (**Tamarind,** *Tamarindus indica*)

一種非洲樹木的果莢及果肉，現在全印度都有栽種。莢果中帶有很酸的汁液，用來作爲某些印度咖哩的調味料。市售品是黏黏的乾燥果莢，並已破裂去籽。

羅望籽

芝麻籽(*Sesamum indicum*)

芝麻樹(原生於印度的多年生植物)的乾燥果實。芝麻籽最有名的用途是搾芝麻油(參閱第75頁)。中東人用芝麻籽來做芝麻醬(tahini)和碎芝麻蜂蜜糖(halva)。西方人有時用它來點綴蛋糕和麵包。

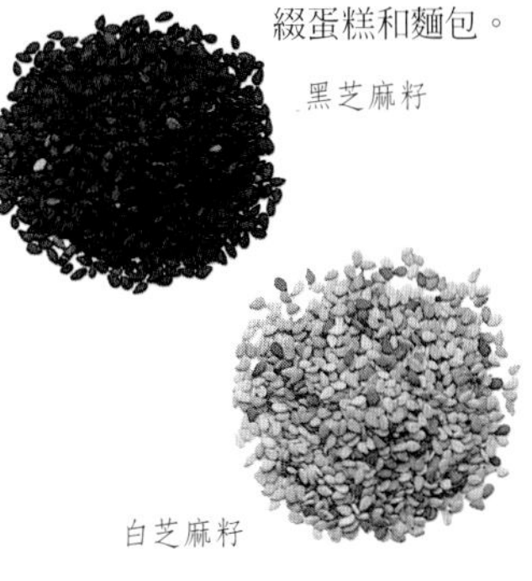

黑芝麻籽

白芝麻籽

南瓜籽(*Cucurbita maxima*)

一種原生於美洲的植物種子，主要用來搾油，但亦可烤食。

南瓜籽

蒔蘿籽(*Anethum graveolens*)

曬乾後的蒔蘿種子，原產於南歐。它的味道和葛縷子有點像，主要和魚一起烹調。

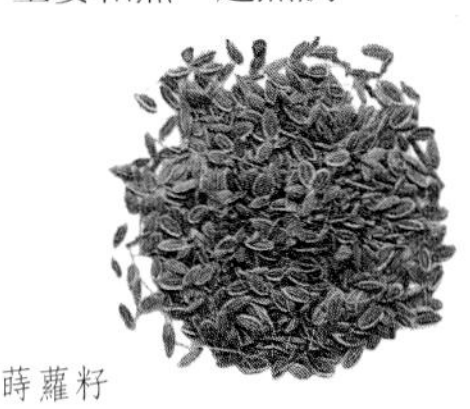

蒔蘿籽

紅辣椒粉（**Cayenne Pepper,** *Capsicum frutescens*）

用一種紅番椒所製成的粉末，據說原產於法屬蓋亞納，市售品中通常也會加入其他種子，以及鹽和辛香料。由於它非常辣，所以必須酌量使用。通常用在湯、煨菜、咖哩和白醬中，也可以加在燻魚、牡蠣、蝦子、銀魚和烹煮的乳酪裡。

辣椒粉

胡椒（**Pepper,** *Piper nigrum*）

由一種攀藤胡椒植物的種子做成，原產於亞洲，可使用於各類料理，不可和辣椒類果實混淆。黑胡椒籽是攀藤胡椒的種子，經過日曬而成，而且必須趁種子是綠色時摘取製作。白胡椒籽採自同樣的植物，只不過在種子成熟後採摘，而且先去皮才製作。兩者都是食物的調味品，然而白胡椒的味道較不刺激。綠胡椒的粒子較粗糙，以白胡椒或黑胡椒碾碎篩過後製成，在法國菜中經常使用。來自中國的四川胡椒籽是紅色的，烤食後嘴巴會麻麻地。

白胡椒粉

黑胡椒粒

泡過鹽水的綠胡椒粒

大茴香椒粒（**Anise-Pepper,** *Zanthoxylum piperitum*）

一種原產於中國的樹木，大茴香椒粒即爲曬乾後的果實，又稱爲四角胡椒。它的味道香辣，是中國五香粉的材料之一，也用在東方料理上。

大茴香椒粒

肉豆蔻（**Nutmeg,** *Myristica fragrans*）

原產於印尼，是一種桃金孃科常綠植物的果仁或堅果，包含這種果仁的果實很像杏桃，成熟後會自行裂開。據說這種果仁可能會致癮，只需些微分量就會讓人昏昏欲睡，同時還能幫助消化。可以整顆使用或磨成粉。

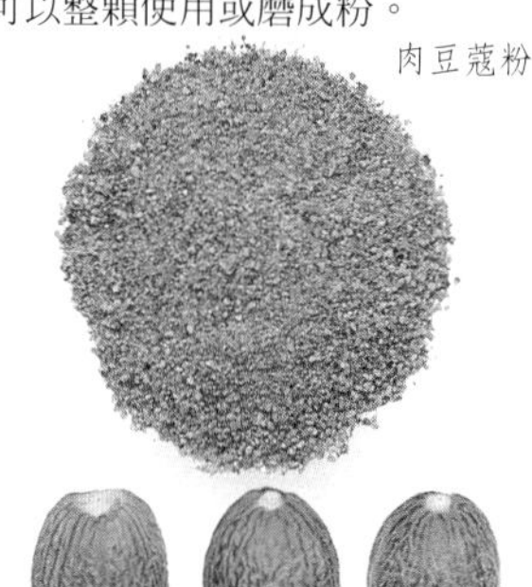

肉豆蔻粉

整顆肉豆蔻

丁香（**Clove,** *Eugenia aromatica*）

原產於東南亞，是一種桃金孃科常綠植物的芳香花蕾，經日曬乾燥而成。丁香通常整顆使用，但花頭也可以磨成粉。丁香精油可以紓解牙痛，但主要用途是加在甜點或開胃菜裡，以及添有辛香料的葡萄酒或香甜酒中。

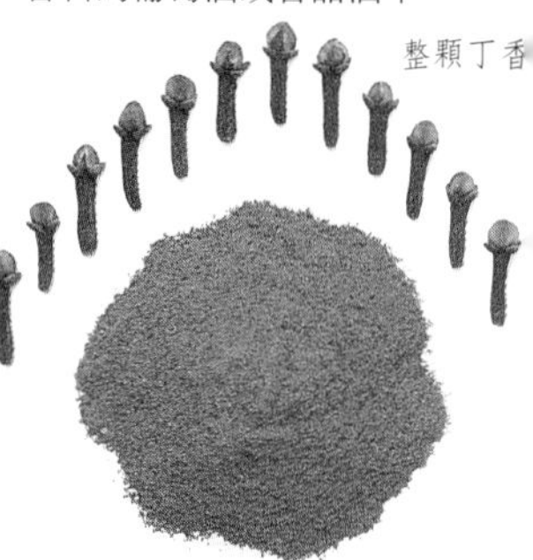

整顆丁香

丁香粉

大蒜（**Garlic,** *Allium sativum*）

一種多年生植物（參閱第29頁）的鱗莖。大蒜可以曬乾後切成薄片，或磨成大蒜粉。不論嚐起來或聞起來都有股辛辣味。

大蒜片

大蒜粉

豆蔻（**Mace,** *Myristica fragans*）

片狀的豆蔻是肉豆蔻的外皮，有點像網子。使用前必須先壓平曬乾，也可以磨成粉。

豆蔻粉

片狀豆蔻

肉桂（**Cinnamon,** *Cinnamomum zeylanicum*）

肉桂是月桂家族的一員，原生於印度，主要使用具香味的樹皮。可買到條狀、翎管狀或粉狀的肉桂，主要用於烘焙及製作甜點，也可以為米飯、魚、雞肉和火腿添香。肉桂很容易保存。

肉桂條

翎管狀肉桂

肉桂粉

甜紅椒粉（**Paprika,** *Capsicum tetragonum*）

一種原生於南美洲的辣椒所製成的粉末，味道從中辣到微辣乃至甜味都有，顏色則從玫瑰紅到深紅。它是匈牙利的國家辛香料，主要用於白醬、肉、蔬菜燉牛肉、雞肉料理、奶油濃湯和奶油乳酪中。

甜椒粉

罌粟籽（**Poppy,** *Papaver somniferum*）

原產於中東的罌粟花種子，主要有白色以及灰藍色兩種品種，兩者都使用在印度、猶太及中東料理上。

白罌粟籽

藍罌粟籽

孜然芹籽（**Cumin,** *Cuminum cyminum*）

原產於尼羅河上游的一年生植物，此為乾燥果實，帶有熱辣味而微苦，不論在東方、墨西哥及北非都是很受歡迎的烹飪材料。可以整粒使用或磨成粉。

芫荽籽（**Coriander,** *Coriandrum sativum*）

葉片是種調香植物（參閱第50頁），種子則是辛香料，兩者味道截然不同。芫荽籽是咖哩醬及咖哩粉的主要材料，可以和羊排及豬肉一起烹調，或加入泡菜、滷汁及希臘菜中。

芫荽籽粉

芫荽籽

番紅花（**Saffron,** *Crocus sativus*）

原產於希臘，乾燥的花蕊柱頭是全世界最昂貴的辛香料之一，芳香、辛辣且苦，可以製出亮黃色染料。它可為湯、米飯、蛋糕及麵包上色加味，尤其是法國馬賽的魚羹（bouillabaisse）及西班牙的什錦飯（paella）。可買到花蕊柱頭或粉末。

番紅花花蕊柱頭

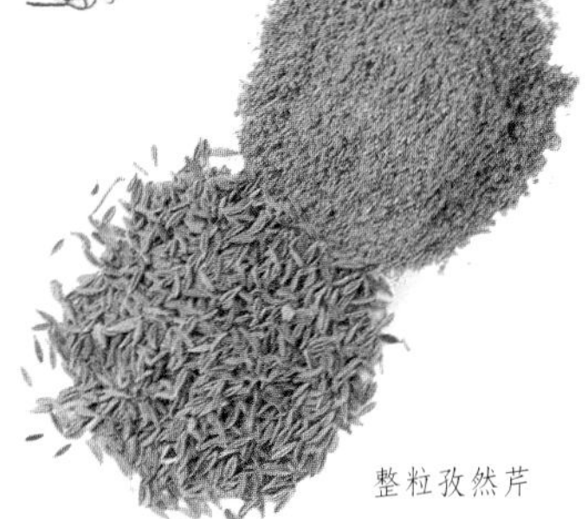
孜然芹粉

整粒孜然芹

小豆蔻（**Cardamon,** *Elettaria cardamomum*）

一種原產於印度的多年生薑科植物，小豆蔻則是將果實曬乾而成的芳香豆莢。從綠色變化到黑色，白豆莢是以日曬漂白而得，香味不如綠豆莢香濃。豆莢中的種子可磨粉使用。兩者皆可加入許多印度菜中，或爲米飯調味。

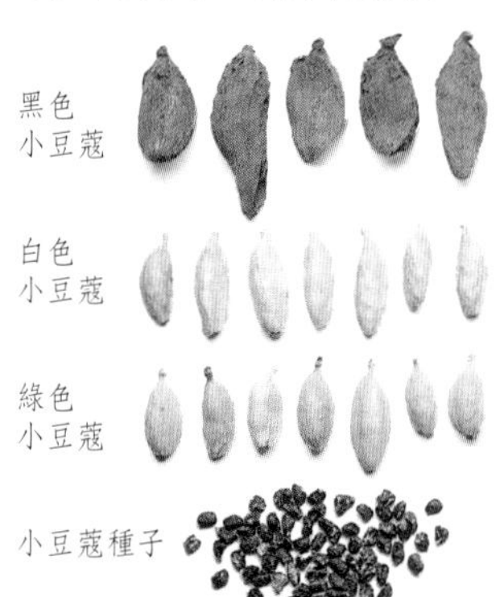

黑色小豆蔻

白色小豆蔻

綠色小豆蔻

小豆蔻種子

牙買加辣椒（**Allspice,** *Pimenta officinalis*）

一種原產於西印度的常綠野丁子樹果實，經由日曬乾燥而成。稱作allspice是因爲用途很廣泛。它的味道有如肉桂、肉豆蔻及丁香，可用在烘焙、醃漬及開胃菜中。有整粒或粉末兩種。

牙買加辣椒粉

牙買加辣椒果

鬱金（**Turmeric,** *Curcuma longa*）

原產於東南亞，是一種百合科植物的亮黃色根部，屬於較不昂貴的辛香料，主要用在咖哩菜、咖哩粉或泡菜裡。市面上可買到粉狀或曬乾的鬱金根。

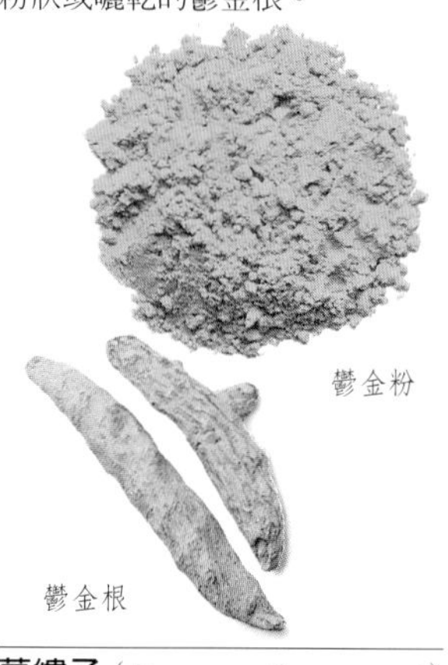

鬱金粉

鬱金根

葛縷子（**Caraway,** *Carum carvi*）

這種新月型的種子在歐洲廣爲人知，主要用在烘焙、做乳酪及多項開胃菜中。葛縷子原產於歐洲及亞洲，與大茴香同緣，帶有辛辣味且風味獨特，另外還可爲香甜酒調味。

葛縷子

其他香辛料及種子

天堂穀（Grains of Paradise, *Amomum melegueta*）

與牙買加辣椒有親屬關係，是一種褐色種子，味道芳香濃郁、辛辣開胃，是辣椒的替代品之一。原產地在西非。

芥菜籽（**Mustard,** *Brassica* spp.）

這些種子來自於三種甘藍科植物，黑色芥菜籽味道比白色芥菜籽辛辣，至於芥末粉則是兩者的混合物。

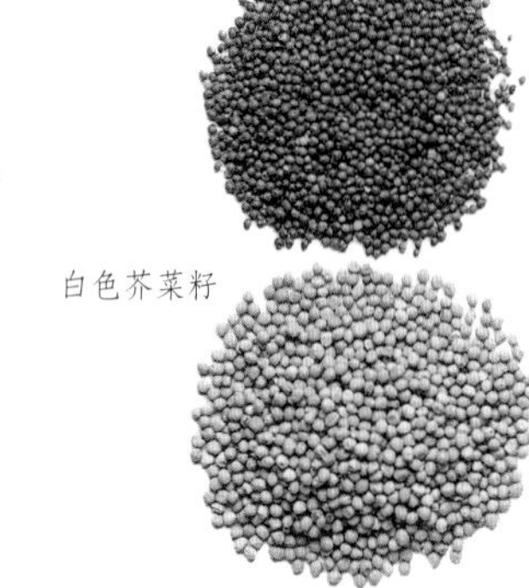

黑色芥菜籽

白色芥菜籽

芥末粉

八角（**Star Anise,** *Illicium verum*）

這種星形種子原生於亞洲，爲木蘭屬植物，它和大茴香一樣含有一種油脂，可以製成精油，經常用於東方料理上，尤其是煨牛肉、雞肉或羊肉。另外它也是五香粉的主要材料之一。

八角種莢

八角籽

薑（*Zingiber officinale*）

這種植物原產於東南亞，可以買到整條地下莖、根片或粉末。薑的味道刺激提神又帶點熱辣，通常在東方及印度菜中使用，可以烘烤、製做糕點，並加入某些香甜酒中。

紅番椒粉

紅番椒片

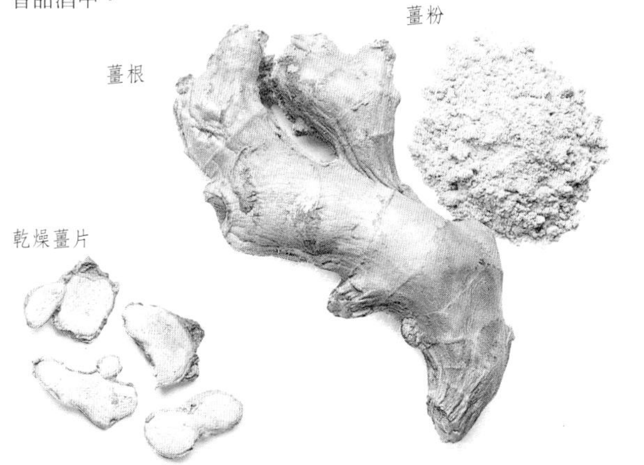

薑粉

薑根

乾燥薑片

紅番椒

（**Chilli,** *Capsicum frutescens*）

將紅番椒曬乾後磨成粉或切成片的紅色辣椒調味料。它和甜紅椒粉並不一樣，兩者不可混淆，味道則從溫和到極辣都有。尼泊爾辣椒是味道比較溫和的黃色紅番椒粉，在印度菜中廣為使用。

胡蘆巴

（*Trigonella foenum-graceum*）

原產於西亞，是一種開花植物的莢果，莢果中的種子曬乾後可以磨成粉末使用，葉片則可作為香料（參閱第54頁）。

胡蘆巴粉

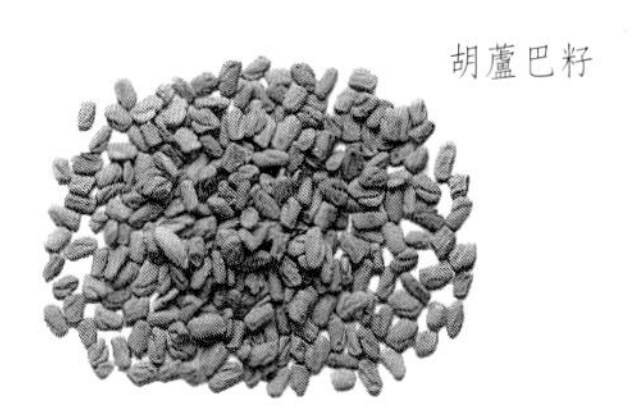

胡蘆巴籽

大茴香籽（*Pinpinella anisum*）

種子會產生一種甜甜的大茴香味，栽種目的就在於取用種子，主要用於糕點及烘焙。大茴香種子也是茴香酒（pastis）、利卡酒（Ricard）及其他茴香味酒精飲料的主要材料。大茴香的新鮮葉片和種子皆可使用。

大茴香粉

大茴香籽

阿鳩彎（**Ajowan,** *Carum ajowan*）

一種原產於印度的植物，種子帶有很強的百里香味，在印度及中東的料理中廣泛使用。

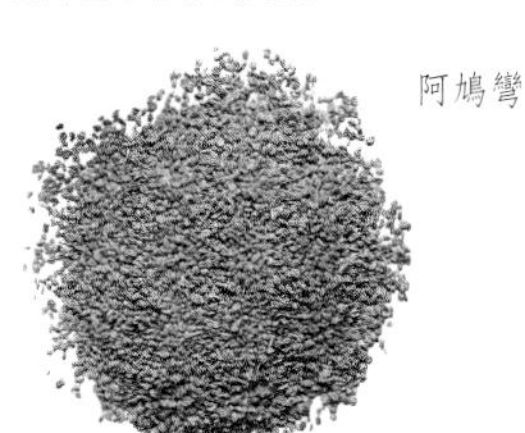

阿鳩彎

杜松子

（**Juniper,** *Juniperus communis*）

杜松原產於北半球，用來為琴酒、野味或豬肉調味添香。在德國通常加入酸泡菜和蜜餞裡。漿果通常是以脫水品販售。

杜松子

調香料

人類從來不會只滿足於食物的營養：追求美味正餐一直是人類的重要飲食習慣之一，由於風味迷人的調香料不斷出現，因此就拿來搭配食物。中美洲人將玉蜀黍和馬鈴薯做成主食，然後使用紅番椒來加味，而紅番椒最後也對印度咖哩及東南亞的森巴(sambal)產生了持久的影響力。同樣地，原先只有阿茲特克人(Aztec)愛用的兩種植物：巧克力和香莢蘭，也對國際烹調有著極大的貢獻。

許多人工調香料開發出來後，受到某些食品工業的喜好而大量使用，因爲它們是濃縮品，能在高溫狀態下保持穩定，而且水分也比較少。

然而天然的調香料還是需要的。植物萃取物大多是香精油，它是將植物的含油細胞軟化、破壞處理後所得到的產物。香精則是依據植物特性、從植物的不同部位萃取而得，例如從壓碎的種子或果仁、花或葉，乾樹皮或根部來萃取。

烹調須知

將調味的萃取物儲存在密封瓶裡，並放在陰涼的地方，就可以無限期保存。如果烹調時需要加入「幾滴」精油，必須一滴一滴地加入，直到食物的味道合意爲止。冰淇淋比熱食更需要加入強一些的風味，因爲溫度漸漸降低時，混合物的香味會跟著減弱，同時低溫也會讓味蕾麻木。

香莢蘭最適合做香草精。可以將整個豆莢放入甜味醬裡烹煮調味，煮好後再把莢取出洗淨、曬乾，以後可以重複使用。香草風味的砂糖是很好用的調香料，可以使用精糖罐子將香莢蘭的豆莢放在裡面保存。

乾辣椒(*Capsicum frutescens*)

許多種乾燥辣椒是用來做開胃菜的調香料，拉丁美洲一帶的各種料理尤其愛用。包括巴西拉辣椒(pasilla)、安秋辣椒(ancho)、加拉潘諾辣椒(jalapeño)、莫拉多辣椒(mulato)及紅番椒。

香莢蘭
(**Vanilla,** *Vanilla planifolia*)

原生於中美洲，是一種攀爬性蘭花的豆莢。香莢蘭可當作調香料加在甜味醬、蛋糕、巧克力、布丁和冰淇淋中。

甘草
(**Liquorice,** *Glycyrrhiza glabra*)

最古老的調香料之一。甘草原生於南歐和中東，是一種小型多年生植物的根，味道略帶甜苦，通常使用在糕餅、甜點、蛋糕及飲料中。可以切片或磨成粉。

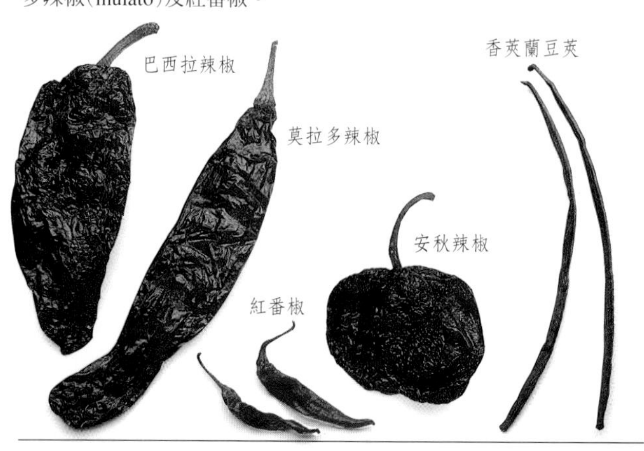

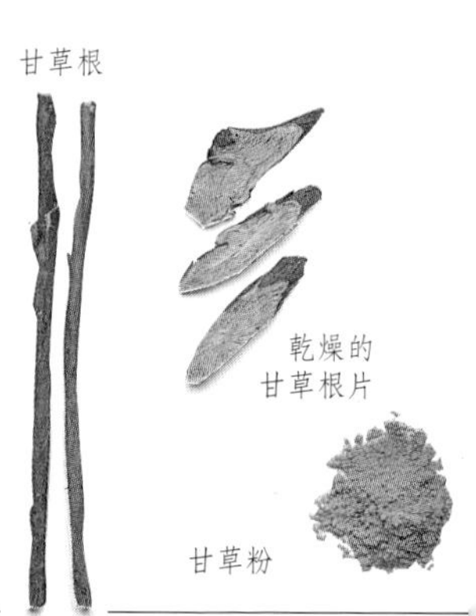

芒果乾 (*Mangifera indica*)

芒果(參閱第92頁)原產於印度，經常是乾燥後切片，如圖。芒果可作爲咖哩的調香料，還能做成芒果甜辣醬(參閱第67頁)或醃芒果(參閱第68頁)。

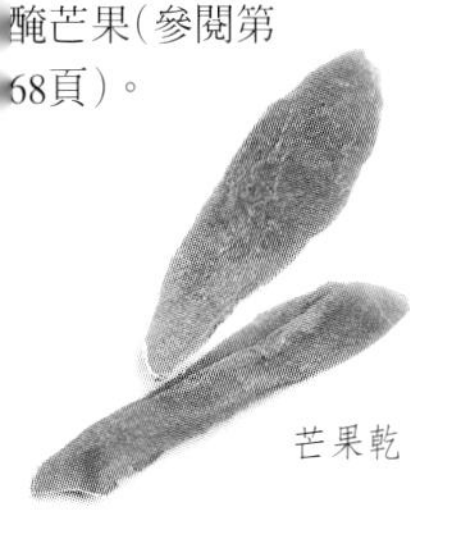

芒果乾

苦精 (Angostura Bitters)

這種苦精原產於千里達島，Angostura是委內瑞拉的一座古城名。它的成分含有丁香、肉桂、梅乾、肉豆蔻、豆蔻、奎寧、蘭姆酒及龍膽，最常加在雞尾酒裡，但也會用在冰淇淋、果汁、醃漬水果和布丁中。

石榴糖漿 (Grenadine)

石榴(*Punica granatum*)原產於車德斯坦，石榴糖漿則是石榴萃取液的慣稱。通常加在汽水、雞尾酒、冰淇淋或是糕餅甜點中。

苦精

石榴糖漿

其他調香料

苦杏仁精 (Bitter Almond Essence)

市售的杏仁精味道比甜杏仁油還強。它是由苦杏仁核(*Prunus amygdalus*)及桃子、杏桃的核仁所精煉出來，主要用於烘焙、糕餅和甜點。

長角豆 (Carob)

由長角豆的果肉所製成的調香料，角豆樹(*Ceratonia siliqua*)則原產於中東。通常用來調製不含酒精的飲料，並用於烘烤及糕餅工業。

巧克力

巧克力和可可是用墨西哥可可樹(*Theobroma cacao*)的果實製成的，這種果實通常含有20～30顆種子，將種子發酵、脫水後，就成了製造巧克力飲料、巧克力糕點(參閱第125頁)、可可油和可可粉的原料；牛奶巧克力中則另含全脂奶粉。除了烘焙和製做糕餅之外，不甜的巧克力也用來爲一些墨西哥肉類菜餚調味。

可樂 (Cola)

從原產於非洲的可樂果(*Cola nitida*)中提煉出來的成品，是可樂飲料的主原料。先將可樂果用熱水泡軟以取得萃取物，然後以糖漿混合。

橙花油 (Neroli Bigarade)

從苦橙樹(*Citrus aurantium* var. *bergamia*)的花朵或果實中所生產的一種香油，味道濃郁，主要用於汽水、冰淇淋、糕餅以及烘焙食物裡。

鳶尾精油 (Orris)

去皮的鳶尾(*Iris germanica*)根，原產於遠東地區，可產出鳶尾精油，使用於冰淇淋、糕餅甜點及烘焙食物。

辣薄荷油 (Peppermint Oil)

將辣薄荷(*Mentha piperata*)開花的植株用蒸汽蒸餾，就會得到薄荷油，用在冰淇淋、汽水、飲料、糕點和糖霜中。

檀香木油 (Sandalwood Oil)

原生於印度，將一種樹皮脫水蒸餾後所製成的精油，帶有檀香味，用於冰淇淋、糕點及各類烘烤食物中。

土當歸 (Sarsaparilla)

由墨西哥產的土當歸樹(Smilax aristolochiaefolia)根所精煉的精油，味道微苦且帶點甘草味，用在汽水、冰淇淋、糕餅甜點和烘烤食物中，也使用於藥物裡。

木察樹精油 (Sassafras Essence, *Sassafras albidum*)

原產於北美洲，是用木察樹的根、樹皮及葉片以蒸餾法所精煉的油，帶檸檬香及辣味，用在汽水、糕餅及冰淇淋中。

香油 (Ylang-Ylang Oil)

將原產於菲律賓群島的大型樹香水樹(*Cananga odorata*)的花朵，以蒸餾法所提煉出的精油，帶有強烈的花香味和苦香味，用在汽水、冰淇淋、糕餅以及烘烤食物裡。

調味料和調味精

調味料是爲了強調或加強菜餚的味道而添加，尤其是加強食物本身的風味，也可以爲平淡無味的食物創造出特殊的味道。在西方，鹽是主要的調味料；至於東方則是黃豆做成的醬油和味噌。

鹽

鹽就是礦物氯化鈉，由海水蒸發而成的是海鹽或精鹽，而從遠古時就在海中淤積下來的沈澱物所挖掘出的則是岩鹽。雖然鹽中不含卡路里、蛋白質或碳水化合物，然而粗鹽還是含有某些礦物質，包括鈣、鎂、硫磺及磷。也由於含鎂，所以才會有點苦苦的。

未提煉的氯化鈉所含的礦物質，可以在烹調時使食物帶有鹹味。例如岩鹽中的鈣質可以使豆科植物的表皮變硬，因此常有人建議不要把甜玉米放在鹽水裡煮。鈣還會增加鹽的保溼性，所以需要在鹽中加入反結塊劑。鹽的吸溼性會使鹽結塊，在潮溼的環境裡也會變得較重。現代製鹽商的技術已經進步很多，他們利用YPS(硫氰化鈉)來處理粗鹽，可以使每粒鹽巴都產生小觸毛，因此就可以避免鹽粒黏在一起了。

世上種類繁多的食譜不論是重口味的菜餚或甜食，一匙鹽或一小撮鹽都是不可或缺的材料。鹽可以增進菜餚的味道，事實上也可以降低食物的酸味，還能增加糖的甜度，或者應該說在甜食中加鹽，可以增加食物的甜味。糖和鹽這兩種材料的作用有如彼此的平衡劑，糖可以降低鹹味，而食物煮得過甜時，加入適當的鹽巴則可讓甜味減少些。

大部分的麵包都需要加入鹽巴，因爲它可以增強麵筋的韌度(麵筋爲小麥裡主要的纖維質)，讓麵包形成一層脆皮。然而太多鹽會抑止酵母的作用，因此麵包師傅必須根據食譜小心測量鹽的用量。一般烹調用的鹽巴以餐用的精製食鹽品質最好，簡稱精鹽，或是用手指、磨粉機磨碎的精煉結晶海鹽。

食物濃縮精

肉類和蔬菜的濃縮精由於是濃縮品，而且含有極佳的保存成分，所以也能當作調味料使用。雖然市面上的濃縮精是德國化學家利比克(Justus von Liebig)在1847年於烏拉圭的佛雷班特斯提煉出濃縮牛肉醬後，才發展出的近代發明物，然而食物濃縮精的用處必定是在第一位廚師使用肉汁時就已昭然若揭，而幾千年前中國人用發酵過的黃豆做成醬料後，這種早期的酵母精也是人類使用濃縮精的一種證明。十九世紀末，德國化學家發現在啤酒酵母中加鹽，就可以製造出相當於牛肉濃縮精的素食替代品。

將高湯塊儲存在潮溼處雖然會吸收溼氣，但食物濃縮精還是可以保存很久不壞。豆醬可以放六個月以上，而且開罐後會慢慢變乾硬，但是只要加點油就會恢復溼潤了。

高湯塊

包含糖、鹽、辛香料、味精、澱粉、油脂、焦糖、酵母精、香料、乳酸、洋蔥、芹菜和胡椒。市售的高湯塊則有排骨、雞肉、牛肉、羊肉及素食口味。

高湯塊

高湯精

高湯精

這是肉乾的粉末，含有香料。它的用途如同名字一樣，是用來做成高湯、肉汁濃湯及湯品，有時也用在調味醬裡。

鹽

日曬精鹽是以太陽的自然熱度蒸發海水而得的精鹽。廚房用鹽(有磚塊狀、方塊狀或一般形狀)是以純淨的岩鹽精煉而成，大部分用來醃菜或醃肉。調味鹽包括蒜鹽、芹菜鹽和香辛調味鹽，又稱辛香鹽(sel épice)，這些調味鹽全部都是鹽巴與其他原料的混合物，也都是很好用的調味料。冷凍鹽是一種看起來很粗糙的結晶鹽，不適合人類食用。脆餅鹽(pretzel salt)則是最近才從墨西哥灣開採出來的鹽巴，是一種稀有的沈積鹽，形狀規律、大而且扁平，很適合塗在脆餅上。煉製岩鹽的過程和海鹽類似，先將鹽水煮開，讓裡面的鹽分結晶成不同純度的鹽巴，然後用它製成廚房中的烹調用鹽，以及餐桌上的調味用鹽。海鹽是從有潮汐漲落的池塘裡提取濃縮鹽水所製成，將鹽水過濾汙物後，放在淺鍋裡加熱，任水分蒸乾形成結晶鹽。

調味鹽

岩鹽結晶

廚房用鹽

蒜鹽

餐用調味鹽

海鹽

芹菜鹽

肉汁稠化精

這是在肉類濃縮精裡加入稠化劑脫水而成的，例如玉米粉或麥粉，可以加在煨菜或砂鍋菜裡。

肉汁稠化精

瀨戶香鬆(せと ふうみ)

一種日式的綜合調味料，其中含有海藻、鮪魚、芝麻和味精，在東方料理上用途很廣。

瀨戶香鬆

便當香鬆(べんとうの とも)

一種日式綜合調味料，包括有魚鬆、鹽、豆醬、海苔和味精，也使用在東方料理上。

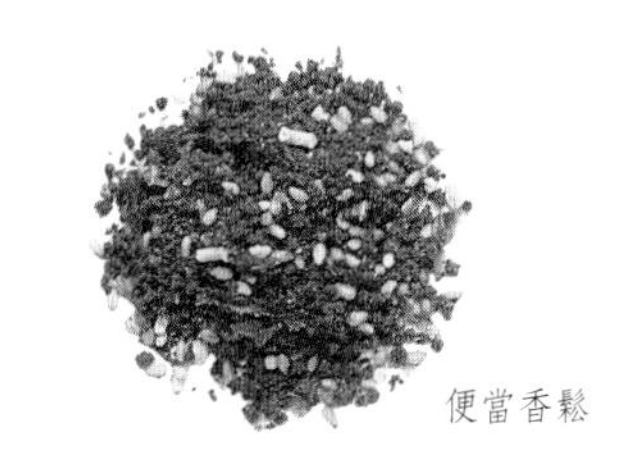

便當香鬆

味精

即氨基戊二酸鹽，又稱味素，是氨基酸蛋白質的一種。味精本身並沒有味道，但卻可以增加菜餚的風味。

味精

阿魏膠(Asafoetida)

阿魏草(Ferula asafoetida)的樹脂，通常是以粉狀或圖中的塊膠狀販賣，每次只需用一點點。通常是在烹調魚類時使用，在印度菜裡常經作爲鹽的替代物。

阿魏膠

豆醬

豆醬一共有兩種，一種是發酵過的，另一種沒有發酵。圖中所示的日本味噌就是發酵後的大豆醬，作法是先把豆子煮熟，再混合小米(koji，蒸熟後用麴菌處理過的米)、鹽及水，然後將酵母注入混合物中，放置數月讓它發酵。市面上的味噌包括紅色、黃色以及黑色味噌。至於納豆的做法也差不多大致相同。坦佩契豆糕(Tempeh)是印尼產的發酵豆糕。未發酵的大豆醬則做成豆腐，至於甜的紅豆醬則是用來做甜點。

黃色味噌

紅色味噌

黑色味噌

麥芽精

將麥芽粉浸入水中加熱，然後讓混合物漸漸變成糖漿或濃醬即成麥芽精。麥芽精用於釀酒或蒸餾，也可以拿來製成早餐脆片，或當成咖啡的替代品，還能在烘烤食物時使用。它可以讓全麥麵包含有適量的水分，並幫助生麵糰膨脹，同時爲它增加甜味。

酵母精

將生酵母裡的液體分離出來並蒸發脫水，然後加入蔬菜精中製成。它的味道與肉精相仿，用來作爲調味料。

酵母精

麥芽精

牛肉精

牛肉精

將肉類的濃縮湯汁以蒸發脫水的過程，讓它變成又稠又濃的黑棕色鹹醬汁。

褐色肉汁(Gravy Browning)

這種肉汁基本上是上色用的，因爲它可以增加褐色調味醬以及肉汁的顏色，使用時必須小心謹慎。一般褐色肉汁的成分只有很簡單的焦糖、鹽及水，有時候也會加入其他香味，例如水解後的蔬菜蛋白質或味精。

褐色肉汁

其他調味精

麥芽乳(Malted Milk)

發明麥芽飲料的原因是在十九世紀中葉時，由於拓荒者一心想研究出適合病人及嬰兒的食品而發明的。1869年，一位從英國移民到美國的居民威廉好立克(William Horlick)研發出一種麥芽糖精奶粉，結果醫護人員非常愛用，接著在1887年以好立克這個名字上市。麥芽乳原是美國的藥房和冷飲店所販賣的飲料，本身就是原料的一種，可以用來做甜麵包、蛋糕、糖霜以及冰淇淋。

泡菜、甜辣醬及醬料

泡菜、甜辣醬和醬料都是調香料，主要是爲了讓菜餚的味道更豐富，或與搭配的食物形成對比效果。它們都是用油(或醋)、糖和鹽加上醃製技術所製造而成。

泡菜是將蔬菜或水果整個或粗切過後，保存在鹽水或醋液裡醃漬而成。「pickle」這個字也可以用來指用鹽水或加有辛香料的醋所醃製成的肉、魚、水果或蔬菜。

甜辣醬是指將水果或蔬菜混合物，以生鮮品或熟材泡在濃稠的醬汁裡。甜辣醬的味道通常又甜又稠又辛辣，事實上很像甜味綜合泡菜，不同的是它們的顏色比較深，味道也比較重。新鮮甜辣醬(材料沒有煮過)如東方所製成的甜辣醬，並不需要加入防腐劑，但是西方的甜辣醬由於醃製前先烹煮過，所以會加醋。

醬料是以核桃類、肉類或鹽漬魚作爲基本材料，並磨成細細的粉末製做而成。它們之所以能長久保存，就在於加了油或鹽。

「佐料」(relish)這個名詞常用來描述以酸甜味爲基礎的甜味泡菜或甜辣醬。某些食物自古就和某些特定佐料有關連，例如印度咖哩就常和此類材料搭配使用，如芒果、羅望子以及芫荽等甜辣醬，或者搭配醃萊姆和醃花椰菜。印尼泡菜又稱森巴(sambal)，也有很多種口味。

山葵佐料

先把山葵磨碎，然後再混合奶油、洋菜、醋和鹽，就成了這種佐料。通常用來搭配冷、熱的肉類或魚類菜餚，或配燻魚食用。

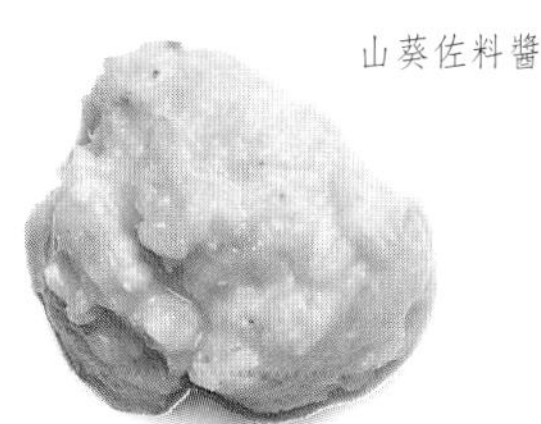

山葵佐料醬

酸黃瓜醬

一種用黃瓜、芥菜籽、糖、醋、洋蔥、胡椒及辛香料混合而成的佐料醬，與肉類冷盤、乳酪及燒烤配食非常美味。

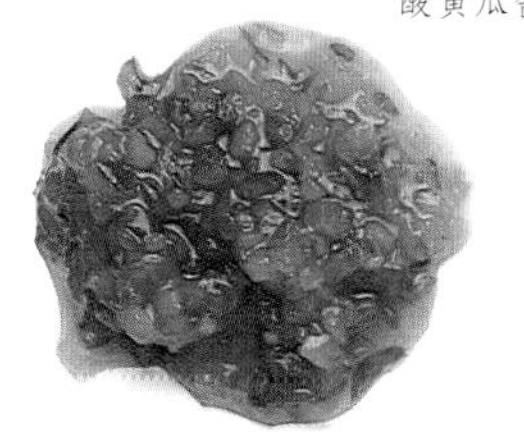

酸黃瓜醬

番茄甜辣醬

這是用番茄、紅番椒、西印度黃瓜(gherkin)及辛香料所製成濃郁、味道強烈的佐料醬，可以配肉類冷盤及乳酪食用。

番茄甜辣醬

芒果甜辣醬

這種佐料醬可能是最爲人所知的印度佐醬，味道可能很刺激，也可能很溫和。通常和咖哩一起搭配使用。

芒果甜辣醬

其他甜辣醬

蘋果甜辣醬

將蘋果加熱後所製成，可能香甜，也可能辛辣。也可以用綠番茄或西洋梨製成。很適合配肉類冷盤。

杏桃甜辣醬

用杏桃、葡萄乾、紅番椒及辛香料混合而成的上等佐料，味道熱辣，風味很好，可以搭配肉類冷盤或咖哩食用，或用於卡那佩(canapé)及其他重口味的餡料中。

芫荽甜辣醬

以新鮮香菜、綠番椒、酸乳酪及辛香料做成，微酸，可搭配魚類、肉食或蔬菜。

薄荷甜辣醬

用薄荷葉、番茄、蘋果、洋蔥及葡萄乾做成，配肉類冷盤及咖哩非常美味。

泡菜及醬料

甜味泡菜

雖然名爲泡菜，其實這類佐料更像甜辣醬。它的種類有很多，從水果類到蔬菜類都有，最佳用法是配乳酪或魚類冷盤食用。

甜味泡菜

酸豆（**Caper,** *Capparis spinosa,* var. *rupestris*）

白花菜科的多刺灌木，原產於地中海沿岸一帶，酸豆就是這類灌木上的花蕾。這種花蕾只拿來醃成泡菜，作爲尼斯瓦沙拉（Niçoise salad）或黑油醬的配飾或調香料。法國的酸豆可說是全世界品質最好的，沒有其他同類產品可以匹敵。

酸豆

醃芒果

用芒果、紅番椒、辛香料及醋所混合成的辣味泡菜，可以和其他平淡無味的菜餚一起食用。

醃芒果

綜合泡菜

將洋蔥、花椰菜和小黃瓜一起泡在醋汁裡，就成了綜合泡菜。可作爲乳酪及魚類冷盤的配菜。

綜合泡菜

醃胡桃

趁胡桃仍然青綠就摘取下來，連殼一起蒸熟，然後泡在裝有醋汁、焦糖、黑胡椒及其他佐料的罐子裡。這種泡菜是用來和肉類冷盤及乳酪一起食用的。

醃胡桃

醃洋蔥

醃洋蔥是衆多古代泡菜的一種，這點可以由龐貝城遺跡中的出土物來證明。它的最佳吃法是和乳酪及肉類冷盤一起享用。

醃洋蔥

辣味泡菜（Piccalilli）

這類泡菜主要有美國產和英國產兩類。美國的辣味泡菜是把綠番茄、洋蔥和甜泡菜加入辛香料和甜醋製成；英國的辣味泡菜（下圖）則是用芥末醬加混合蔬菜製成。主要都是配乳酪。

辣味泡菜

印尼佐料

這種佐料事實上是混合了大量蔬菜的泡菜，例如包心菜、洋蔥、紅蘿蔔、蒜苗及黃瓜。它的味道溫和，用來搭配燻魚食用。

印尼佐料

醃紅色高麗菜

先將菜用機器切碎，泡在鹽水裡，然後取出瀝乾，再放入加有辛香料的醋汁中。通常拌沙拉。

醃紅色高麗菜

醃黃瓜

這種小型黃瓜是專門培育來做醃黃瓜的，食用法可以配肉類冷盤、香腸來吃，或加入沙拉裡。

醃黃瓜

巴敦醬（**Patum Peperium**）

用鯷魚、奶油、香料和辛香料做成的調味醬，由一位旅居法國的英國人在1828年發明出來。由於它在《時代》雜誌上的廣告吸引了貴族，因此又稱「雅仕佐料」，用於卡那佩或當塗醬。

巴敦醬

橄欖（*Olea europea*）

橄欖科植物的一員，原生於地中海沿岸區域，橄欖即是這類植物的果實。綠橄欖和黑橄欖的唯一差別，在於黑橄欖是果實完全成熟後採收的。橄欖有許多不同品種，都是用來做成醃橄欖後入菜，或當作隨手小點心食用。有些橄欖會去掉欖仁，塡入材料供卡那佩或開胃小點食用。

日式醃蘿蔔

將日本蘿蔔（參閱第30頁）泡在加了糖的醬油裡，就成了醃蘿蔔，通常是配魚食用。

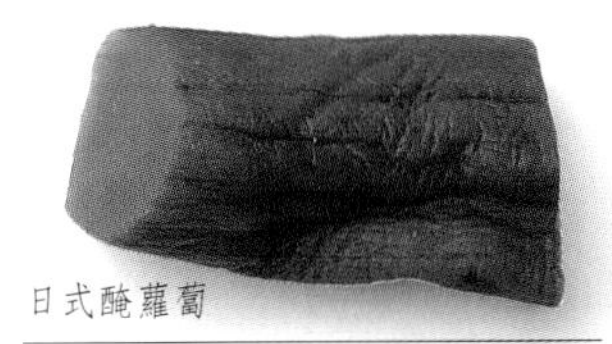
日式醃蘿蔔

花生醬

用碾碎的花生做成的醬，主要是當作塗醬。在印尼菜中，花生醬可使調味汁變濃稠。

花生醬

芝麻醬（**Tahini Paste**）

用碾碎的芝麻籽做成的醬，在中東及拉丁美洲料理中是廣泛使用的調香料。

其他泡菜

醃蒔蘿

這類泡菜主要有四種：發酵泡菜，通常浸在鹽水裡；未發酵泡菜，裝在混合鹽水和醋的罐子中；酸味泡菜，先用發酵過的鹹高湯處理過，再放進裝有醋汁的罐子中；還有甜味泡菜，先泡在鹽水罐子裡，取出脫水後放進裝著糖漿及醋汁的罐子中。醃蒔蘿通常與肉類冷盤及漢堡配食。

酸泡菜（**Sauerkraut**）

先把高麗菜撕碎，再放入鹽水裡發酵，並用杜松子調味。超市販售的酸泡菜通常爲罐裝或塑膠袋包裝，一般是與肉類冷盤配食。

芝麻醬

西班牙塞維納拉橄欖

塞入杏仁的橄欖

紅心橄欖

橄欖乾

麻點橄欖

黑橄欖

芥末醬、醋及油

芥末醬是由三種不同的十字花科植物做成的佐料，各類芥末醬的名稱則是以所使用的種子顏色來命名：白芥菜(*Sinapis alba*)籽做成白芥末醬(有時候又稱爲黃芥末醬)，黑芥菜(*Brassica nigra*)籽是做成黑芥末醬，褐芥菜(*Brassica juncea*)籽則是褐芥末醬(有時候也稱爲黑芥末醬)。事實上，現在所使用的黑芥末醬通常都是由褐芥菜籽製成，而不是黑芥菜籽，因爲黑芥菜籽已經不適用於現代農耕了。雖然人們對芥末醬的一般印象是很辣，事實上大部分的芥末醬味道都很溫和，只有英國、中國及日本的新鮮芥末醬才會讓人辣得冒火。

芥末醬的種類

芥末醬帶有辛辣味的原因，在於芥菜籽裡的油質，搗碎時只要遇水就會產生。而芥末醬特有的「熱辣」味只有黑芥菜籽和褐芥菜籽才會產生，其中又以前者辣味較強。白芥菜籽也有自己獨特的風味，市面上所售的芥末粉便是用白芥菜籽和黑芥菜籽合製而成，基本上已經去除芥菜籽裡的油質。

芥末醬有許多種美妙的風味，全部來自於其中的添加物，如：香料、酸果汁、酒、醋、萊姆汁或檸檬汁。有些可能是以整粒芥菜籽製成，或加入香艾菊、牙買加辣椒、胡椒籽、薄荷、紅番椒或大蒜。此外，法國人也製做綠色芥末醬，這種芥末醬的味道溫和且帶有綜合香料的香味。

烹調須知

烹調時可以使用整粒的芥菜籽(參閱第60頁)，但較常見的是用芥末醬或芥末粉。芥末粉必須放在冷水中才能溶勻，熱水或醋汁會抑止酵素的作用，使芥末醬的味道變得較不刺激。大約十分鐘後，辣嗆味就會完全成形，但過一陣子便會消退，不過芥末醬的味道仍然不變。製做調味醬時，必須先把芥末調成糊(或者直接使用芥末醬)，而且也必須先將調味醬煮好。只加芥末粉的調味醬會結塊，過度加熱則會破壞辣嗆味。處理好的芥末可以加在美乃滋裡，至於法國的第戎(Dijon)芥末是很多種調味醬的原料。

所有的芥末都可以用來烹調。雖然黑芥末的味道較濃，然而白芥末也有它的優點：它的酵素不容易被破壞，可以保存很久，也不會滋生黴菌和細菌，而這就是它經常加在泡菜裡的原因(參閱第67頁)，同時它還可以避免美乃滋的成分分離。

醋

醋是發酵過程中的副產品，嚴格來說，是釀酒過程中的副產品。「醋」這個字的英文vinegar源自法文vin aigre，意爲酸酒。

醋是由兩個完全自然的發酵過程得到的，也就是酒精和醋酸的發酵過程。第一個發酵過程是空氣中或水果上的酵母菌將糖自然轉化成酒精所產生，然後在酒精裡加入醋酸酵母菌，醋酸酵母菌雖然也是自然產物，但通常是釀造商加入的。這些醋酸菌會成倍數增加並形成醋酸木，此種帶有酵母菌的流動液體又稱爲醋酸母液，也就是它讓酒精轉成醋酸(醋的主要組成份子)，到此，便完成了第二階段的醋酸發酵過程了。(只要有醋酸母液，任何人都可以自己釀醋)

濃淡及類型

醋酸的濃淡因不同種類的醋而有不同：酒醋的味道比麥芽醋或蘋果醋來得重，然而蒸餾過的或強力醋的味道才最強烈。英、美的法律規定，酒醋的醋酸含量最低是6%，其他種醋則是4%。區域性或國家性的醋種須以製造原料來決定。在遠東地區，醋是用米酒或水果製成的。

烹調須知

醋原先是拿來作爲防腐劑，但多年之後，它也成了廚房裡很重要的芳香佐料。

酒醋尤其適合以香料、辛香料或水果來調味，包括：迷迭香、香艾菊、蒔蘿、大蒜、紅番椒、胡椒籽、檸檬、覆盆子、玫瑰花瓣以及紫蘿蘭。廚師們應該備有幾種，因爲不同的料理需要不同的醋，一般原則是看菜式而定，例如米醋應該用在中國菜和日本菜裡，酒醋則適合地中海菜式，蘋果醋用於傳統的美國菜，至於麥芽醋則適合英國菜。

另外值得牢記的是，蘋果醋和酒醋可以在一般的烹調上使用；酒醋、米醋、雪莉醋或其他香料醋用於沙拉裡，至於蒸餾醋、烈酒醋或麥芽醋則是用來醃製泡菜。

油

油是讓美乃滋變平滑的媒介物，可以滑順地覆蓋蔬菜、沙拉和雞蛋。義大利人把油加入湯、麵糰和沙拉裡，以及其他任何菜餚。當油加上醋或檸檬汁做成沙拉醋時，油的滑潤特質便使沙拉更加美味。麵包師傅用油來讓生麵糰膨脹，也用油來塗抹烤盤。廚師會先把油塗在肉上，然後才碳烤或燒烤，或是將馬鈴薯放入大油鍋裡油炸。中東煉油的材料是芝麻，歐洲是罌粟籽，至於克里特島和巴基斯坦則是橄欖。

事實上，我們的祖先早就把現代農作物拿來煉製粗糙未精煉的油。向日葵原爲美國印第安人的農作物，十六世紀時引進歐洲，隨後在俄國首次成爲煉油作物，並於1830年代商品化。同時今日的玉米油、棉花籽油、大豆油、菜籽油和花生油的產量，也已經超過罌粟油、橄欖油和杏仁油了。

油的種類

每一種油都有它自己的特點、色澤和烹飪用途。有些油的色澤天生比較深黑，而且放得越久顏色越深，然而由於消費者比較喜歡清淡的色澤，因此除了橄欖油仍能保有綠色或深黃色之外，其他的油都會漂白處理。

大部分的油都有兩種主要特質：在烹調過程中會分裂或還原，而且放在低溫處或冰箱裡就會凝結，因爲天冷時瓶子裡的油會較不透明。第一位大量生產美乃滋的商人就發現了。如果他們的產品是在低溫下製造，油就會變得較硬而使產品的乳化性越強。冬季油也因此誕生。「冬季化」的意思是指先用人工方式冷凍油液，直到固態物分離出來，剩下的液體就可以上市成爲「沙拉用油」。

有許多種油的性質並不穩定，會在加熱的過程中變質，產生強烈或難聞的氣味，如紅花油、葵花油和大豆油就會產生魚腥味，這也是爲什麼現在大部分的油都會採用氫化處理來讓油變硬，穩定油質。

脂肪基本上有三種：飽和脂肪、不飽和脂肪以及多重不飽和脂肪。飽和脂肪會增加血液中的膽固醇含量，而有些人認爲紅花油、葵花油或玉米油這類含有多重不飽和脂肪酸的食用油則有助於減肥。油中或許還會添入其他成分，如卵磷脂藥錠，這種乳化劑對於烹飪油很重要，因爲它是天然的，可以避免食物沾鍋，或水珠滴入時濺油。

油炸食物時，油溫不可以太高，大致上在162～195℃之間，視食物種類而定。過高時食物會炸焦，卻不一定能熟透。此外油溫也必須穩定，以免食物吸油而變得油膩。

芥末醬

綠胡椒籽芥末醬

這種芥末醬含有綠胡椒籽，是第戎芥末醬的一種，產於法國勃艮第。它的味道相當辛辣，所以最適合加在平淡無味的食物裡，例如烤牛排或肉塊。

第戎白酒芥末醬

這是一種熱辣的芥末醬，用來調理平淡無味的食物最爲恰當。它額外的酒香很適合搭配多種調味醬以及淋醬。

摩城芥末醬
(Moutarde de Meaux)

這種整粒種子的芥末醬，是在第戎芥末醬裡加入褐色芥菜籽所製成，所以咬破芥菜籽時就會釋出辛辣油。它的種類有很多，有些還摻有粗粒的芥菜籽、白酒、辛香料、醋汁和鹽。這種芥末醬也像第戎芥末醬及英式芥末醬一樣，非常地辣，因此應該只用來增強無味食物的味道。

綠色香料芥末醬

這種味道非常溫和的芥末醬，混合了多種香料，應該配魚類或香腸冷盤食用。

香艾菊法國芥末醬

這是一種顏色較深的波爾多芥末醬，含有香艾菊而味道溫和，因此很適合搭配肉類冷盤以及辛辣食物。

綠色香料芥末醬

綠胡椒籽芥末醬

香艾菊法國芥末醬

第戎白酒芥末醬

摩城芥末醬

粗粒芥末醬

東方芥末醬

中國芥末醬

通常是用乾芥末加水或無泡沫的啤酒調理而成，爲極度辛辣的一種配方。傳統上是用來搭配蛋捲食用。

粗粒芥末醬

這是粗粒種的摩城芥末醬，其中並加有白葡萄酒。用它來搭配多種無味食物效果非常好。

杜塞道夫芥末醬
(Dusseldorf Mustard)

這種最受歡迎的德國芥末醬和波爾多芥末醬很像。它的味道溫和，可與辛辣食物配食。

英國全粒芥末醬

這種芥末醬是用整粒芥菜籽、白酒、牙買加辣椒和黑胡椒所做成，味道又熱又辣，用來搭配口味平淡的食物。

美國芥末醬

這種芥末醬是用白芥菜籽所做成。它的味道溫和，搭配熱狗或漢堡食用，滋味非常棒。

英國芥末醬

英國芥末醬是用褐芥菜籽混合白芥菜籽及相當成分的小麥粉所做成，有時候還會加入非常少量的鬱金根。它用來搭配燉牛肉、烤牛肉、煮火腿、漢堡、烤鯡魚、肉塊、香腸以及肉派食用，同時也是烤乳酪料理(如威爾斯烤乳酪土司)和芥末調味醬的原料之一，可讓食物具有特殊的風味。關於英國芥末醬有一件事必須記住，那就是新鮮製品的味道非常辛辣。英國芥末醬**應該**很辣，因為那是它的特色。

純第戎芥末醬

傳統的法國芥末醬有四種：第戎芥末醬、整粒芥末醬、波爾多芥末醬以及佛羅里達芥末醬。產於勃艮第的第戎芥末醬是法國以外最為人熟知的法國芥末醬。它的顏色比波爾多芥末醬白一些，因為它是用去莢後的褐色芥菜籽所製成(莢會使芥末醬的顏色較深)。它的辣味也比較強，應該用在需要加強味道的食物上，例如牛排、漢堡以及牛肉等食物，同時它也可以加在調味醬裡，像雷慕雷醬(rémoulade)、第戎醬以及俄羅斯醬。

波爾多芥末醬

這種溫和的法式芥末醬由於是用含莢的芥菜籽做成，所以顏色都很深，彼此間只有些許差別，原料可能含有多種香料，尤其是香艾菊，以及醋和糖。它的味道溫和，帶點甜酸味，因此和魚類冷盤、辣味香腸是絕配。波爾多芥末醬也可以當作沙拉醬使用，如果混入檸檬汁、蜂蜜或紅糖就是非常美味的調味醬了。

德國芥末醬

這種甜甜酸酸的芥末醬含有香料、辛香料及焦糖，顏色比杜塞道夫芥末醬(見左頁)還淡。它的味道溫和，搭配肉類冷盤最美味，當然，還有德國香腸。

佛羅里達芥末醬

這種味道溫和的芥末醬是搭配香檳區白酒所製成，它和波爾多芥末醬一樣，搭配辛辣食物的效果最好。

醋與油

酒醋

品質最好的酒醋是在橡木桶裡慢慢釀造出來的，因爲緩慢地處理能使香味更爲集中。酒醋有很多種類：紅、白、淡紅以及雪莉酒醋。白酒醋最適合用來調製歐蘭德滋醬、美乃滋或者類似的醬料。紅酒醋則應該用在阿薛醬(sauce hachée)以及黛博雷醬(sauce à la diable)裡。

蒸餾麥芽醋

雖然所有的醋都可以用蒸餾的方式萃取，但麥芽醋更常使用。蒸餾醋沒有顏色且味道很強，因爲蒸餾的過程會使醋酸的含量增加。由於它們的酸度很強又不容易變壞，所以大都用來醃製泡菜(尤其是醃洋蔥)。製造商也將它們用來製造瓶裝調味醬。

加味醋

這類醋汁是酒醋，通常浸有香料，包括香艾菊、羅勒、風輪菜、檸檬、百里香、紅蔥頭、山葵、糖、鹽、月桂葉和迷迭香。其中以香艾菊醋最受歡迎，特別適合調製貝奈茲醬和沙拉醬。

米醋

中國醋有白醋、紅醋及黑醋。日本也有一種叫做醋(す)的米醋。以一般原則而言，最常用的是白醋，尤其是用來調味湯或酸甜味的菜餚。蘋果醋和酒醋是米醋的最佳替代品。

烈酒醋

在酒精還沒完全轉成醋酸前，就先將液體(通常是蜜糖酒或甜菜酒)蒸餾成這類醋汁。烈酒醋完全無色，主要用於醃製泡菜。

麥芽醋

將大麥的麥芽磨碎和水一起加熱，然後發酵成未熟的啤酒，接著將它倒入一整桶的山毛櫸木片中，再放入醋酸菌發酵幾個星期以產生醋酸，接著將醋酸過濾，等發展成熟再用焦糖染色。麥芽醋是用來醃製泡菜的(尤其是醃胡桃)，同時在有名的烏斯特香醋(Worcestershire sauce)中也是一種主要材料。

蘋果醋

通常蘋果中的糖會轉化成酒精，然後轉成醋酸。自製蘋果醋的醋汁很混濁，但是市面販賣的卻很清澄，原因在於市售品經過蒸餾。在烹調上它用途廣泛，也用於中式或日式料理，同時還是米醋的絕佳替代品之一。也可以當作沙拉醬使用。

胡桃油

胡桃樹原產於東南歐和亞洲，它的果仁含有很多油脂，而且帶有令人愉快的堅果味。胡桃油主要用在沙拉裡。法國和義大利是主要生產國。

茴香橄欖油

這種橄欖油是以黑橄欖提煉而成，由於浸有茴香，因此很適合搭配魚類。

酪梨油

柔軟的酪梨果肉所含的油脂主要是用來烹調。由於酪梨是很受歡迎的水果，所以酪梨油可能是使用受損的酪梨提煉而成。

芝麻油

芝麻(*Sesamum indicum*)可能原產於非洲一帶，產出的油用於烹飪並加在沙拉裡，在中菜裡也很受歡迎。

葵花油

向日葵原產於北美，它的種子含有無味的油脂，烹飪或淋沙拉都極出色。也用來製人造奶油。

橄欖油

這種受歡迎的油主要生產於希臘、法國、義大利和西班牙。市售品有兩種：直餾橄欖油和純橄欖油。直餾橄欖油只從高級橄欖肉裡萃取油脂；而純橄欖油是從次級的橄欖肉及欖仁裡榨取油脂。好的橄欖油完全採用新鮮成熟的果實來萃取，顏色是清澄的綠色，並且沒有臭味。黃白色的橄欖油是用次級橄欖壓榨、加熱而成，品質稱不上很好。橄欖油可以用在烹調上及沙拉裡。

葡萄籽油

葡萄籽含有的油脂可以淋沙拉或做成植物奶油。

玉米油

這種由甜玉米或玉蜀黍做成的油是減肥者的最愛，很適合作爲炸油或做成植物奶油。

花生油

花生的油脂含量約有50%，很適合拌沙拉或作爲炸油。也用來製植物奶油或魚罐頭。

其他油類

杏仁油

甜杏仁核的油脂可用於烘烤及製做糕點。

椰子油

用椰子乾製成的油，非常適合用來油炸食物。

棕櫚油

用棕櫚籽煉成的油，用來製做植物奶油和烹調。

罌粟油

罌粟籽的油脂是用來拌沙拉或烹調。

油菜籽油

用油菜(*Brassica napus*)的種子製成，主要用來烹調。

紅花油

這種油是用來做特製的減肥用美乃滋及沙拉醬。

大豆油

大豆所煉成的油，主要用來拌沙拉、烹調或是做植物奶油。

水 果

人類從八千年前就開始嘗試種植水果。考古學家曾在土耳其的聚落遺址中找到碳化的蘋果，在丹麥和瑞士的新石器時代遺跡中也發現了多種水果化石，像黑刺李、黑莓、覆盆子、草莓、越橘莓和海棠(酸味小蘋果)。海棠比現在的野生蘋果大一些，根據推測是早期的農耕作物。

桃和杏大約在三千多年前栽種於中國，而後逐漸向西延伸，後來杏桃在亞美尼亞變得非常普遍，因此羅馬人稱之爲armeniacum，意思是「亞美尼亞蘋果」。

古時候最好的果園位在亞美尼亞、波斯北部及高加索山脈旁的丘陵區，這些地方是葡萄、溫桲、歐洲山楂、石榴，可能還包括李子和野生李子的原產地。一般認爲是腓尼基人將葡萄從亞美尼亞帶到希臘和羅馬，羅馬人再將葡萄種植在法國南部及萊茵河沿岸的陡坡上。果樹的種植後來也向南延伸到了美索不達米亞平原的「肥沃月彎」，那裡的農作物有：石榴、蘋果、櫻桃、桃子、桑椹和無花果等。

柳橙原產於中國，一般認爲是在公元一世紀時出現在印度，然後從印度傳到了非洲東岸，再傳到地中海東岸地區。羅馬園藝家在義大利開闢了柳橙園，而將檸檬帶進西班牙的回教徒雖然對西班牙柳橙也有貢獻，但柳橙也可能是經由羅馬果農才流入了西班牙。十六世紀時柳橙傳入美洲，最終在1769年於加州站穩腳步。香蕉的傳播路徑與柳橙類似，只是時間更早，大約在公元前500年到達印度，並經由非洲傳至加那利群島和西印度群島。

到了十七、十八世紀，歐洲和美洲之間的水果交易量已經相當可觀。草莓在1660年首次引進美國栽種，而美國蘋果則在1770年代開始於倫敦市場上販賣，同時也可以見到來自西印度群島的香蕉，以及一種新奇的亮粉紅色植物，只是沒有人知道該怎麼烹調。這種植物來自於中亞，可能產自烏茲別克(Uzbekistan)，當地人從古至今都拿它來生吃。這種聞起來酸酸的酸性水果叫食用大黃，最後在英國成爲受歡迎的食物，吃法是和糖一起燉煮後食用。

當酪梨在現代開始流行以前，唯一擁有國際地位的中南美洲水果就是鳳梨。巴西和祕魯至少在一千年前就已栽種，同時還培植了芭樂、木瓜、酪梨、星蘋果和刺果番荔枝(sour sop)。這些水果全部傳入了加勒比群島，和當地原產水果混種。

東南亞出產多種有趣又多汁的水果，像是香蕉、芒果、楊桃、榴槤、紅毛丹及山竹，紅毛丹除了在原產地馬來西亞之外，別的地方不太可能看得到，但芒果不同，它在十七世紀傳入加勒比海沿岸以後，就逐漸成爲世界聞名的水果。

變種和混種

遠從羅馬人首度嘗試爲李樹接枝以來，某些水果能夠和其他品種「婚配」並產生想要的混種水果後，就刺激著園藝家一再地嘗試配種技術。水果的發展是藉由兩種植物系統而演進：變種和混種。變種是以不同特質的同種水果所產生。而用兩種不同蘋果進行交配如烏斯特(Worcester)蘋果和麥金塔紅蘋果，則可產生「泰迪曼早熟烏斯特蘋果(Tydeman's Early Worcester apple)」，兼具前兩者最好的特質。

將兩種基因不同或差異很明顯的親本植物交配，即產生出混種。例如葡萄柚和椪柑交配出的水果，便具備雙方的某些特色，也就是橘柚。在所有水果中，柑橘屬植物最適合混種，像醜橘是葡萄柚和椪柑的混種；克門提柑(clementine)則是椪柑和甜橙的混血兒；至於西特蘭橘(citrange)則是枸櫞和柳橙雜交的產物。

許多混種最後發現只是新奇的植物罷了，商業應用性並不高，但也有些風靡全球，如牙買加歐塔尼克柑(ortanique)。它是柳橙和某種椪柑的雜交種，很可能是蜜柑。

某些季節性的水果具有吸引人的特質或不尋常的外觀，如血橘、粉紅色葡萄柚和果肉粉紅色的紅香蕉。

商業應用

所有柑橘水果的外皮都含有香油，可用來烹調或釀製香甜酒，同時對香水工業也是不可或缺。檸檬油是廣泛使用的調味劑，而酸澄的果皮，像佛手柑、塞維爾柑(Seville)或苦橙，可提煉出製造香水的橙花油和佛手柑油。無數種水果用來為香甜酒和白蘭地調香，其中較著名的有柑橘酒(以柳橙為原料)和櫻桃白蘭地(以櫻桃為基礎)。

檸檬酸主要是在果肉中發現，並且是一種很有價值的檸檬副產品。供日常使用的檸檬酸呈結晶狀，可以用來當作提神飲料和糕點的調味料。木瓜和鳳梨的酵素因為能夠幫助分解蛋白質，所以加在肉類軟化劑中。

許多水果的香味已經製成合成品以提供給食品工業使用，例如香蕉、西洋梨和鳳梨等，尤其在市售冰淇淋和不含酒精的飲料中相當有用。

購買及儲存

購買水果時要注意有沒有變軟的地方或碰傷。如果可能的話，儘可能買攤上的水果而不是包裝好的；同時，購買當季水果才能既經濟又美味。然而，測試成熟度的方法就依水果的種類而各有不同。

除非你打算買後立即食用，否則最好購買將要成熟的水果，並擺在家中兩、三天。成熟的水果大都應該放在冰箱中冷藏，未熟的則可以存放在室溫下。由於所有的水果都具有各自的特色，因此什麼時候適合食用，不可能會有一定的通則。

烹調須知

新鮮的、罐裝的或脫水水果有許多種料理方法，可以加入沙拉裡、當成甜點生吃，或搭配乳酪食用，也可以和肉一起烹調，或單獨煮食。

不論是拿來烹調或當作點心生吃，水果中的糖分和果酸對味道的貢獻最多，也對使用目的幫助最大。比如說大蕉，它含有大量的澱粉，並且不像近緣的香蕉那樣甜，所以經常當成蔬菜使用。烹調用的蘋果同樣比較缺乏糖分，卻含有高量蘋果酸，很容易煮糊，然而點心用的蘋果就會保持爽脆。

用柑橘類水果做沙拉或糖煮水果時，應該先用刀子削去白色的「髓」，最好連果核、種子和薄膜等沒有用的部位全部去掉。而刨取柑橘類水果的外皮時，可以使用馬鈴薯剝皮器，只刨去最外面的一層皮就好。如果你需要大量果皮來為甜點添香，就把它們全部剝下來，然後串成一串用熱水汆燙幾次，接著將它們風乾並浸在糖漿中增加甜味。如果你要將柑橘皮當作糖來使用，就先以方糖抹在果皮上。

不要預先在草莓裡加糖，因為糖會吸收水分讓草莓變得糊糊地。紅醋栗、黑醋栗或其他比較罕見的白色品種都需要先去除莖梗再食用，這種工作雖然很枯燥，可是如果用叉子來摘取就會比較不那麼單調了。大多數的莓類都會生出很多水來，加點糖稍作烹煮就可以保持完整。

核 果

桃子（**Peach**, *Prunus*, spp.）

可能原產於中國，品種有兩千種以上。絲絨的柔細表皮覆蓋著緊實多汁的果肉和一顆大果核。桃子通常被歸類爲離核果或貼核果，可以生吃，也有罐頭或桃乾甜點，或用來做蜜餞和香甜酒。

桃子

櫻桃（**Cherry**, *Prunus*, spp.）

廣受歡迎的甜櫻桃有拿破崙櫻桃、佛洛格摩早熟櫻桃（Frogmore Early）、莫頓心（Merton Heart）以及白心等。最適合烹煮的是黑櫻桃，可做成派和果醬。用在各式香甜酒和白蘭地上。

櫻桃

椰棗（**Date**, *Phoenix*, spp.）

原則上種植在阿爾及利亞南方和突尼西亞一帶的沙漠綠洲中，但在南卡羅來納州和亞歷桑那州也有栽種。現今最受歡迎的栽培品種以梅卓（Medjool）和德古靼諾爾（Deglet Noor）最受歡迎，原產於阿拉伯。一年四季都可以買到新鮮椰棗和椰棗乾，可以當作水果盤上的配飾，或塡入乳酪食用。很適合冷凍，因此也可以保存很久。

椰棗

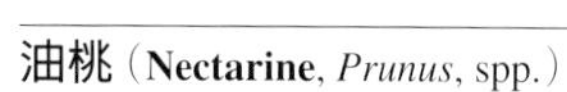

油桃（**Nectarine**, *Prunus*, spp.）

油桃是桃子家族中表皮光滑的成員，果肉甜而多汁，通常作爲點心用水果。市售品一般都已成熟，所以購買當天就應該食用。油桃也可以做成蜜餞。

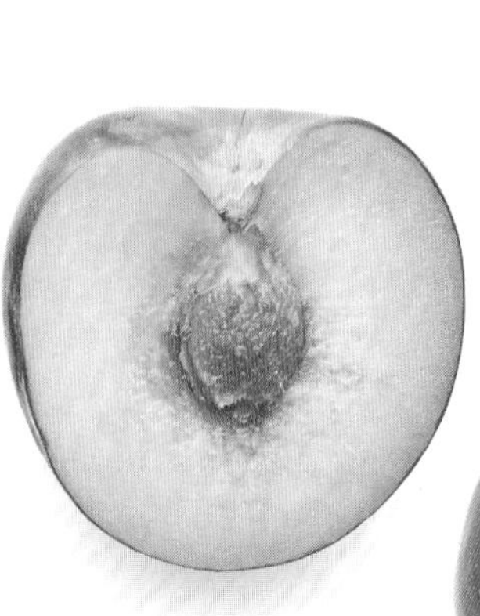
加州油桃

油桃

杏桃（**Apricot**, *Prunus armeniaca*）

原產於中國，杏桃成熟於晚春至夏季。單核之外覆蓋著香甜的果肉，外層是柔軟的果皮。不論生鮮、脫水或罐頭都可以買到。杏桃可以生吃、加在點心中或釀酒，也可以醃製或做糕點。

杏

李（**Plum**, *Prunus*, spp.）

夏末至早春的水果，李子通常分爲點心用和烹調用兩類。兩者都可以生吃，然而烹調用李子的味道較酸，而且比起多汁可口的點心用李子來說，它的味道算是相當地澀。市面上的李子有許多品種，西洋李是種歐洲李，和其他李子不同的是不適合生吃。它的果皮很厚，顏色很深，味道酸澀，非常適合做蜜餞。青李又稱萊茵克勞德李(Reine Claude)，果皮黃中帶青，是最甜、味道最好的李子之一。黃李的外皮則是金黃色，形狀很小，經常燉煮後食用，或是做成果醬，也用來釀同名的香甜酒。黑刺李是深藍色的小型李子，味道極酸，常用來做黑刺李琴酒或果醬。大多數的李子都可生吃，或做成果醬和糖煮水果當點心食用。不論生鮮、脫水或罐頭製品都買得到。

其他核果

枇杷（*Eriobotrya japonica*）

枇杷又名日本山楂，在植物學上和蘋果同科。原產於中國和日本，在地中海沿岸各國曾經廣泛栽植。枇杷色黃而且形狀像梨，大小和海棠一樣，可以生吃或燉煮後食用，也用來做成果醬。

荔枝（*Litchi chinensis*）

雖然荔枝是一種水果，但也可以當作堅果使用。可以生吃或食用罐頭糖漬品或荔枝乾，而脫水後的荔枝肉帶有堅果似的葡萄乾味。

歐洲山楂（**Medlar**, *Mespilus germanica*）

像小蘋果一樣大的水果，有著棕色果皮和緊實的果肉，據說原產於東方國家，在英國和歐陸常常可以找到野生品種。通常是生吃，但也可以用來做蜜餞。

大紅李

青李

西洋李子，李乾

瑞士李

伯班克李

加州聖塔羅莎李

漿　果

黑醋栗
（**Blackcurrant**, *Ribes nigrum*）

這種夏季水果通常是煮熟後食用，或當作派、布丁的餡料，市售品大多已去除莖梗。它們也可以製成極佳的蜜餞，並且是著名法國香甜酒黑醋栗酒(cassis)的基本材料。據說可治療關節炎。

黑醋栗

蔓越橘（**Cranberry**, *Vaccinium oxycoccus*）

幾乎只長在美國，但是芬蘭也有栽種。蔓越橘由於太酸以致於不能生吃，但通常用來做成蔓越橘醬，傳統上搭配火雞食用。可以買到水中的生鮮品及冷凍品。

蔓越橘

紅醋栗
（**Red Currant**, *Ribes rubrum*）

這種夏季水果生吃相當酸澀，但用途有許多：可以做成一種氣泡果凍，搭配烤羔羊或家禽及野味食用非常好吃；也可以和新鮮蔬菜做成美味的蔬菜沙拉；還能沾點打散的蛋白，加上糖霜，就可以做成簡單但效果絕佳的「桌上點綴品」。也用在果醬、糖漿及葡萄酒中。

紅醋栗

藍莓（**Blueberry**, *Vaccinium corymbosum*）

這種有點酸澀的果實原是野生的，現今則大量栽種。藍莓可搭配糖及奶油生吃，煮後可以做成湯、蜜餞和果醬，或用在派裡。旺季是在仲夏。

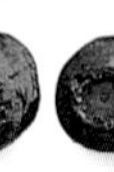

藍莓

野草莓（**Wild Strawberry**, *Fragaria*, spp.）

野草莓又稱費蕾絲都布瓦(fraise du bois)，比一般的栽培品小而且香味更濃。通常是生吃，不需去蒂就可以食用。

野草莓

醋栗
（**Gooseberry**, *Ribes grossularia*）

歐洲人自中世紀起就拿來享用的夏季漿果，採收季節非常短。甜醋栗生吃非常美味；酸醋栗做蜜餞及甜點的效果絕佳，還可以釀酒。

醋栗

洛根莓（**Loganberry**, *Rubus loganobaccus*）

洛根莓具有覆盆子及黑莓的優點。仲夏數月可以買到鮮品，其他時候則賣罐頭。

洛根莓

覆盆子
（**Raspberry**, *Rubus idaeus*）

常見的覆盆子有兩種，夏季種和秋季種；秋季種的形狀通常較小，但漿汁較多。覆盆子可以配糖或奶油單獨食用，或是做成飲料、湯以及精緻蜜餞。生鮮或冷凍品都買得到，利尿功能絕佳。

覆盆子

黑莓（**Blackberry**, *Rubus fruticosus*）

這種極爲營養的黑色果實在晚夏及早秋時點綴著鄉間一排排的灌木叢，美國人栽種它已超過百年歷史了。新鮮黑莓可作爲提神點心，或者也可以做成蜜餞、湯和糖漿，通常和蘋果一起使用。對口腔炎或咽喉炎很有幫助。

黑莓

草莓（**Strawberry**, *Fragaris*×*ananassa*）

一種原產於美國的果實，市售草莓有新鮮及冷凍品，不論單獨食用或配鮮奶油吃都很美味，還可以做成蜜餞、水果湯、派以及多種點心。全年都可採收，但旺季是在晚春及初夏。

草莓

其他漿果

楊梅果
（**Arbutus**, *Arbutus unedo*）

這種有點無味的漿果是楊梅樹的果實，主要是用來做蜜餞、萃取出酒汁，或是做成一種很像蘋果酒的飲料。

越橘莓（**Bilberry**, *Vaccinium myrtillus*）

這種漿果生吃帶有酸味，又稱歐洲越橘莓或美洲越橘莓，主要用於甜點、蜜餞及糕點。在中歐也拿它來製酒，不論作爲飲料或藥物皆可。越橘莓可以在夏季時買到。

波森莓
（**Boysenberry**, *Rubus*, spp.）

這種漿果和洛根莓長得非常相像，可以生吃，也經常做成蜜餞。

水牛莓（**Buffalo Berry**, *Shepherdia argentea*）

一種味道酸澀的黃色漿果，大小和醋栗一樣，而且只有一顆種子。水牛莓又稱水牛醋栗，用於派及蜜餞中。原產於北美洲。

好望角醋栗（**Cape Gooseberry**, *Physalis peruviana*）

這種黃色漿果和酸漿莓長得很像，可以生吃或是做蜜餞。

野生黃草莓（**Cloudberry**, *Rubus chamaemorus*）

野生於大片荒野中，是一種金黃色的小型果實，可以用來做點心及果醬。

酸漿莓（**Ground Cherry**, *Physalis pruinosa*）

又稱爲草莓番茄或矮生好望角醋栗，是一種甜而微酸的漿果，果實包於燈籠形的果莢當中。通常是做成蜜餞，但成熟的果實也可以生吃。

山楂果（**Hawthorn**, *Crataegus*, spp.）

這種植物的果實（漿果）可用來做果醬及果凍。山楂果及山楂花還可以釀成一種酒。

蜜莓（**Honey Berry**, *Rubus*, spp.）

與覆盆子近緣的一種漿果。蜜莓可以生吃，或煮熟後用於甜點及蜜餞中。

桑椹（**Mulberry**, *Morus*, spp.）

這種果實有很多品種，但是白桑椹（*Morus alba*）和黑桑椹（*Morus nigra*）是最常見的兩種。通常是生吃或做果醬及酒，但是也可以用來做溫和的收斂糖漿。

納斯果
（**Naseberry**, *Achras sapota*）

這種褐色果實的果肉裡嵌有不可食的黑色種子，果肉只有在成熟時才美味。它的味道很可口，和紅糖的味道很像。又稱人心果或雞心果。

現象莓（**Phenomenal Berry**, *Rubus*, spp.）

不論血統或外觀都和洛根莓很接近，通常煮熟放入果醬及蜜餞中，但是也可以生吃。

紅花覆盆子（**Salmonberry**, *Ribes spectabilis*）

這種紅花覆盆子是一種美洲野生覆盆子，又稱野生薔薇果，名字得自於果實成熟後顏色會變成鮭魚紅或葡萄紅。可生吃，或煮熟放入派裡和甜點中，有時也會做成蜜餞。

藍越橘（**Tangleberry**, *Gaylusacia frondosa*）

這是越橘莓的一種，野生於美洲部分地區。帶甜味的漿果可以生吃，或煮熟放入派及甜點中。

維特契莓（**Veitchberry**, *Rubus*, spp.）

一種與洛根莓近緣的漿果，用法也相似。

白醋栗（**White Currant**, *Ribes sativum*）

和紅醋栗相比，這種漿果味道比較不酸，可單獨食用，或用於製作甜點或蜜餞。

烏斯特醋栗（**Worcesterberry**, *Ribes divaricatum*）

事實上，這是一種美國產的醋栗。這種小型的黑色果實是在美國的烏斯特首次上市，當時的人認爲那是醋栗及黑醋栗的雜交種。烏斯特醋栗可以像醋栗那樣食用。

柑橘屬水果

柳橙（**Orange**, *Citrus*, spp.）

柳橙是最爲人熟知的柑橘屬水果，它和其他柑橘屬成員一樣，都是原產於中國及東南亞。品種有酸橙及甜橙兩類。酸橙的兩個主要品種有：佛手柑（*Citrus bergamia*），用來製造香料及精煉油；塞維爾柑（*C. aurantium*），味道過苦而不適於生吃。酸橙的果實是用來做果醬，果皮則煉柑油，而這種精煉油又可以釀柑橘酒這種香甜酒，或加在橙花水中。塞維爾柑有時也會加在肉或魚類菜餚裡，以增加美味。甜橙（*Citrus sinensis*）全年都有供應，食用法繁多；果實可以直接食用、細切加在沙拉中、切片用於飲料裡，或當作菜的配飾；它的果汁可以直接飲用，或用在調味醬及糊狀物中；果皮可以磨碎用於烘焙，也可以整個拿來當作沙拉或冰品的外殼，或是切片糖漬。甜橙大量栽種於西班牙、以色列、南非以及美國南部各州，一般分爲普通甜橙、血橙和臍橙三種。最常見的普通甜橙有瓦倫西亞柑（Valencias）以及雅法柑（Jaffa），很適合擠汁或切片，加在沙拉或水果沙拉中。臍橙的名字來自於它的果柄尾端有一個很像臍帶的弧形標誌，也很適合用在沙拉裡。血橙小而果皮略微粗糙，果肉則甜而多汁，並帶有紅色斑點。雖然它們也可以加在沙拉裡，但通常是單獨食用。歐塔尼克柑（ortanique）是另外一種柳橙，但外型較扁。

椪柑

（**Tangerine**, *Citrus reticulata*）

原產於中國南部及寮國，椪是一種外型小、帶有很多種子甜橙。一般人認爲它和中國椪是同一種柑橘，然而生物學家今仍爲它們的學名困擾不已。種水果有著鬆鬆的果皮，極容剝離。市面上有鮮果或罐頭，單獨食用，或用於水果沙拉中有時也糖漬並淋上糖漿，或用製作香甜酒及果醬。

椪柑

西班牙柑

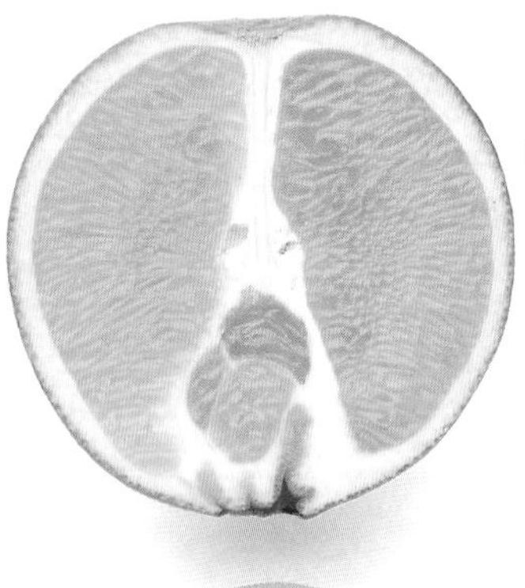

那維爾柑

塞維爾

雅法柑

金桔

(**Kumquat**, *Fortunella japonica*)

金桔原產於中國，大小和大橄欖差不多，汁多且甜，果肉則有點苦。可以連皮一起生吃，但也有瓶裝的糖漿漬品。可以做綜合水果沙拉、果醬或其他醃製品。

金桔

克門提柑

(**Clementine**, *Citrus*, spp.)

有些人認為這是椪柑的一種，也有人認為它是椪柑和甜橙的雜交種。主要產於北非，特色是它沒有種子。果皮很容易剝除。

蜜柑 (**Satsuma**, *Citrus*, spp.)

蜜柑不論味道或外觀都和椪柑很像，它的果皮鬆而平滑，果肉為淡橘色，沒有種子，通常是生吃，不過也可以加工處理供日後使用。

葡萄柚

(**Grapefruit**, *Citrus paradii*)

柑橘屬中很受歡迎的一種，原產於西印度群島，但現今在許多熱帶地區都有栽種。通常作為早餐的開胃菜，一般人認為它帶有一種酵素，能夠促進新陳代謝，所以常用於減肥食譜。全年都買得到。它有兩個基本品種：特別適合搾汁的白葡萄柚，以及甜得不用加糖就能食用的紅葡萄柚。切片的罐頭很容易購得，可以生吃或搭配紅糖燒烤。也用來做水果飲料、果醬及搾汁。

其他柑橘屬水果

柚子

(**Pomelo**, *Citrus glandis*)

柑橘屬水果中最大型的一種。柚子又稱文旦，有很厚的果皮和近似葡萄柚的苦味纖維質。通常是單獨食用。

橘柚 (**Tangelo**, *Citrus*, spp.)

椪柑及葡萄柚的雜交種，果柄尾端逐漸變細。很適合搾汁、生食或加在沙拉中。

克門提柑

佛羅里達都肯(白)葡萄柚

蜜柑

德州粉紅(紅)葡萄柚

萊姆（**Lime**, *Citrus aurantifolia*）

原產於印度。這種小而皮薄的水果和檸檬是近緣，事實上常作爲檸檬的替代品。用於果汁、雞尾酒、泡菜、蜜餞以及咖哩中。磨碎的皮常用於冰果凍（Sherbet）及冰淇淋中，以添加風味。

檸檬（**Lemon**, *Citrus limon*）

檸檬原產於印度，在地中海諸國大量栽種，很輕易就成爲柑橘屬水果中用途最多的一種。若當作水果食用，它的酸味並不討喜，但在烹調上的用途卻很多，尤其用於烘烤、糕餅甜點及檸檬汁中。數滴檸檬汁可以增加魚及禽類菜餚的鮮嫩度，和鮮奶油及派餅的美味。它的酸味還可以讓切開的水果不會因爲曝露於空氣中而變爲褐色。

枸櫞（**Citron**, *Citrus medica*）

枸櫞原產於中國，和其他柑橘屬水果不同的是，栽種目的並不在於食用果肉或果汁，而是爲了它又厚又香的果皮。它的果皮通常是先糖漬再用於蛋糕及糕餅甜點上，並是製做糖漬水果及香甜酒的原料，還是猶太人住棚節裡的要角。

萊姆

檸檬

枸櫞

醜橘（**Ugli**, *Citrus*, spp.）

醜橘原產於東印度群島，是椪柑和葡萄柚的雜交種。它的外表和葡萄柚很像，但稍微小一些，果皮則較厚而凹凸不平，果肉的味道較甜且種子不多。醜橘的食用法和葡萄柚相同，常作爲它們的替代品。

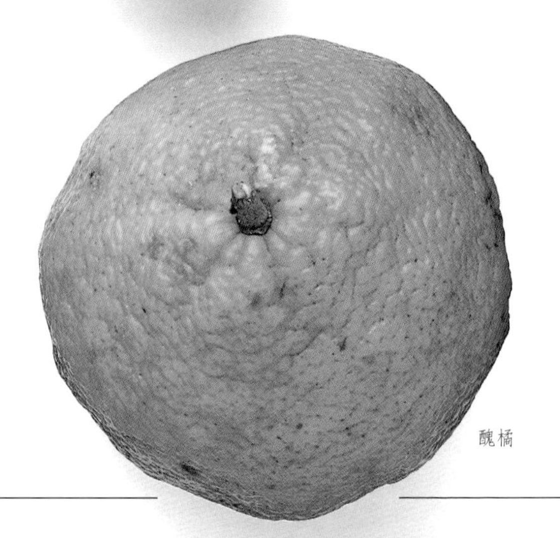

醜橘

西洋梨

西洋梨（**Pear**, *Pyrus communis*）

全球目前有五千多種西洋梨。點心用西洋梨(圖中所示)擁有多汁且味道酸甜的白肉，香味強烈但宜人。烹調用西洋梨的質地相當硬且沒有味道，汁液也較少。西洋梨的成熟期及採收期都非常短，一旦成熟後很快就會壞掉，但烹調用品種的保存期限會比點心用的久一些。可生吃的英國種西洋梨中最有名的有：旺季在夏末的威廉梨，接著是年尾才上市的柯彌斯梨(Comice)及會議梨。貝克漢的勝利梨(packham's Triumph)是種極適於烹調及醃漬的西洋梨。西洋梨也可以買到脫水品(參閱第96頁)和罐頭，可以搭配奶油及其他水果作為餐後甜點。生吃時可整顆加乳酪食用，或是切細後加在水果沙拉裡。西洋梨可以慢燉做濃湯，或是用於蜜餞及糕餅甜點中。

會議梨

貝克漢的勝利梨

柯彌斯梨

柯彌斯梨剖面

威廉梨

蘋　果

蘋果的品種有很多，大致可區分爲兩類：點心用及烹調用。點心用蘋果(生吃的品種)有舵手橘蘋果、烏斯特紅蘋果、萊斯頓超級蘋果(Laxton's Superb)和艾格雷蒙赤褐色蘋果(Egremont Russett)。有些品種不但生吃可口，也適用於大多數菜餚，如：煮濃湯、做派或整顆烘烤，這類的蘋果有德貝勳爵蘋果(Lord Derby)、步兵團蘋果、布藍萊的樹苗蘋果、牛頓蘋果(Newton Wonder)及麥金塔蘋果。

史密斯奶奶(Granny Smith)

最早是在十九世紀時出現於澳洲。這種蘋果的脆質果肉、獨特鮮明的酸澀味和亮綠色的果皮，使得它很容易辨認。可烹煮或生食，舉世皆同。

史密斯奶奶

布藍萊(Bramley)

這是英國烹調用蘋果的主角。大且綠，但偶爾顏色會泛紅，果肉則酸澀多汁。通常不採生吃，而是做成蘋果派一類的甜點，或烘烤後做成蘋果甜辣醬，或者去皮去核後放在奶油裡煎炒，搭配培根或香腸食用。

黃金美味(Golden Delicious)

美國、南非及英國的主要點心用蘋果之一。黃金美味又稱黃色美味，果皮爲淡綠色時果肉緊實而質脆，但果皮轉爲金黃色時，果肉就比較不脆但味道較甜。不論是味道或質地都是藍乳酪的最佳對比食材。

黃金美味

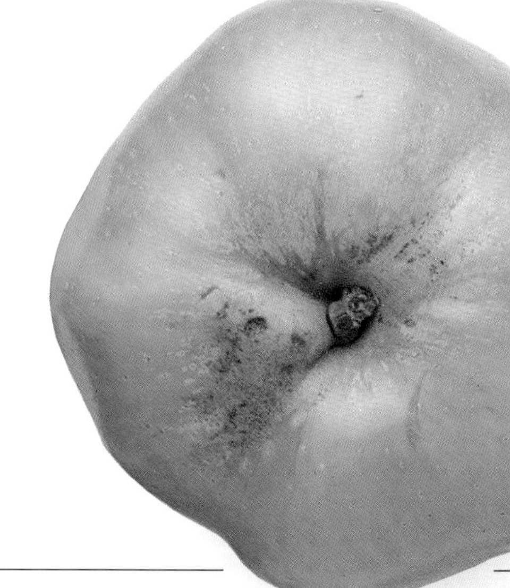

布藍萊

星王 (Starking)

產自法國的一種脆質點心用蘋果，果皮帶有紅條紋，果肉非常白而甜，又稱爲星王美味。最佳食用時機是在結果時的初期，可在用餐完畢後單獨食用，或搭配乳酪吃，也可以去核切成圓形，然後裹甜麵糊油炸，做成蘋果油炸餅點心。

海棠 (Crab Apple)

在秋季的短期間裡可以買到。這種顆粒小、長得像蘋果的酸性水果有紅色和黃色品種，富含果膠，廣泛運用於製作果凍和久存食品，並可作爲其他食物的配菜或附餐。

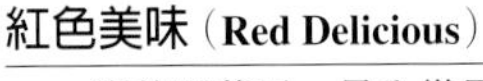

紅色美味 (Red Delicious)

一種美國蘋果，是全世界最好吃的蘋果之一。果肉緊實、甜美而且味道非常持久，它的紅皮使它不論放在水果籃裡或和肉一起烘烤，看起來都很吸引人。

斯巴達

海棠

紅色美味

斯巴達 (Spartan)

丹麥人開發出這種果肉密實而味道像霜淇淋的蘋果，不論生吃或煮食都很受歡迎。很適合將它加在洋蔥醃肉沙拉裡。

麥金塔蘋果 (McIntosh)

味道有點酸澀，最好趁新鮮採收。這種通用型的加拿大蘋果不論是單獨食用、放在沙拉裡或搭配肉類都很好吃，而且烹煮時間比其他類的蘋果短。

舵手橘蘋果 (Cox's Orange Pippin)

質脆、果肉緊實而且多汁，是英國最受歡迎的食用蘋果。用在烹調上也不錯。

星王

麥金塔

舵手橘蘋果

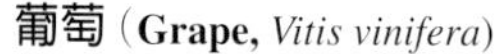

葡 萄

黃金塞普勒斯葡萄

葡萄（**Grape,** *Vitis vinifera*）

市售葡萄不是白色就是黑色，但兩類各有不同品種，全球很多地區都有栽植，包括食用葡萄、釀酒葡萄和乾燥用的葡萄。葡萄最有可能的原產地是在西亞，並是全世界的栽種植物中最早耕作的植物之一。葡萄的果實長成一串，具有消化及醫療效能，這也是其他水果很少擁有的特質。葡萄一般區分爲餐用葡萄（圖示中的各類葡萄皆屬此類）和釀酒葡萄（如夏當妮葡萄Chardonnay、黑皮諾葡萄Pinot Noir、麗斯林葡萄Riesling以及卡巴內蘇維農葡萄Cabernet Sauvignon都是此類），但是這兩種葡萄生吃都很美味。葡萄全年都有，可以單獨食用或加入水果沙拉中，並常作爲點心的配飾。著名的葡萄乾有無子葡萄乾、葡萄乾和蘇丹娜葡萄乾（參閱第98頁），都是在美洲生產。英國的食用葡萄大部分皆爲進口，然而美味的點心用葡萄也可以在溫室裡栽種。

優勢葡萄

皇帝葡萄

湯普森葡萄

班漢娜葡萄

甜　瓜

甜瓜的種類有很多，但以形狀及顏色來區別的話，大致可以分成三類：香瓜，又稱網紋瓜，因爲表皮上有「網絡」狀的花紋；冬季甜瓜，表皮相當平滑；哈密瓜，表皮上有很多腫瘤。另外還有一種瓜皮爲綠色、瓜肉亮紅色的西瓜(*Cucumis citrullus*)。香瓜的瓜肉爲淺黃色，冬季甜瓜則是淡綠的色澤，最有名的冬季甜瓜有卡薩巴甜瓜(Casaba)以及蜜瓜。哈密瓜的瓜肉是橙色的，其中的新品種歐根香瓜是在以色列所開發出來，瓜肉爲淡綠色。

甜瓜主要是品嚐它的原味，吃法有兩種，如果不是作爲餐前的開胃小點，就是當作餐後的甜點食用。

歐根香瓜（**Ogen,** *Cucumis melo*）

一種小型的雜交種圓瓜，首次栽種於一座以色列的集體農場，瓜名即是根據此座農場而來。這種甜瓜市場需求很大，因爲它的瓜肉又甜又多汁。從春季到仲冬都買得到，一顆爲一人份。

歐根香瓜

西瓜
（**Watermelon,** *Cucumis citrullus*）

原產於非洲，瓜肉深紅色，偶爾爲黃色，由於含有91%的水分，所以味道特別清爽。西瓜栽種於熱帶國家及美洲、歐洲的溫暖地區，從夏季到早秋都可以買到。形狀有圓形和長橢圓形，成熟時瓜皮應該是深綠色或雜著深灰的綠色，有時下側還會帶點黃色，瓜皮應該用指甲就能輕易刮出刮痕。西瓜屬於攀緣植物，成熟時轉甜，瓜柄尾端應該會有點下陷並且結繭。在非常熱的氣候裡大部分是作爲解渴水果，然而也可以加在水果沙拉裡食用，或切片淋油醋汁生吃。

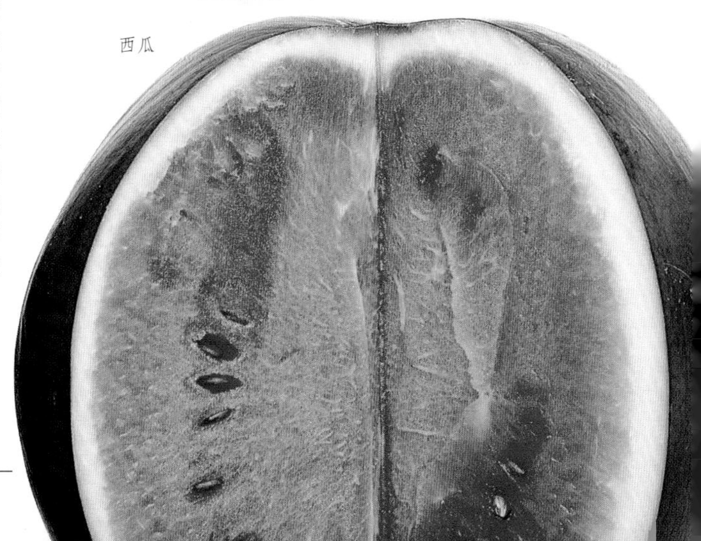
西瓜

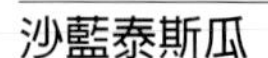

沙藍泰斯瓜

（**Charentais,** *Cucumis melo*）

沙藍泰斯瓜的橙色瓜肉又甜又香，不論作為點心或第一道菜都很受歡迎。許多地區全年都可以買到，將它存放在陰涼乾燥的地方可以保存得很好，而放在溫暖的房間中幾天就會成熟。沙藍泰斯瓜成熟後所散發的香味，不用切開都聞得到。雖然最好一切開就食用，但是用塑膠紙包好也可以放在冰箱裡兩天不壞。

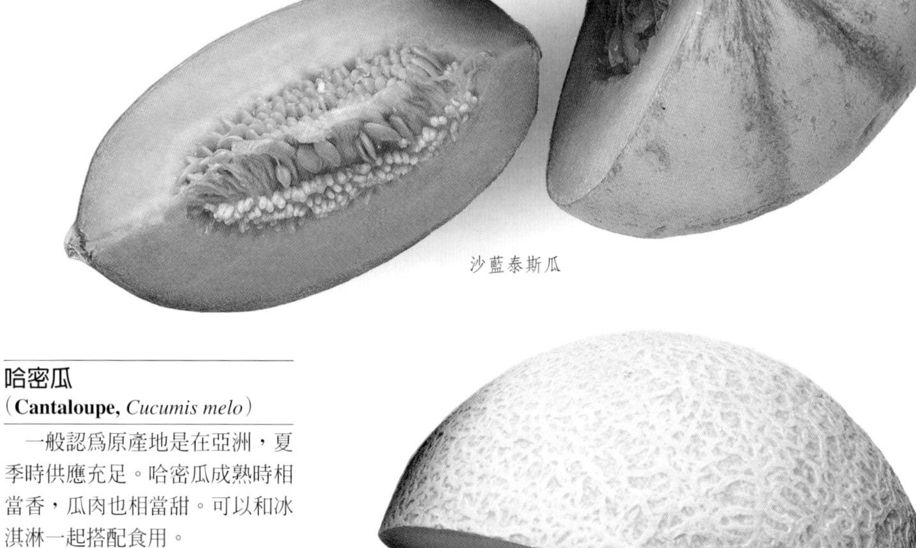

沙藍泰斯瓜

哈密瓜

（**Cantaloupe,** *Cucumis melo*）

一般認為原產地是在亞洲，夏季時供應充足。哈密瓜成熟時相當香，瓜肉也相當甜。可以和冰淇淋一起搭配食用。

哈密瓜

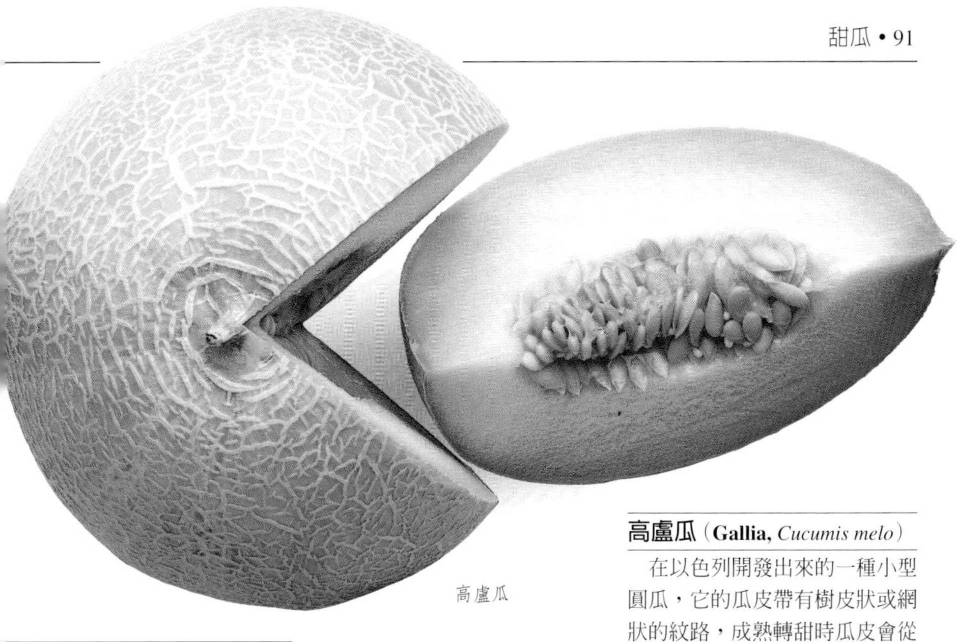

高盧瓜

高盧瓜（**Gallia,** *Cucumis melo*）

在以色列開發出來的一種小型圓瓜，它的瓜皮帶有樹皮狀或網狀的紋路，成熟轉甜時瓜皮會從綠色轉爲金黃色。想冰涼食用的話，放進冰箱稍微冰一下就好，以保存它的味道。

蜜瓜（**Honeydew,** *Cucumis melo*）

大部分地區全年供應的橢圓形瓜，它的美味及淡綠色瓜肉不論搭配生火腿片或醃火腿、麝香葡萄酒(muscatel)或波特酒，都有不錯的襯托效果。

蜜瓜

熱帶水果

番石榴（**Guava,** *Psidium guajava*）

番石榴大概原產於海地，但是現今在大部分的熱帶及亞熱帶地區都可以找到。它的大小不一，從胡桃般到蘋果般大小都有，是普遍栽培的熱帶水果之一。成熟時外皮爲亮黃色，果肉多汁帶有小籽。果肉顏色不一，從白色、黃色到淡粉色都有。可在春季及夏季買到。番石榴帶有辣澀味，因此通常用於燉煮並做小型水果派和蜜餞。可買到鮮果（如圖示）或罐頭（大多已切片）。由於含有大量維他命C而著名，有些品種所含的維他命C甚至比柑橘屬水果還要高。

木瓜

木瓜（**Papaya,** *Carica papaya*）

木瓜原產於中美洲，但現在所有熱帶國家都大量栽種。這種大型漿果又稱萬壽果，有著黃色外皮以及黃色或鮭魚紅的果肉，果實中有個內含很多種子的大洞。木瓜成熟時味道相當甜（類似杏桃及薑），而且像甜瓜一樣可作爲很好吃的甜點或早餐水果。還沒成熟的木瓜也可以當作蔬菜烹煮，並常用來做蜜餞及泡菜。生吃木瓜時應該先冷藏，並且淋一點檸檬汁或萊姆汁。在春天及夏季的數月中最容易買到。

芒果（**Mango,** *Mangifera indica*）

這種水果原產於印度，顏色有綠色和黃紅色（如圖示），果肉又甜又黏稠，嚐起來有如花蜜或桃子，其中含有一顆果核。可以單獨食用、做蜜餞或甜辣醬。它是維他命A的重要來源。從隆冬到秋季都可以買到鮮品或罐頭。雖然在許多熱帶國家都有栽種芒果，但印度才是最大的生產國。

番石榴

奇異果

百香果

百香果

（**Passionfruit,** *Passiflora edulis*）

一種原產於巴西的多年生植物的果實，又稱紫色西番蓮果，可在果皮變得很皺而果肉多汁時生吃，或用來做蜜餞以及冰淇淋。夏季時最容易買到。

奇異果

（**Kiwifruit,** *Actinidia sinensis*）

又稱中國醋栗，原產於中國，目前很多國家都有栽種，尤其以紐西蘭最盛。它有著微酸味和帶毛的果皮，食用前應先去皮。可以汆燙後淋檸檬汁食用，但較普遍的吃法是單吃或加入水果沙拉中。從仲夏到冬季都有供應。

芒果

費喬亞果

鳳梨

費喬亞果

（**Feijoa,** *Feijoa sellowiana*）

費喬亞果原產於巴西和烏拉圭，但現今主要栽種於紐西蘭。它的味道很像鳳梨和草莓，用在水果沙拉裡很美味，但它的主要用途是做果醬及蜜餞。晚春及夏季可以買到。

鳳梨

（**Pineapple,** *Ananas comosus*）

鳳梨其實是鳳梨樹上的串狀果實，也就是結合所有果實所形成的「複合果」。它的糖分很高，是最美味的餐用水果之一，外觀誘人又極為可口，全年供應，是絕佳的點心用水果。鳳梨可以買到鮮品（圖中所示）和罐頭（切成厚片、薄片或環狀都有），以及糖漬蜜餞。

其他熱帶水果

芭芭可果

（**Babaco,** *Carica pentagona*）

原產於美洲中部及南部，但現今大量栽種於紐西蘭，是木瓜屬的五面水果，可口的味道很像鳳梨。可以生吃或燉煮，用於做沙拉、泡菜及甜辣醬。

蕃荔枝水果（**Custard Apple,** *Annona*, spp.）

這個名詞涵蓋了多種不同的水果，包括毛葉番荔枝、番荔枝、刺果番荔枝和牛心梨，全都是熱帶水果，很少出現在溫帶地區。毛葉番荔枝帶有鳳梨的香味，而番荔枝又稱為釋迦，味道非常甜，果肉像霜淇淋一般。刺果番荔枝的果肉為白色，味道較酸。牛心梨的果肉比較緊實，也比較甜，至於它的名字則是來自於它的形狀和深褐色。

榴槤（**Durian,** *Durio zibethinus*）

原產於東南亞，是當地人相當喜愛的水果。它的氣味非常難聞，可能這也是它無法廣受歡迎的原因。榴槤成熟後外皮會轉成暗黃色，果肉如乳脂般平滑，一般為生吃。

山竹（**Mangosteen,** *Garcinia mangostana*）

雖然它的外表和荔枝很像，英文名中也有「芒果」一詞，但是它和荔枝或芒果都完全沒有關連。這種長得很慢的水果原產於東南亞，食用前必須先將厚厚的外果皮及深粉紅色的中果皮拿掉，好露出味道香甜的白色果肉。山竹可以單獨食用，或加在水果沙拉裡。

楊桃（**Star Fruit,** *Averrhoa carambola*）

原產於東南亞，但在南美也有生長，英文名star fruit得自於將它橫切後，可以得到五角星形的切片。楊桃的酸甜味使它不論加在水果沙拉中或做成飲料，都有提神的效果，另外還可以作為菜的配飾。

塔曼里羅果（**Tamarillo,** *Cyphomandra betacea*）

原產於祕魯，又稱樹番茄，為番茄屬植物。塔曼里羅果富含維他命C，味道強而甜，可生吃，或者慢燉、烘烤或扒烤，也可以做開胃菜及蜜餞。

其他水果

榲桲 (**Quince,** *Cydonia vulgaris / oblonga*)

這種又硬又酸的亞洲水果有很多種，雖然是最早爲人熟知的水果之一，卻不是很有吸引力。它很少拿來生吃，一般是用在蜜餞及糕點上，烹煮時顏色會轉爲粉紅色。日本榲桲是它的近緣，用法相同。

霸王梨 (**Prickly Pear,** *Opuntia ficus indica*)

原產於美洲，而現在所有的溫帶地區都有栽種。霸王梨又稱印度無花果，從仲夏到仲秋都可以買到。它是仙人掌科的一員，外皮帶刺，食用前必須除去。可以生吃或煮食，也用來做蜜餞。

無花果 (**Fig,** *Ficus carica*)

品種有數種，包括白色、紫色及紅色，今日的栽種範圍很廣，尤其在地中海諸國。無花果生吃非常可口，有些也會製成罐頭，或用於引起食慾的調味料中，並做成無花果乾(參閱96頁)。用在烘烤及甜點上味道絕佳，慢燉的味道也不錯。

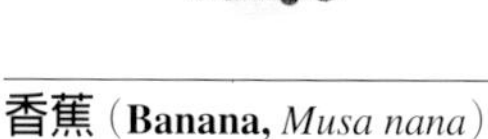

日本榲桲

榲桲

霸王梨

無花

柿子 (**Persimmon,** *Diospyros kaki*)

柿子有好幾個品種，又稱爲東方柿或雪倫柿，原產於中國及日本。柿子可以生吃或煮食，並且經常拿來糖漬。從仲夏到仲秋都可以買到。

香蕉 (**Banana,** *Musa nana*)

香蕉原產於熱帶國家，味道很甜，通常單獨食用，或加在水果沙拉裡生吃，但也可以適度烘烤或加點紅糖再淋白蘭地或蘭姆酒，並點燃酒精烹調食用。香蕉還沒成熟前果皮爲綠色，轉爲黃色後就表示可以吃了。全年都可以買到，富含養分及維他命A。

柿子

香蕉

石榴(**Pomegranate,** *Punica granatum*)

石榴原產於祕魯，是最古老的水果之一，在秋季的數月中可以買到。雖然它的汁液常萃取來調製飲料，但通常是生吃。在中東的部分地區它也是湯料之一，而在西印度群島則廣泛用於烹調及做成蜜餞。石榴籽則可做石榴糖漿(參閱第63頁)。

大蕉
(**Plantain,** *Musa paradisiaca*)

大蕉原產於熱帶地區，是烹調用香蕉的一種，比點心用香蕉大且糖分較低。它不適合生吃，一般是加入各類開胃菜中一起烹煮，在西印度群島和非洲料理中非常普遍。全年都可以買到。

食用大黃(**Rhubarb,** *Rheum rhaponticum*)

一般認爲原產於西藏，是一種多年生植物的葉柄，確切地說，它是一種蔬菜，然而卻當作水果食用。從隆冬到仲夏都能買到鮮品或罐頭。可使用於調味醬、派餅、蜜餞中或釀酒。

食用大黃

石榴

大蕉

水果乾

如果將成熟的水果乾燥處理，大部分的水分就會流失，糖分會更加集中，水果就幾乎可以永保不壞。這項事實中東人早在五千年前就已經知道，他們一向都以日曬乾燥法來保存椰棗、無花果及杏桃，雖然現今有許多水果是採用非自然的方式脫水處理，但日曬乾燥依舊最受歡迎。中世紀的歐洲人是把蘋果放進溫熱的烤爐裡，去皮、去核後再將蘋果用線串起來，吊在廚房的天花板上。然而修道院的修士則是將梅子、葡萄和蘋果放在鋪著稻草的石頭地板上來脫去水分。

水果乾是由移民引進美洲，而蘋果、油桃、葡萄、桃子、溫桲及杏桃也是由移民一併帶入，再加上美洲原有的梅子、櫻桃和柿子，如今加州已是水果乾的主要產地。

製造方法

大約2.5公斤的新鮮水果只能製造出0.5公斤水果乾。採收時以人力進行，莖梗及核仁則一一除去，然後才加以煙燻消毒，區分等級，接著攤在陽光下曬乾。日曬脫水法可以讓水果乾的外表變成半透明的金黃色，這種效果是用機器脫水所無法達到的，但是日曬脫水法有很多缺點，最主要的就是它的價格，也因此機器脫水法所製成的水果乾比較受歡迎。大部分的水果會在成熟時採收，西洋梨卻是在青綠時摘下，然後擺在盤子上放熟。採收下來的水果接著用硫磺或鹼溶液化學處理，至於使用哪一種端視水果的種類而定。兩種方法都可以讓水果加速脫水，但是鹼溶液比較適合整顆水果，如葡萄。

烹調須知

水果乾比新鮮水果甜，味道也較爲濃郁，因此是烘焙食物或甜點的珍貴材料，偶爾也用在餡料裡。它們可以單獨食用、做成糖漬水果、混合穀物一起吃，也可以淋一層鮮奶油、優酪乳或軟凍配合享用。

幾乎在所有的超市或健康食品店裡，都可以買到包裝好的綜合水果乾，不過還是可以分開來購買。市售的無子葡萄乾、葡萄乾和蘇丹娜葡萄乾通常都經過洗滌，可以直接使用；其他的水果乾可能就需要清洗及浸泡，最好能泡一整晚。浸液則可用來煮水果乾。

無花果

加州以及地中海沿岸國家(尤其是土耳其)爲主要生產地，大多是用日曬法製造。可以直接食用，或泡在水裡讓它恢復原狀，再煮成糖煮水果，也可以剁碎加在烘焙食物及點心中。

西洋梨

在健康食品店或天然食品店都可以買到西洋梨乾。可以用來做成糖煮水果以及有名的瑞士西洋梨麵包。

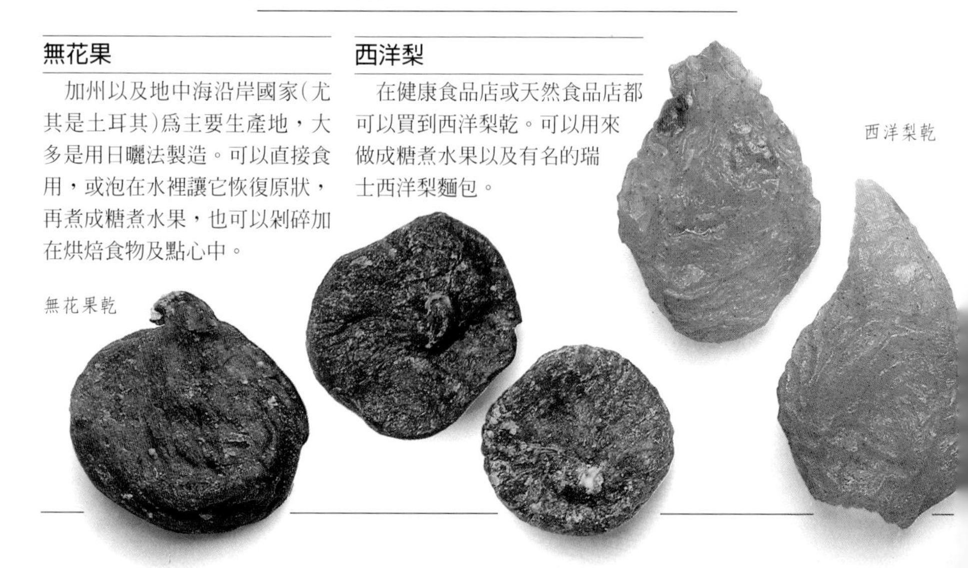

西洋梨乾

無花果乾

桃子

雖然桃子通常是裝罐保存，但是採收下來的一小部分會剖半做成桃乾，然後用來做糖煮水果、烘焙、果醬及其他種蜜餞。

桃乾

李乾

和椰棗一樣，李乾的品質也是差異極大。由於它能幫助消化，長久以來就將它做成糖煮水果當作早餐享用。可直接食用，或加入蛋糕、布丁、調味醬中，及阿拉伯的塔居伯阿哈馬爾(tadjub ahmar)燉菜裡烹煮，或是做餃子和油炸餅的餡料。李乾可浸在白蘭地或醋汁裡，亦可釀成優質的白蘭地。市售品有去籽和未去籽兩種。

李乾

杏桃

除非新鮮杏桃已經非常熟且非常甜，否則通常杏桃乾比較受歡迎。杏桃乾的樣子各有不一：有皺巴巴的黃色「破衣」，它必須泡在糖水裡並用糖水烹煮，好讓它較爲可口；還有豐潤飽滿的甜杏桃乾，採日曬脫水而成，可以直接食用。

杏桃乾

椰棗

椰棗乾的種類有很多，品質各有不一，從圓形的餐用椰棗、去籽的椰棗、未去籽的椰棗，甚至壓扁的椰棗都有，其中又以最後一種最便宜。椰棗分成全乾、半乾和軟式三種，而軟式的最受歡迎。椰棗乾可以直接食用，或用於烘焙及點心製作上。

香蕉

脫水處理可將香蕉原本很難察覺的味道集中起來，產生細緻的嚼感，蕉肉並帶有高度養分及甜味。這種水果通常是縱切後在太陽下曬乾。香蕉乾通常用於烘焙食物中，而用熟透的香蕉經過眞空乾燥處理成的香蕉泥則可用來生產香蕉粉。

香蕉乾

椰棗乾

無子葡萄乾（Currant）

用希臘的科林斯無子葡萄所做成的水果乾，而這種葡萄的英文名字也是根據產地而得。主要用在烘焙上。

葡萄乾（Raisin）

脫水葡萄的一種，也是最受歡迎的一種。葡萄乾主要生產於加州及中東地區，可以作爲很好的零食，尤其和堅果混合更好吃，在烘焙上的用途極爲廣泛。

蘇丹娜葡萄乾（Sultana）

另一種脫水葡萄，它的外型比葡萄乾大，也比較甜，當葡萄乾的酸味及無子葡萄乾的酸澀感不合用時，通常它就是替代品。

無子葡萄乾

葡萄乾

蘇丹娜葡萄乾

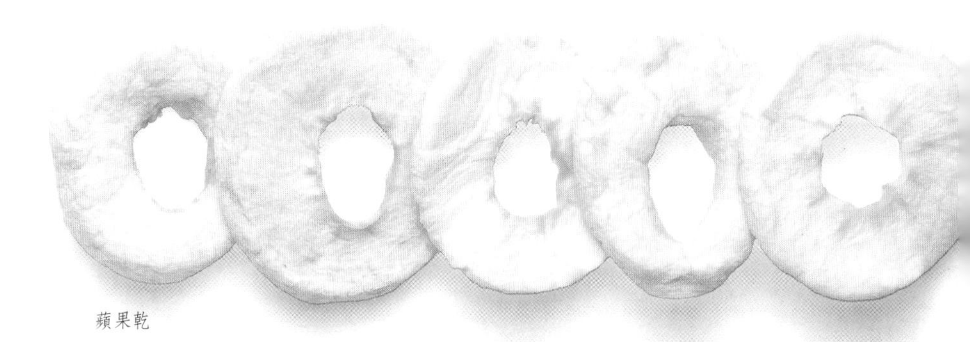

蘋果乾

蘋果

當冷藏設備和其他食物保存方法還沒發明前，蘋果乾自古就是鄉間主婦的冬季急用食品。然而由於它們會吸收水氣，所以儲存壽命比其他水果乾來得短。可以直接食用或用於烘焙。

其他水果乾

紅棗（Red Date）

雖然它叫「椰棗」(date)，但事實上它是滇刺棗，原產於中國，地中海沿岸也有栽培。通常是用日曬法製成，主要使用於東方料理，可做甜的及鹹的調味料。

堅 果

在植物學上，所謂的堅果是指僅含單一種子並有硬殼的乾燥果實，打開時必須將外殼敲碎，例如栗子。然而「堅果」這個名詞也用來指外有易碎硬殼、內含可食性果肉的種子或果實，例如花生(嚴格來說是一種莢果)、杏仁、胡桃及椰子。從很早以前，堅果就是食用油及食物的原料。在農耕開始前是由收集食物的人將堅果採集回來，而後希臘人廣泛使用，並由羅馬人開始栽種。

然而，中世紀的歐洲人是向阿拉伯人學會將堅果加入烹調之中。阿拉伯人不僅在肉類及家禽醬料中使用堅果，還用它來做杏仁餅、果仁糖及其他甜點。西班牙被摩爾人佔領將近八個世紀，因此也接受了堅果在烹調上的運用，並在征服美洲後引進這項烹調技術，卻發現阿茲特克人已經用南瓜籽及花生來作為家禽、魚類、貝類醬汁的濃稠劑，很可能還包括了大胡桃。杏仁則在北歐料理中廣泛使用，在印尼、遠東及非洲菜裡也很重要。事實上，堅果的使用是全球性的，從開胃小點到甜點等各式美食都無所不在。

使用須知

有些堅果，例如大胡桃和巴西栗，如果放在沸水裡泡10～15分鐘，外殼會比較容易去除。而去殼的堅果如杏仁、開心果或胡桃，可以先倒入沸水淹過種仁，然後馬上沖入冷水，就可以把堅果的薄內皮沖去。榛果則必須放在烤架上烤幾分鐘，才容易剝去內皮。溫熱而濕潤的堅果比較容易切碎；烤堅果則可以帶出它們的芳香。去殼去皮(如果需要的話)後，堅果就可以放進烤箱裡，以中火(175℃)烤約10～20分鐘就行。

儲藏保存

堅果的保存期限依種類而有不同：沒有去殼的堅果由於可以防熱、防潮、隔離空氣和光線，所以幾乎放在任何地方都可以永久保存，但是去殼後的堅果就不能這樣儲藏，而應該密封保存在陰涼乾燥的地方，或是放在冷凍庫裡。不論堅果是否用鹽醃漬，都應該將它冷藏起來，但是沒有加鹽的堅果可以保存得比較久。

胡桃 (**Walnut,** *Juglans regia*)

又稱為英國胡桃或波斯胡桃，市面上有帶殼、去殼、碎片和粉末等形式。不論是未熟、成熟、乾燥或烘烤過的胡桃，全部都可以使用。綠色的幼胡桃一般會浸在醋汁裡(參閱第68頁)；沒成熟的胡桃則是墨西哥國菜辣味胡桃(chiles en nogada，加辣椒的胡桃醬)的重要材料；熟胡桃是餐後的甜點，而且可用於做餡料、糕點、烘焙、沙拉和蔬菜裡；另有一種叫做布魯(brou)的香甜酒，則是用胡桃殼或皮釀成的。胡桃油(參閱第75頁)是種味道極為特殊的油，專門用來做沙拉的淋醬。黑胡桃又稱為美國黑胡桃(*Juglans nigra*)，外殼硬厚，比歐洲胡桃大，味道也比較濃郁，通常用在糕點及冰淇淋裡。油胡桃(*Juglans cinera*)又稱為白胡桃，味道濃郁而令人喜愛，通常用在糖果糕點上。

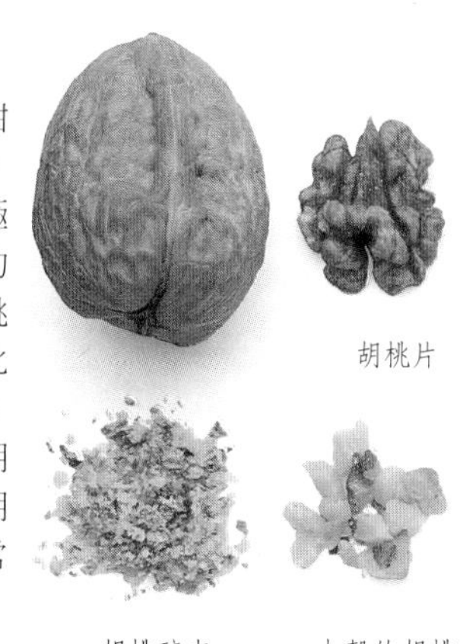

胡桃片

胡桃碎末

去殼的胡桃

巴西栗
(**Brazil Nut,** *Bertholletia excelsa*)

生長於南美洲，是一種高大森林樹的種子。巴西栗有帶殼及去殼兩種，可以直接食用，或做糕點及蛋糕。

整顆巴西栗

去殼的巴西栗

大胡桃
(**Pecan Nut,** *Carya illinoensis*)

原生於北美洲，是胡桃的近親。市面上有原味和鹹味兩種，消費量很大，通常當作甜點食用，或做堅果麵包、糕點、冰淇淋及加入蔬菜料理中。最出名的是做成派。

整顆大胡桃

切碎的大胡桃

去殼的大胡桃

腰果 (**Cashew Nut,** *Anacardium occidentale*)

原生於美洲，是一種熱帶樹木的果實，腰果則是果肉之下的單一突起物。這種堅果用於烘焙和做成腰果醬，或當作餐前的開胃堅果。通常去殼後加鹽出售。

腰果

榛子 (**Filbert,** *Corylus maxima*)

榛子及榛果(*Corylus avellana*)都是榛樹或洋榛樹的果實，然而榛子屬於耕作品種，外形也比較壯碩。它的英文名來自聖菲利伯特節，和榛子的成熟期一樣在八月。榛子和榛果都是富含油脂的果實，可以直接食用，或做成果醬、甜點糕餅及點心。

整顆榛子

去殼的榛子

切碎的榛子

磨成粉的榛子

杏仁 (**Almond,** *prunus dulcis*)

生於地中海沿岸，是一種桃科樹木的果實，生長時被一層綠色外皮覆蓋，後來會除去。杏仁是世上最受歡迎的堅果之一，有甜杏及苦杏兩種。後者含有氰酸，因此從不用來生食，但可以用蒸餾法取得萃取物，作爲調香料使用。整顆的甜杏用於烘焙或甜點糕餅，粉末則可用來做杏仁醬、杏仁糖、餡料以及果仁糖，碎末或杏仁片做塗料或配飾，也可以烘烤、鹽醃或糖漬。糖漬杏仁可能是裹糖、糖漿或蜂蜜。

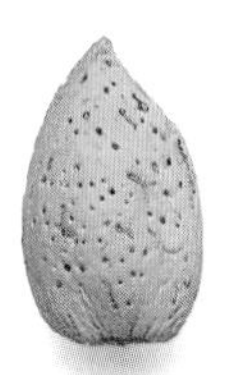

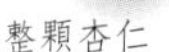

整顆杏仁

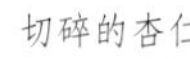

切碎的杏仁

杏仁粉

落花生
(**Peanut,** *Arachis hypogaea*)

又稱土豆，原產於南美洲，嚴格來說並不是堅果，而是生長於地底下的高營養豆莢，豆莢裡包著種子或「堅果」。落花生可以生吃或烤食，主要是用來做花生醬(參閱第69頁)和花生油(參閱第75頁)。

整顆落花生

去殼的落

非洲土杏紅
(**Tigernut,** *Cyperus esculenta*)

又稱土杏仁，常被認爲是一種堅果，事實上它是一種植物的澱粉質根莖，原生於非洲。市面所售通常爲脫水品，帶有杏仁味像花生一樣可以單獨食用，或來烹煮，或研成粉末。

非洲土杏紅

去殼苦杏

去殼的杏仁

去皮的杏仁

杏仁片

栗子
(**Chestnut,** *Castanea sativa*)

原生於歐洲，甜栗子已經有數世紀的栽種歷史，一直都是加在湯、穀類、燉菜以及餡料裡。栗子是唯一會被當作蔬菜使用的堅果，因爲它含有較多的澱粉和較少的油脂。可以整顆食用，或烘烤、水煮和蒸食。去殼後可放入糖或糖漿中做成糖衣栗子(參閱第124頁)，切碎則用於餡料中，或配蔬菜、磨成粉。

水生栗樹有兩種。水栗(*Trapa natans*)有顆粉質的可食種子，在中歐及亞洲爲生吃、烘烤或是水煮。菱(*Trapa bicornis*)是一種水生植物，生於中國、韓國及日本。它的種子可水煮食用，或以蜂蜜及糖醃漬，或磨成粉。

中國水栗又稱荸薺，是一種塊狀根，在東印度、中國及日本都有栽種。可切片作蔬菜使用，亞洲以外地區通常是買罐裝品。

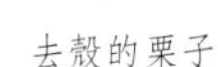
去殼的栗子

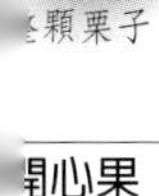
整顆栗子

開心果
(**Pistachio Nut,** *Pistacia vera*)

原生於中東及中亞，是一種小型樹木的果實。味道可口溫和，而且具裝飾作用。開心果可以用於餡料、醬料、糕餅甜點、烘焙食物及冰淇淋中，但通常是加鹽當餐前開胃堅果或點心食用。如果要保留它燦亮的色澤，去殼後放在水中滾幾分鐘再去皮即可。

土杏紅
(**Chufa Nut,** *Cyperus esculenta*)

與非洲土杏紅近緣，在歐洲相當受歡迎。磨成粉後加在西班牙飲料何恰塔(horchata)裡。

土杏紅

椰子 (**Coconut,** *Cocos nucifera*)

果實的每一部分都可利用，但是只有果漿及果肉才當作食物。椰漿是種提神滋養的飲料，可以用在咖哩調味醬中。椰肉可以趁鮮吃，或是曬乾後用在烘焙和糕餅甜點上(參閱第124頁)，但大部分的椰肉會曬乾做成椰肉乾，而椰子油就是從中提煉出來的(參閱第75頁)。樹汁則可發酵製成烈酒。

椰子

開心果

夏威夷果 (**Macadamia Nut,** *Macadamia ternifolia*)

原生於澳洲，現在夏威夷也有栽種。夏威夷果又稱昆士蘭果(Queensland nut)，在生產國之外通常是去殼並烘烤後出售。

夏威夷果

松子 (**Pine Nut,** *Pinus pinea*)

原生於地中海一帶，是石松樹的種子，可以生吃或烘烤後加鹽食用。義大利人用來做湯及醬料，例如有名的佩斯脫(pesto)調味醬；中東人則常加在多馬斯(dolmas)裡，還可以拌沙拉。

松子

穀類植物

穀物的英文名cereal是根據羅馬農神塞麗絲(Ceres)所取，它的成員包括小麥、燕麥、玉米，以及其他穀類製品。當公元前7000年農業在中東及中南美洲開始萌芽時，穀類便有著突出的地位。小麥和大麥是中東的農作物，玉米則是墨西哥的農作。

穀物所提供的澱粉質是人類不可或缺的營養。稻米是全球半數人口的主食，至於另外一半人口則耕種小麥、燕麥、玉米、大麥和粟米，而耕作何種作物全依土壤及氣候而定。世界各國的料理中都有以澱粉爲主的烹調菜餚，如墨西哥的玉米餅、義大利的通心粉及巴西人用樹薯粉做成的法洛法(farofa)。

穀物來自於禾本科作物(*Graminaceae*)，包括小麥、玉米、稻、燕麥、大麥及黑麥。此外，還有一些植物的粉末也可以提供大量的澱粉質，包括研磨樹薯而成的樹薯粉或木薯粉，以及用西穀椰子所製做的西穀米。渣滓或粉末製品也是來自於這類植物的根部，如蓮花、海芋、蕨、馬鈴薯以及其他塊莖類植物。我們從穀類植物採收有價値的穀粒，至於運用方法則端賴它們各自的結構，以及調理時的作用反應而定。

稻子

稻(*Oryzasativa*)的種類大約有七千種。大概原產於印度及中南半島，市售品種類繁多。簡單來說，糙米就是帶殼的稻米，這層穀皮在第二階段的碾磨(去殼)過程中去除，之後就成了我們所熟知的白色平滑米粒。帶殼的糙米可以提供額外的蛋白質，和少量鐵質、鈣質與維他命B，但是需要較長的烹煮時間。並不是所有的稻米在刨光後都是白色的，卡羅來納米及義大利米就呈琥珀色。

稻米可區分爲三個種類：長米、短米和中長米。長米的長度爲寬度的四到五倍，烹煮時米粒會分離而蓬鬆，通常使用在沙拉、咖哩菜、燉菜、雞肉菜或肉類菜餚裡。短米及中長米爲短而圓胖的米粒，烹煮後會變得溼軟，米粒會黏在一起。每一種稻米都可以使用傳統烹調法烹煮：印度廚子喜歡用乾質米，尤其是煮印度魚肉飯(pilau)時；日本及中國人則喜歡用短米。

常見的長米稻種有美洲卡羅來納種，和巴基斯坦出產的美味巴斯馬蒂米。短米包括日本的白米與義大利的短圓米。另外還有一種野生稻，雖然名字裡有「稻」字，但事實上它並不是穀物，而是一種水生禾草，原生於北美洲。植物學家稱它爲*Zizania aquatica*，它的穀粒長而顏色灰褐，帶有堅果味，主要作爲野味及禽肉的塡塞料。市售稻米的品牌不論註明的是改良米、預煮米或經過蓬鬆處理的稻米，都是先將稻米部分煮熟後再加工乾燥的商業產物，雖然它比較容易煮出想要的效果，但是也喪失了部分原有的米香。

烹調須知

稻米幾乎可以永遠放著不壞，然而只有不以稻米爲主食的西方主婦，才覺得這項事實重要。烹煮時，長米會吸收至少一到一倍半的水分，但到底吸收多少還是得依品種而定。就拿巴斯馬蒂米來說，它所吸收的水分就比卡羅來納米(或稱巴特納米)來得少。短米則會吸收四倍以上的水分。

稻米可以單獨烹煮，或加工製成粉末、薄片以及碎屑，用在布丁、蛋糕中，或加在調味醬、湯及燉菜裡，作爲稠化湯汁的媒介物。發酵米可用來釀製某些中國烈酒，以及有名的日本清酒。

小麥和麵粉

小麥是世界上最重要的穀類植物，首次成爲農作物應該是在美索不達米亞，品種主要有兩種：小麥與硬粒小麥。

小麥獨特的質地是因爲麥粒中帶有高量的麩質(筋)。小麥麩質是一種很有彈性的肌肉組織，可以加強麵包的分子構造。當酵母「發酵」時會釋放二氧化碳，麵糰裡的水分在烘烤時則會轉爲蒸汽，而小麥麩質就在這些時候幫助麵糰膨脹，如果沒有了小麥麩質，麵糰將會變得又平又硬。

不同的麥粒和碾磨方式可以得出不同種類和等級的麵粉。小麥粒包括了麥殼(麥皮)、含有大量澱粉質的內胚乳，和內核(小麥胚芽)。碾磨後的小麥粒即是富含養分與蛋白質的褐色小麥粉，在美國稱之爲「Graham」或whole-wheat，英國則是wholemeal。小麥粉的「褐色度」有多深，在於含有多少麥皮，白色小麥粉就是只用內胚乳碾磨而成的產品。高筋、硬質或麵包專用麵粉是用某些特定品種的小麥碾磨而成，而柔軟通用的純麵粉或蛋糕粉麩質較少，得自於細麥粉。能夠自行膨脹的麵粉則含有發酵劑。

烹調須知

麵粉提供了麵包、蛋糕、麵糊及派皮的基本組織，但是它的結構還得視麵粉種類及發酵媒介才能確定。高筋麵粉必須藉由酵母來發酵，而褐色麵粉還可使用小蘇打。同時，搓揉高筋麵糰才能讓麩質更有彈性。蛋糕用麵粉則是藉由發粉產生氣體的方式來讓麵糰膨脹，或將雞蛋攪打起泡。發泡的蛋汁會讓麵糊在烘烤時釋出蒸汽；而脂肪的柔軟度和生麵糰釋出的蒸汽則可決定派皮的質地，視派皮種類而調整。細麵粉會產生柔軟似海綿的質地，你無法在高筋麵粉中打入氣體，但是細麵粉就很容易藉此來發酵。

穀　物

黑麥 (**Rye,** *Secale cereale*)

黑麥大概原生於西南亞，成分和小麥很類似。在歐洲主要是用來製做黑麥麵包及硬脆麵包(尤其是在北歐)。市售飲料也用它來生產，如美國威士忌、荷蘭琴酒和俄國啤酒。

黑麥

稷麥 (**Millet,** *Panicum miliaceum*)

原生於亞洲，曾經是歐洲的主要麥類，其重要度幾乎與大麥相當。它是一年生的無麩質禾本科植物的種子，在非洲及亞洲廣爲食用，在俄國也作爲澱粉質的來源。稷麥和小麥一樣含有很高的蛋白質，但在烘焙上比較受限。稷麥粉可以做白麵包和薄餅；稷麥粒則可混合豆類及蔬菜，或加在湯及燉菜中。

稷麥

甜玉米 (**Sweetcorn,** *Zea mays*)

甜玉米原產於墨西哥，又稱玉米或玉蜀黍，人類至今已耕作千年之久，並將它視爲一種蔬菜(參閱第36頁)或主食。不論它是製成穀粒、粗粉或細粉，都是世上最重要的穀類之一。許多美洲菜裡都有用到它，例如玉米麵包和碎玉米，同時它也是澱粉、玉米糖漿及食用油的重要原料。發酵過的玉米粒可釀波本威士忌。

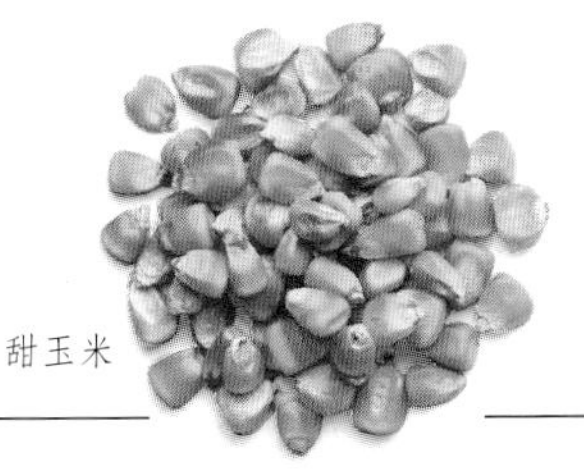

甜玉米

穀物和穀類製品

蕎麥（Buckwheat, *Fagopyrum esculentum*）

應該是原生於中國，爲一年生穀類植物。種子通常會經過烘烤後磨粉，做成薄餅和薄脆餅，日本人還會做成蕎麥麵條。去殼蕎麥或蕎麥片則用在湯餚裡。

蕎麥

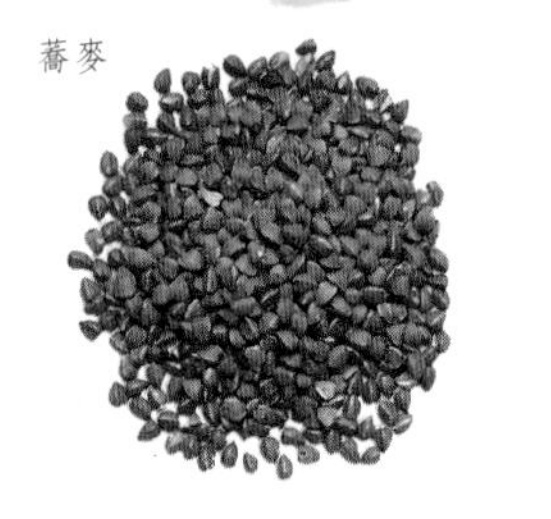

大麥（Barley, *Hordeum vulgare*）

原產於美索不達米亞，當地人將它磨細做麵包或是釀啤酒。發芽的大麥可釀琴酒、威士忌和啤酒。在盛產國裡就有大麥粥及大麥麵包。過去它通常用來做成麵包用麵粉，現在卻不這麼用了。

大麥

糯米（Glutinous Rice, *Oryza sativa*, spp.）

雖然它的英文名含有筋質的意思，但是它其實完全不含筋質。糯米水煮後會變甜而黏，因此主要是用來烘焙或做成甜點，另外也會釀成酒。圖示爲黑糯米和白糯米。白糯米是去稻殼的品種。

黑糯米

白糯米

燕麥（Oats, *Avena sativa*）

燕麥原產於歐洲，是蘇格蘭的主食，並會磨成粗細不同的燕麥片。燕麥與水合煮即成燕麥粥；燕麥片則是肚包羊雜(haggis)和燕麥蛋糕的材料，也是做Athol Brose威士忌的原料之一。

燕麥

小麥（Wheat, *Triticum aestivum, durum*）

首次作爲耕作物應該是在尼羅河流域。小麥是品質最好的麵包用麵粉及烘焙用麵粉的原料，品種有許多，其中硬粒小麥可做成通心麵和粗小麥粉，是最爲人熟知的製品。

小麥

改良米（Converted Rice, *Oryza sativa*, spp.）

這類稻米和其他白米不同，它是先煮成半熟以去除表層的澱粉而成，因此也把大部分的養分和維他命都留在米粒裡。在所有的白米中，它是最好的一種，因爲它含有糙米的營養價值，又不像糙米需要很久的烹煮時間。

改良米

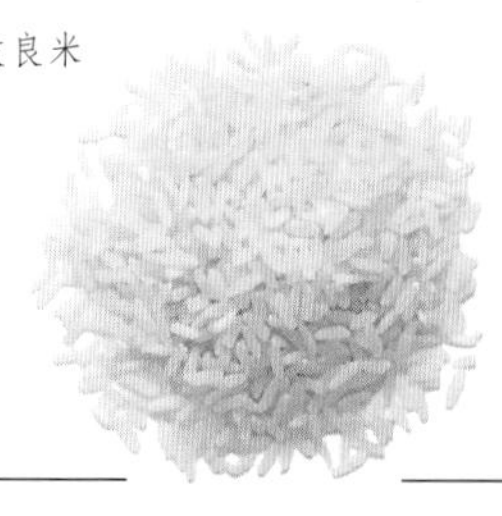

巴斯馬蒂米（Basmati Rice, *Oryza sativa*, spp.）

這種狹長型的稻米生長於喜馬拉雅山山麓，是品質最佳的稻米之一。烹煮前必須清洗及浸泡，最適合配印度菜。

巴斯馬蒂米

義大利米
(Italian Rice, *Oryza sativa*, spp.)

一種大而圓形的稻米，它的質地很適合做傳統義大利菜里佐脫(risotto)。市售有糙米和白米。

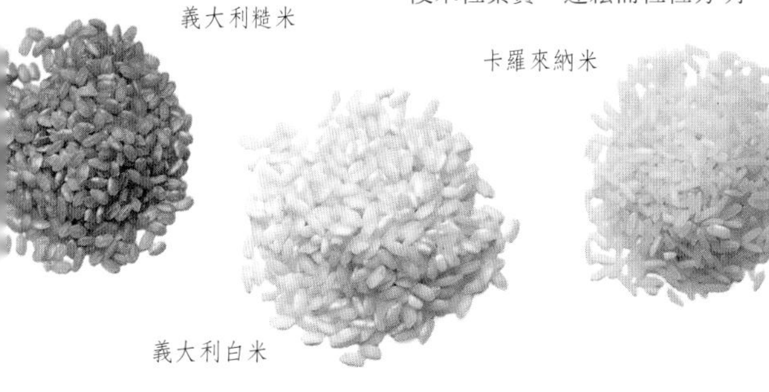

義大利糙米

義大利白米

卡羅來納米 (**Carolina Rice,** *Oryza sativa*, spp.)

又稱巴特納米，世界各地都有栽種，是用途最多、也最受歡迎的稻種。稻粒已去殼刨光，烹煮後米粒緊實、蓬鬆而粒粒分明。

卡羅來納米

珍珠粒大麥 (**Pear Barley**)

去掉麥殼並刨光後的大麥粒，可以加入湯中食用，通常是做成飲料給病人喝，或取代馬鈴薯做辛香飯(Pilaf)。

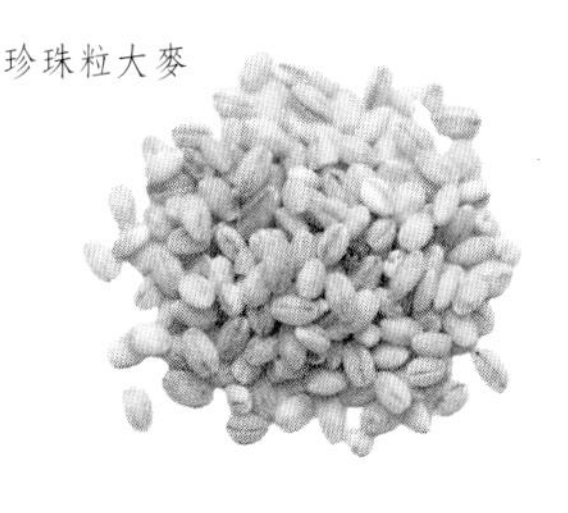

珍珠粒大麥

粗小麥粉 (**Semolina**)

硬粒小麥磨成粉時篩出的硬質部分，用來做通心粉，因爲這種麵使用「軟」的麵粉或蛋糕粉比較難做。也用來做布丁。

粗小麥粉

糙米 (*Oryza sativa*, spp.)

這是稻米還沒加工處理前的自然樣貌。它比白米需要更長的時間清洗及烹煮。

糙米

布丁米 (**Pudding Rice,** *Oryza sativa*, spp.)

一種屬於短米種的刨光稻米，烹煮時會變得軟嫩而糊糊地，通常和奶油及牛奶布丁搭配。

布丁米

庫斯庫斯 (**Couscous**)

一種由粗小麥粉加工做成小圓球形的穀類食品，最有名的用法是做北非的一種同名傳統菜。

庫斯庫斯

其他穀物

高粱
(*Sorghum vulgare*, spp.)

稷的一種，栽種於非洲及亞洲地區，種子磨成粉後可以做成麵包、粥及薄餅，或加在湯中。甜高粱(*Holcus sorghum* var. *saccara*)是高粱的一種，會產出一種滑順的甜漿。

野生稻 (**Wild Rice,** *Zizania aquatica*)

野生稻原生於北美洲，長得很像稻米，用途也和稻米一樣，但其實它並不屬於稻類的一種。它的深褐色稻粒比米粒長而窄，煮後會略微轉成淡紫色。

穀類產品

未發酵的麵粉

無酵餅(沒有發酵的脆麵包)是用小麥粉和水所做成的，通常是在猶太逾越節期間代替發酵麵包食用。

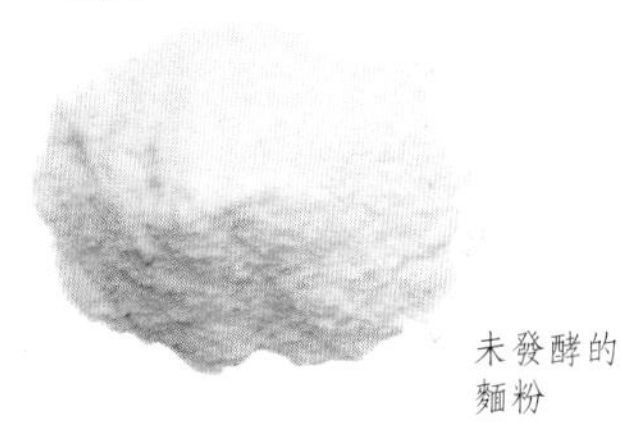

未發酵的麵粉

玉米粥粉

一種用甜玉米或玉蜀黍、玉米粥粉或玉米粉所磨成的粗粉，可以單獨做成稀飯食用，或作爲肉類及魚類的配菜。

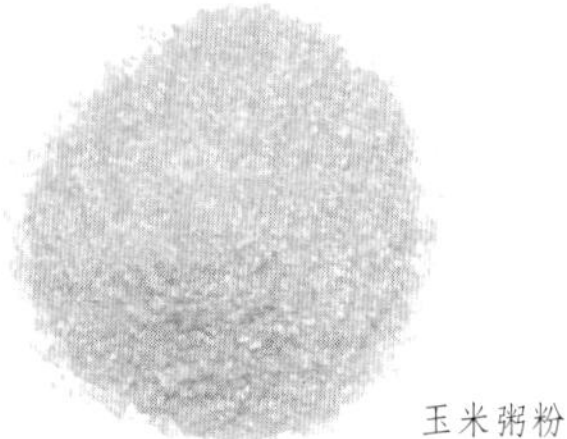

玉米粥粉

木薯粉

木薯粉是用樹薯粉做成的小圓球，而樹薯粉則是從樹薯或木薯植物(*Manihot esculenta*)的根部精煉出來的澱粉。它是嬰兒食品牛奶布丁的主要成分，也用來使湯汁及燉菜變稠。

木薯粉

西穀米

這些乾燥、多澱粉質的小粒，是用遠東生產的西穀椰子(*Metroxylou sagu*)所製成，西穀米加在牛奶布丁中是供病人食用的食物，也可作爲烹調材料，尤其是北歐菜，例如丹麥的西穀米湯。

西穀米

碎小麥

又稱burghul或bulgur，這種加工過的小麥在地中海東岸及中東地區非常受歡迎。可以烘烤或烹煮，也可以做成辛香飯、泡水當生沙拉(黎巴嫩的塔布雷tabbouleh沙拉)食用，還可以搗成醬與小羊肉做成基比(kibbi)。

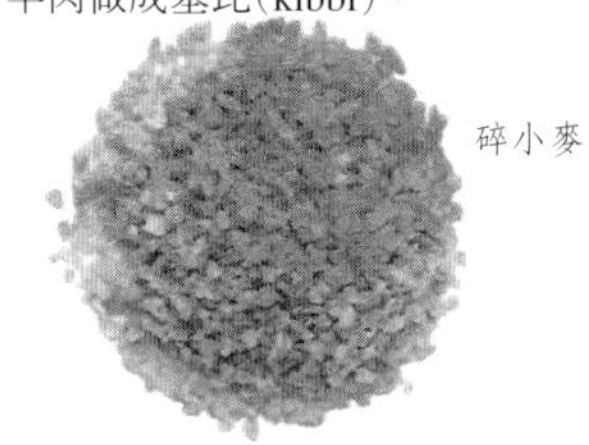

碎小麥

燕麥片

去殼燕麥可以磨成粗細不同的燕麥片(如圖所示)，或是弄軟碾平做成燕麥捲。

中型燕麥片

小麥胚芽

小麥粒的胚芽或嫩芽，可以生長出小麥幼苗。小麥胚芽通常是在磨製麥粉時所抽取出來的，雖然它在小麥粒中只佔一小部分，但具有極高的營養價值，可以單獨食用或做成胚芽粉。小麥胚芽可用於湯及燉菜裡，還可以作爲料理的稠化劑。

小麥胚芽

大麥粉

曾經是做麵包的主要材料，現在通常會加上小麥粉以增加麵包的麩質(只用大麥粉做成的麵包會迅速變硬)。

大麥粉

粗燕麥片

玉米粉

一種無麩質的粉末，做麵包時必須加入小麥粉以強化麩質。也用來做蛋糕。

玉米粉

藕粉

一種不帶麩質的粉末，是用乾燥的蓮根磨成，在中菜及日本料理中作爲稠化劑使用。

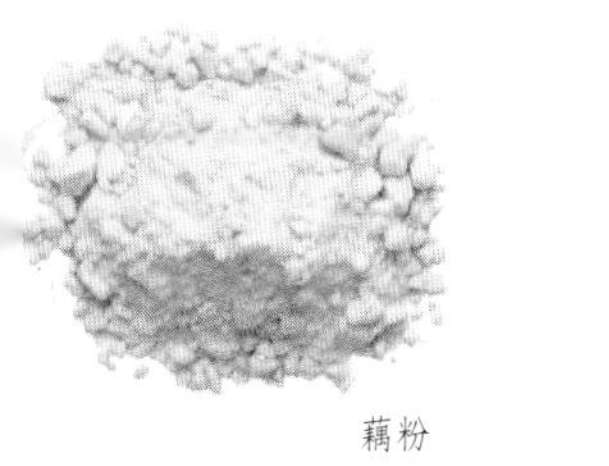
藕粉

米麩

用一般白米或糙米磨成的無筋粉末，大部分用來作稠化劑，可單獨或和其他粉末一起做成蛋糕與餅乾，中國人還會做成米粉。

米麩

黑麥粉

由於它的麩質成分並不適用，所以最常和小麥粉組合。北歐和東歐黑麥麵包的「黑」，主要即是來自於黑麥。

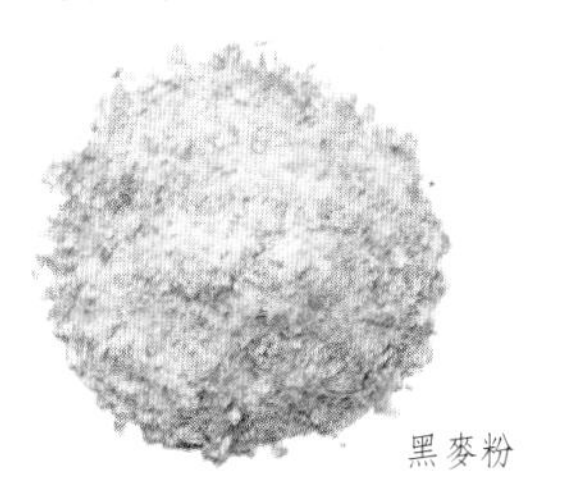
黑麥粉

穀糠

所有穀類的褐色外殼通常都會在磨粉時分離出來，它是纖維質的重要來源，可以單獨磨成粉。

穀糠

粗麥麵粉

粗麥麵粉是以整顆小麥磨成，並含有一般小麥粉中會去除的麥糠及麥芽。

粗麥麵粉

黃豆粉

這不是一般的粉末，而是營養價值極高的食物，可以加在湯或蛋糕裡。

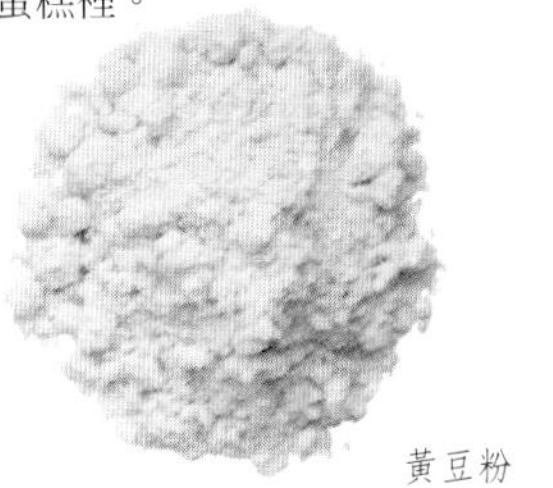
黃豆粉

小麥粉

小麥粉的種類極多，從通用型小麥粉(如圖示)到蛋糕粉都有。

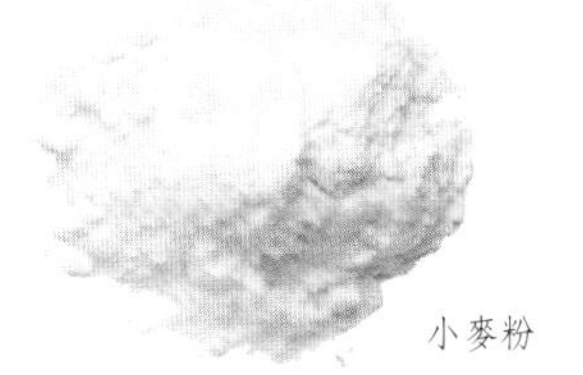
小麥粉

太白粉

將煮熟的馬鈴薯乾燥處理後所磨成的粉末，通常作爲輕微的稠化劑使用。

太白粉

蕎麥粉

做薄餅的麥粉之一，在美洲、法國及東歐尤其受到歡迎。

蕎麥粉
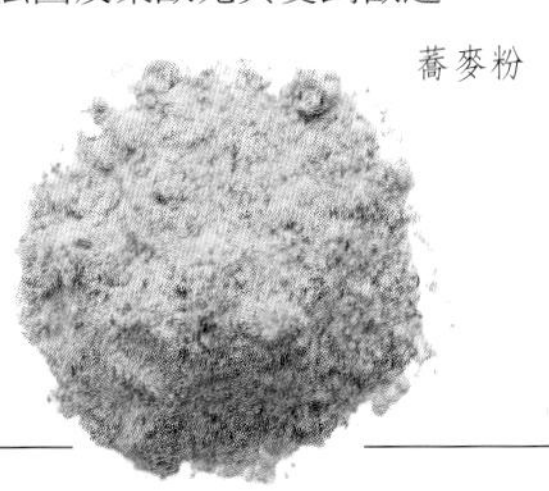

義大利麵、麵條和餃子

義大利麵(pasta)是義大利的主食，原本爲「生麵糰」的意思，它是義大利的必備食材，遠比同類食品如麵包、玉米粥和稻米還受歡迎。義大利麵的正式名稱是pasta alimentari，分爲兩個主要類別：一是用麵粉和水製成的工廠製品，叫作乾式義大利麵(pasta secca)，也就是市售的包裝成品；另一種是新鮮的義大利麵，用麵粉和雞蛋做成，叫作雞蛋義大利麵(pasta all'uovo)或手工義大利麵(pasta fatta in casa)。

乾式義大利麵首先是把麵粉、鹽和水製成有彈性的麵糰，然後以刀切、按壓或壓模等方式製成不同的形狀、大小和造型，包括：管狀、緞帶狀、螺旋狀、貝殼狀、弓狀和輪狀，用來搭配同樣種類繁多的醬料。即使是義大利人也覺得這門學問讓人攪不清楚，因爲各省義大利麵的名稱和形狀都不一樣。

義大利麵是用硬而半透明的硬粒小麥(*Triticum durum*)所磨成的粉末做成，不過也有一種是用蕎麥做的。硬粒小麥可製出精純而具砂礫感的琥珀色粗小麥粉(參閱第105頁)，保存期限比麵包專用麵粉耐久。當粗小麥粉加水揉成生麵糰時，會形成一種營養豐富的麵糊，乾燥後可以無限期保存。義大利麵的品質可以用手指摸其表面來測量，好的麵應該像絲綢般滑順而富有彈性。

嚴格來說，手工製的雞蛋義大利麵也應該用粗小麥粉製做，不過中筋麵粉也可以當作不錯的代替品，而且加上雞蛋和鹽，或許再加些水或油來軟化麵糰，就可以製成品質很好的生麵皮(sfoglia)。

有些義大利麵的生產者，尤其是艾密利雅-羅馬涅(Emilia-Romagna)地區的製造商就很喜歡用菠菜濃汁來爲義大利麵上色，很自然地麵就變成了綠色的，例如翡翠千層麵和翡翠寬麵(參閱第111頁)。此外也有用粗全麥粉製作的種類。

義大利麵的起源與發展

歷史學家對於義大利麵的起源始終有所爭議。它也許原產於義大利，由伊特拉斯坎人(Etruscan)從希臘菜中發展出一種薄薄的生麵糰，將它切成長條形而稱之爲laganon，這就是lasagne這個字的由來。最早稱呼義大利麵的字是tri，源自阿拉伯文的itriyah，意思是「繩線」，也用來指義大利直麵，這也暗示了它的起源與阿拉伯有關。

到了十五世紀，義大利麵稱爲維米切利(vermicelli)，意思是「小蟲」，在西西里則稱之爲馬切羅尼(maccheroni)。今日macaroni(通心麵)泛指所有的乾式義大利麵，它的烹調法和醬料將義大利麵的種類擴展成幾乎有六百種形狀。

烹飪藝術家義大利人發現，某些形狀的麵格外適合某些醬料，如那不勒斯的義大利直麵配波隆那肉醬，雅緻的義大利寬麵最適合奶油蘑菇醬，特瑞尼特(trenette)帶狀麵則和紫蘇、松子做成的力久利亞醬(Ligurian pasto)是不可分的搭檔。大多數不同形狀的義大利麵可以和無數種醬料互換，例如螺旋形通心粉搭配蛤蜊就和傳統上用義大利直麵的效果一樣好。

有些麵的形狀特別適合用來烘烤或塡入餡料，用管狀的義大利春捲或線紋通心粉塡入肉或剁碎的蔬菜，上淋乳酪味的貝夏默醬，最後放在烤爐裡烤。千層麵爲大片的義大利麵，可和絞肉與貝夏默醬交疊後用前述方法烘烤。形狀較小的麵如義大利餃、帽形通心粉或半月形的餃形通心粉則裝入餡料，用肉湯或水烹煮。

烹調須知

乾式和手工這兩種基本義大利麵，可以依照用法再進一步劃分成乾麵(pasta asciutta)與湯麵(pasta in brodo，又稱帕斯提納pastina)。大致說來，乾麵係指所有的家常菜，像搭配醬料食用的義大利直麵或通心麵，以及塞有肉餡、乳酪或蔬菜濃湯的義大利麵，如義大利餃或春捲，和用烤箱烤的義大利麵如千層麵。

湯麵爲第二類，是形狀極小的帕斯提納，最適合用於湯中，像輪狀、貝殼狀、蝴蝶狀，以及許多其他圖案。節省的廚子有時會利用食品箱或麻布袋底的乾式義大利麵碎屑，再加上乳酪和番茄做成一道鄉村式義大利麵，稱爲「雷鳴與閃電」(tuoni e lampo)。

雖然義大利麵與醬料的搭配法因人而異，意見非常分歧，但烹煮方式卻人人一致。乾麵需要用大量沸騰鹽水，大約4.51公升水加30克鹽可煮0.5公斤的麵，否則水分不夠會使麵釋出澱粉而變黏。有些專家堅持先放義大利麵再加鹽，不然酚的香氣會跑掉，不過多數廚師並不理會這種訣竅，只堅持烹煮時間必須精確，誤差只能在一、兩秒之內。

烹煮的時間因麵而異，但是煮出來的成品必須咬勁十足(al dente)。有些人喜歡再紮實點，甚至是硬，這種成品就叫作「鐵線」(fil de ferro)。義大利麵不能瀝得太乾，不然會黏在一起，尤其是千層麵。另外煮麵時必須加一茶匙油以免麵互相沾黏。

麵條和餃子

曾是發明先鋒的中國人必定在早期就發現澱粉糊的價值，對馬可波羅在1271年攜至中國的麵條文獻讚不絕口。既然維米切利遠在十三世紀之前就是義大利的主食，因此也可以肯定義大利麵是另外一種發明物。

由於穀類成爲農作物已經有八千多年，可以斷定麵條這項產物也相當古老。熟悉穀類後必定會將穀粒磨成粉，而粉末加水則可製出可切割、乾燥、保存且可塑性強的麵糰。

「noodle」源自餃子的德文nudeln、巴伐利亞文knödl和奧地利文knödel，而餃子這個字似乎原指將生麵糰或麵包(croûtons)捏成小塊丟入湯或燉物中的動作。從匈牙利橫跨歐洲到英國，都出現了各種不同的餃子。

麵條的種類

麵條和義大利麵有許多相似之處，但卻屬於不同類別。麵條是用麵粉、水和蛋做成的食用麵糊，市售品有乾式和手工兩種。市售義大利麵則大多不加雞蛋。在許多西方國家，尤其是德國和美國，麵條一定得加蛋，除非是白麵。不管麵條原產於義大利或香港，目前的主要產地在中歐、美洲和遠東。

一般人相信德國人最早在生麵糰中加蛋，並做成緞帶狀的麵條商品。這種蛋麵在義大利和中國也很風行。然而亞洲的麵條不論加不加蛋，卻是以許多不同的麵糰做成，包括綠豆、大豆、蕎麥、海草、玉米、小藜豆、稻米及硬粒小麥，典型的東方麵條商品是捲成一團的細麵。日本人的麵條頗引人注目，是用白色小麥或蕎麥做的，分爲許多種，例如日式蕎麥麵、素麵和烏龍麵。冬粉在日本稱爲春雨。另一種受歡迎的日式麵條是蒟蒻絲，用百合科的蒟蒻(又稱魔鬼的舌頭或蛇棕櫚)做成。

烹調須知

將市售麵條放在涼爽通風的地方幾乎可以無限期保存，但必須依照食譜或包裝上的指示烹煮。將麵條預先泡水可縮短烹煮時間，炒麵時通常先泡5分鐘就足夠了，冬粉或許需要30分鐘，包裝好的日式蕎麵要7分鐘，素麵約7分鐘，烏龍麵20分鐘。這些麵比較適合煮軟，而非義大利式的咬勁十足。

義大利麵

義大利細麵
（**Capellini**，乾麵；乾式）

這是最細的緞帶形義大利麵，又稱維米切利（vermicelli）或卡波內腓爾（capolnevere），可以自製或在外購買，Capelli d'angelo意爲「天使的頭髮」，爲義大利細麵最細的一種。

義大利細麵

義大利圓細麵
（**Fedeli**，乾麵；乾式）

這是一種很細的圓柱狀義大利麵，很像維米切利。手工或乾式都買得到，費黛里尼麵（Fedelini）是更細的一種。

義大利圓細麵

小千層麵
（**Lasagnette**，乾麵；乾式）

較小型的千層麵，這是種扁平的帶狀麵條，寬約18公釐，邊緣有縐褶。

義大利直麵
（**Spaghetti**，乾麵；乾式）

義大利直麵在南義大利稱作維米切利，原意爲「細繩」，始終是最受歡迎的一種義大利麵。手工或乾式都買得到。

小千層麵

蕎麥義大利直麵

全麥義大利直麵

特長義大利直麵

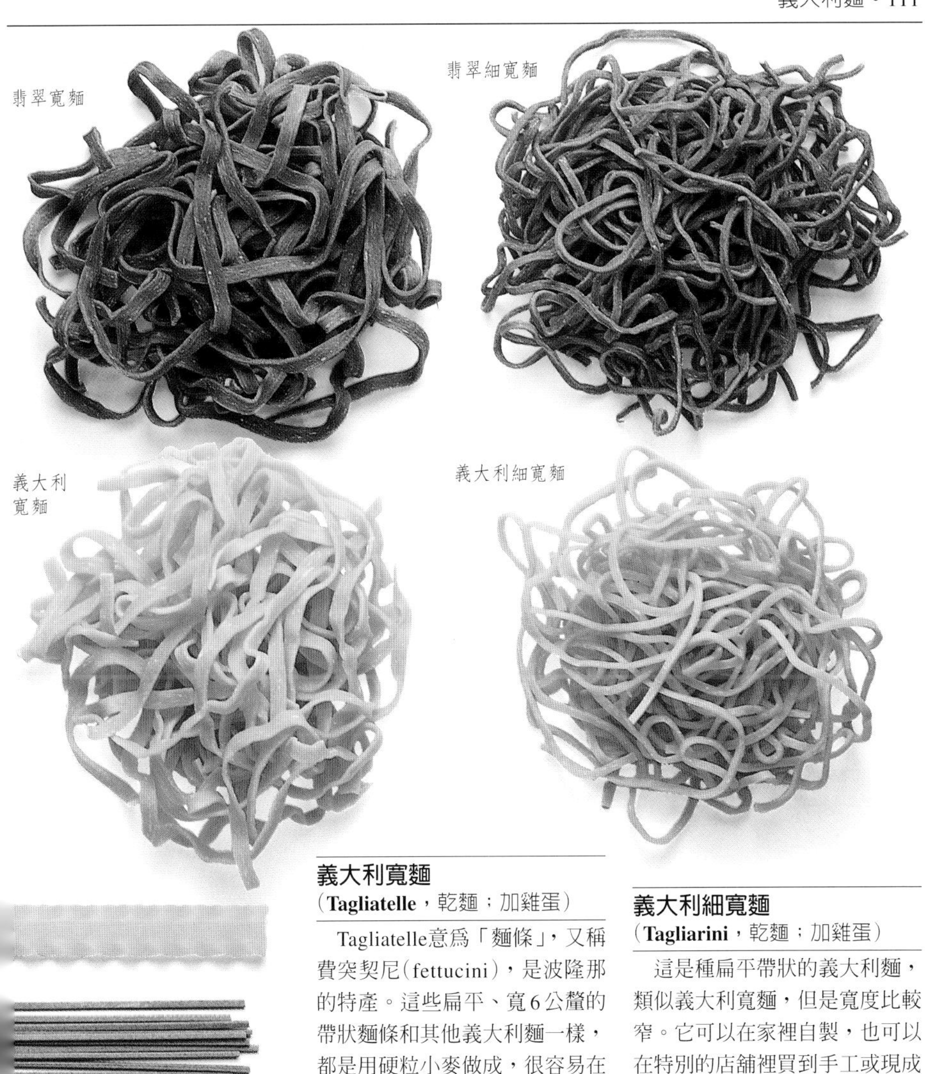

義大利寬麵
（**Tagliatelle**，乾麵；加雞蛋）

Tagliatelle意爲「麵條」，又稱費突契尼(fettucini)，是波隆那的特產。這些扁平、寬6公釐的帶狀麵條和其他義大利麵一樣，都是用硬粒小麥做成，很容易在家自製，或在外買到手工或乾式麵。食用時可以搭配多種醬料，從簡單的奶油牛乳醬，到使用肉、魚或禽類爲基底的豐富混合醬料都可以。翡翠寬麵(Tagliatelle verdi，左上圖)的生麵糰中加了菠菜濃汁。

義大利細寬麵
（**Tagliarini**，乾麵；加雞蛋）

這是種扁平帶狀的義大利麵，類似義大利寬麵，但是寬度比較窄。它可以在家裡自製，也可以在特別的店舖裡買到手工或現成品，同時也可以買到翡翠細寬麵(Tagliarini verdi，右上圖)。搭配的醬料通常與翡翠寬麵一樣。

義大利直麵

卡薩瑞齊亞麵
（**Casareccia**，乾麵；乾式）

將兩條長形義大利麵捲起，一端扭一下。

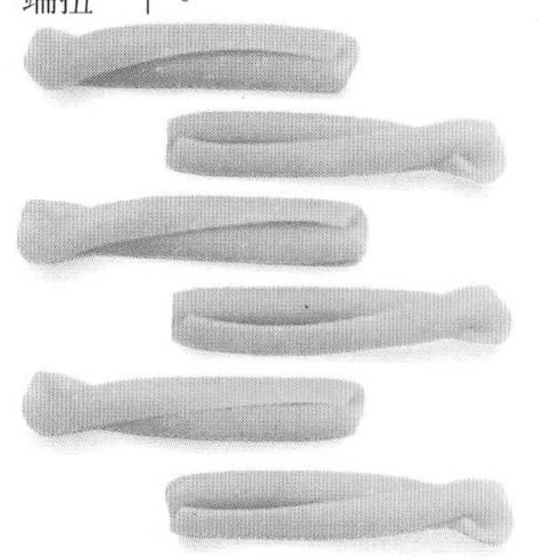

卡薩瑞齊亞麵

繭狀通心粉
（**Bozzoli**，乾麵；乾式）

這種麵因爲形狀很像繭，所以取這個名字。

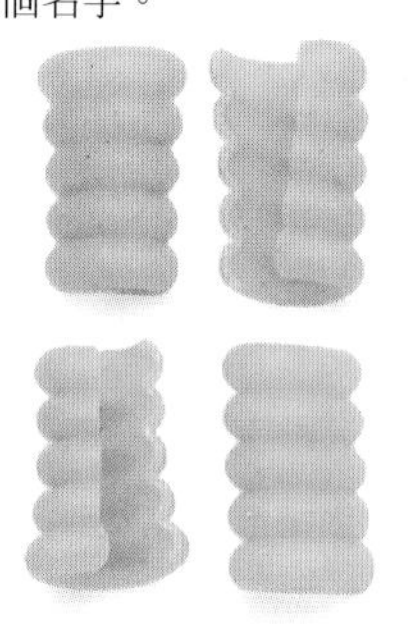

繭狀通心粉

雞冠形通心粉
（**Cresti di Gallo**，乾麵；乾式）

它的名稱來自於稜紋的鬃邊很像雞冠。

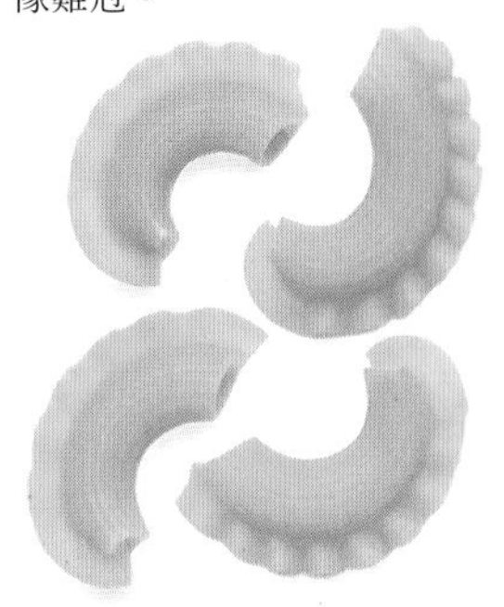

雞冠形通心粉

長段維米切利（**Lungo-Vermicelli Coupe**，乾麵；乾式）

從名字就可以知道這種麵是由長條的維米切利切段而成。

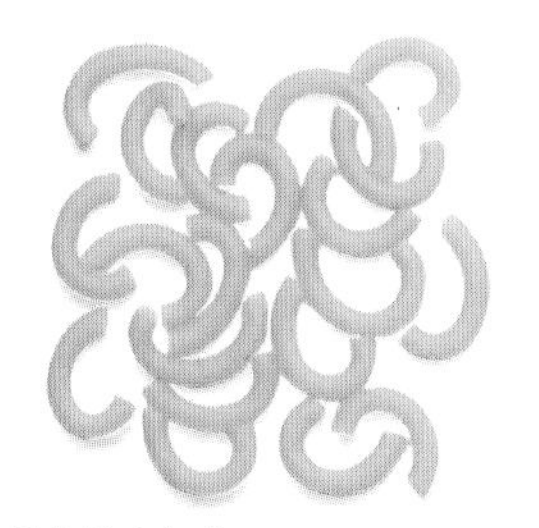

長段維米切利

呂契尼通心粉
（**Riccini**，乾麵；乾式）

這種有稜紋且形狀如殼的麵，名字來自義大利文的riccio，原意是捲曲。

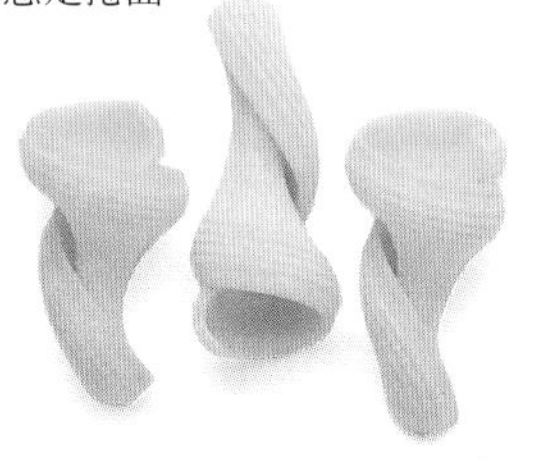

呂契尼通心粉

搓草形通心粉
（**Gramigna**，乾麵；乾式）

這種麵形狀像小草，它的名字實際上就是指「草」或雜草。

搓草形通心粉

費斯透那提麵
（**Festonati**，乾麵；乾式）

這種麵的原文意思是「彩帶」或「花綵」。

費斯透那提麵

螺絲形通心粉
（**Cavatappi**，乾麵；乾式）

用有稜紋的麵做成捲曲形狀。

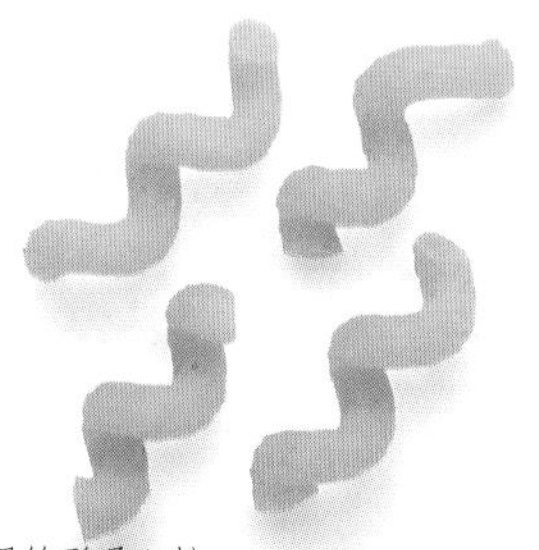

螺絲形通心粉

螺旋形布卡提通心粉
（**Fusilli Bucati**，乾麵；乾式）

這種麵是做成小彈簧的形狀。

螺旋形布卡提通心粉

麵疙瘩（**Gnocchi**，乾麵；乾式）

圖中的小餃子是用硬粒小麥製成，另外也有用太白粉或粗小麥粉製成。

疙瘩

耳形通心粉

（**Orecchiette**，乾麵；乾式）

這種麵的形狀像耳朵，麵名是從義大利文的orecchio而來，意思就是「耳朵」。

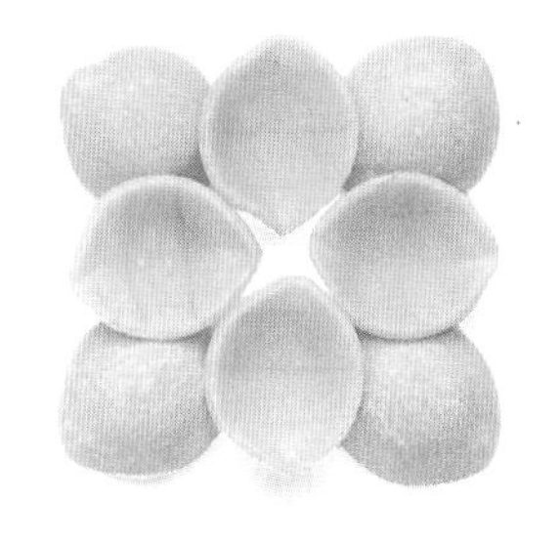

耳形通心粉

沙丁魚麵疙瘩

（**Gnocchetti Sardi**，湯麵；乾式）

較小型的麵疙瘩，名字來自於形狀很像沙丁魚。

沙丁魚麵疙瘩

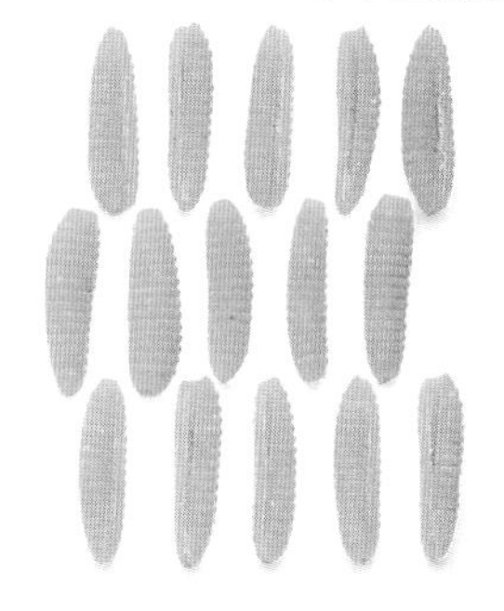

稜紋管通心粉

（**Pipe Rigate**，乾麵；乾式）

用有稜紋的麵做成管狀。

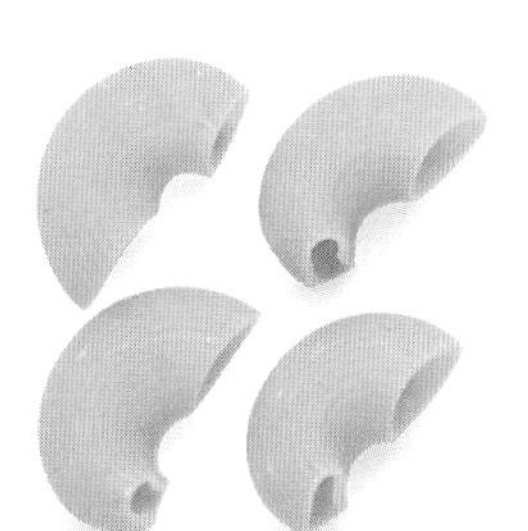

紋管通心粉

扭絞形通心粉

（**Spirale**，乾麵；乾式）

將兩條長形義大利麵扭成螺旋的形狀。

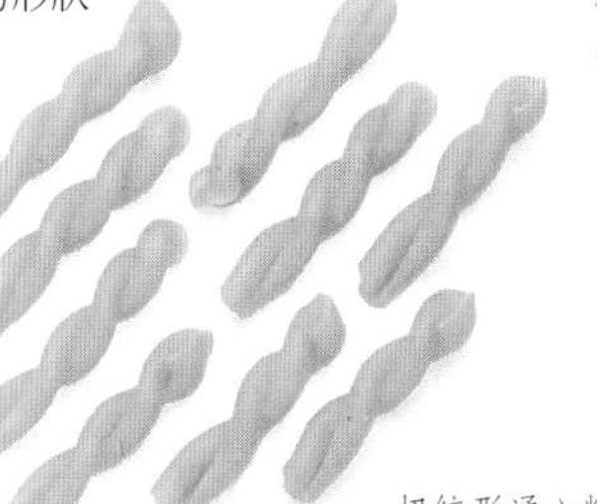

扭絞形通心粉

環狀通心粉

（**Anelli**，乾麵；乾式）

Anelli的原意是「環」，圖中所示為粗小麥粉（棕）和硬粒小麥粉（淡黃）做成的麵。

環狀通心粉（粗全麥粉）

環狀通心粉（硬粒小麥）

牛通心粉

（**Lumache Medie**，湯麵；乾式）

形狀會讓人想起蝸牛殼，因此文取名為lumache，意思就是蝸牛」。

牛通心粉

蔬菜通心麵（**Vegetable-Dyed Macaroni**，湯麵；乾式）

用硬粒小麥做成的義大利麵，可以用菠菜染成綠色，或用番茄染成紅色。

蔬菜通心麵

蝴蝶形通心粉
(**Farfalle**，乾麵；乾式)

小蝴蝶形通心粉(Farfallini，湯麵)是，形狀較小的同一種麵。

蝴蝶形通心粉

小蝴蝶形通心粉

螺旋形通心粉

小稜紋貝通心粉

螺旋形通心粉
(**Fusilli**，乾麵；乾式)

將通心粉做成像開瓶器螺旋錐的形狀。

稜紋貝通心粉(**Conchiglie Rigate**，乾麵；乾式)

小稜紋貝通心粉(Conchiglie piccole rigate)是此種較小的形式。

稜紋貝通心粉

帽形通心粉
(**Cappelletti**，乾麵；乾式)

和其他通心粉一樣都是用硬粒小麥粉做成，狀如小帽。

帽形通心粉

車輪狀通心粉
(**Ruoti**，乾麵；乾式)

這種通心粉令人想起車輪，以買到粗全麥製以及硬粒小麥製的產品。

車輪狀通心粉(粗全麥)

車輪狀通心粉(硬粒小麥)

長管形通心粉
（**Tubetti Lunghi**，乾麵；乾式）

這種通心粉做成短形的長麵，有點彎曲，很像手肘。圖示爲粗全麥製及硬粒小麥製的產品。

線紋通心粉

線紋通心粉
（**Rigatoni**，乾麵；乾式）

這個名字來自於義大利文的riga，意思是「線條」。

短管通心麵

小指套通心粉

指套形通心粉

通心麵
（**Macaroni**，乾麵；乾式）

這是所有乾式義大利麵的通稱，但是通常用來指空心且較寬的義大利直麵。

細通心麵
（**Small Macaroni**，乾麵；乾式）

又稱爲布卡提尼（bucatini）。

筆尖形通心粉
（**Penne**，乾麵；乾式）

這種通心粉不論大小或有無稜線，都很容易買到。

螺旋紋通心粉

螺旋紋通心粉
（**Elicoidali**，乾麵；乾式）

和線紋通心粉很類似，但形狀較小，而且線條是螺旋形的。

短管通心麵
（**Ziti**，乾麵；乾式）

另一種通心麵，但切成短狀。

指套形通心粉
（**Ditali**，乾麵；乾式）

義大利文的ditali意思是手指套或頂針，小指套通心粉（ditalini，湯麵）是較小的一種。

細通心麵

千層麵（Lasagne，乾麵）

通常是手工製，但乾式的也很容易買到。千層麵是最寬的緞帶式義大利麵，可以買到平滑而有稜紋的麵，或帶有皺邊的類型，還有粗全麥麵糰製或加有菠菜濃汁的產品。

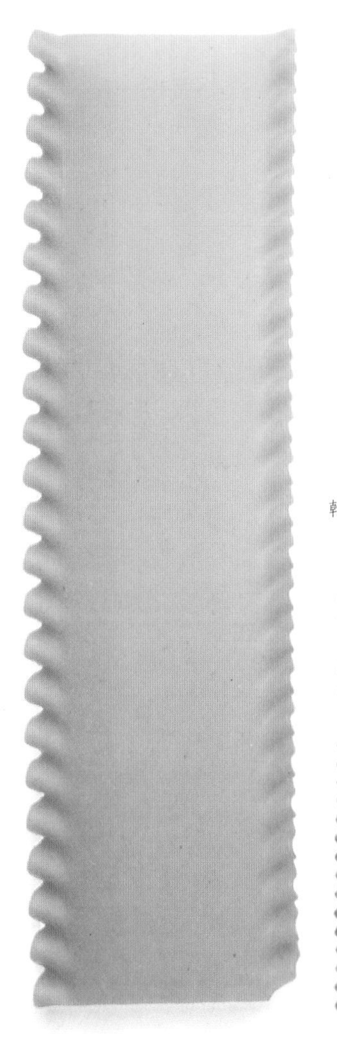

乾式義大利麵

雞蛋義大利麵

乾式義大利麵

乾式義大利麵

粗全麥千層麵
（乾式義大利麵）

餃形通心粉
（**Tortellini**，乾麵；加雞蛋）

根據傳說，這種包餡小餃子的形狀是模仿自維納斯的肚臍。它的餡料通常變化很多：Bologna大紅腸、Mortadella香腸、豬肉、碎雞胸肉、乳酪和肉豆蔻。很容易買到，有手工和乾式。

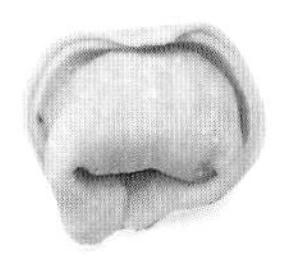
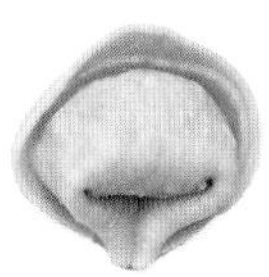
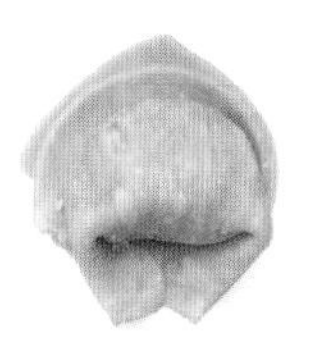
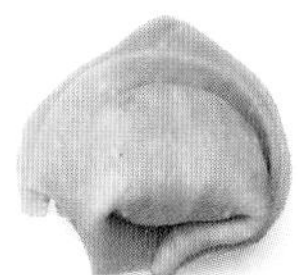

餃形通心粉

義大利餃
（**Ravioli**，乾麵；加雞蛋）

這是最著名的義大利餃。形狀爲方形，傳統上包有菠菜、香料或ricotta乳酪，但是也可以包重口味的綜合肉餡。沸水烹煮後通常配肉汁濃湯或醬料食用，此外小的義大利餃也可以用來湯煮。義大利餃通常是手工製的，但是也可以買到煮好的罐裝食品。

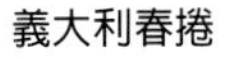

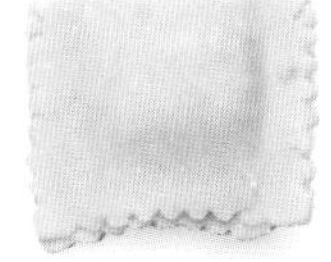

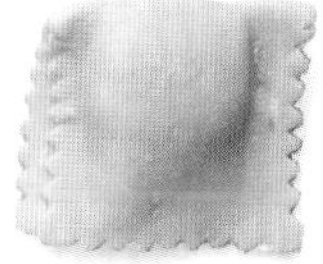

義大利餃

義大利春捲
（**Cannelloni**，乾麵；乾式）

原文的意思是「大管子」，說明它中空圓筒的形狀，它可以塞入餡料並在烤爐上烤。

帕斯提納
（**Pastina**，湯麵；乾式）

Pastina是通稱所有用來煮湯的小型通心粉。

帕斯提納

義大利春捲

蛋麵和蛋餃

蛋麵

這些麵全都加了雞蛋，顏色較黃的麵則加得比較多。市售蛋麵通常會壓成不同大小的綑狀，而且已經蒸熟，因此在家烹煮前只需要極少的準備工作。這類麵條和義大利麵最主要的區別在於準備方法，而不是它的成分或形狀。圖中所示大多爲乾式麵。

市售麵條是用大約每44公斤的粗小麥粉兌5.5公斤的雞蛋做成。不論是將麵糰混合、搓揉、滾麵、切割或乾燥，全部都是使用機器操作。

歐洲的麵條也許是源自符騰堡（Württemberg）的spätzle（麻雀），那裡的人將雞蛋麵糰從濾器的孔洞中擠入沸水裡烹煮，並搭配小牛肉和包心菜食用，或和碎肉、香料混合一起做沙拉。

手工製的雞蛋麵

乾式雞蛋麵

乾式雞蛋麵

中式麵

中式麵

這些麵條變化相當多，但是典型的麵條是3公釐寬的乾式麵，捆成鬆鬆的毛線團狀出售。在中式麵條中，以炒麵最具特色，通常搭配肉及蔬菜一起烹調。

乾式雞蛋麵

乾式雞蛋麵

乾式雞蛋麵

蛋　　餃

西陪特克餃子（Csipetke）

匈牙利的雞蛋麵皮餃子是將麵糰碎片放進沸水裡煮成，搭配湯或匈牙利燉肉（goulash）食用。

卡斯努得餃子（Kasnudln）

產自奧地利，是烏茲卡餃子的一種，內餡包有乳酪或肉類這類香濃的材料，否則就會包有水果及辛香料這種甜餡。

烏茲卡餃子（Uszka）

這是一種波蘭製的義大利餃子，以雞蛋、麵粉做成麵糰，麵糰裡則包有蘑菇，然後放在湯裡烹煮。Uszka意爲「小耳朵」，用來形容它的形狀。

米類、豆類及小麥製麵條

麵線

麵條在中國象徵長壽，因此常在生日時供膳來祝壽。這些麵條通常是做成長長的絞線狀，然後折疊包裝。

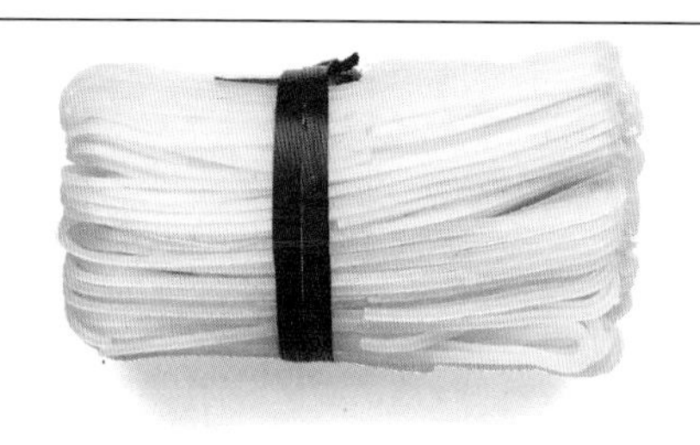

麵線

粉條

這些扁平緞帶狀的麵條是做成長股狀的。

粉條

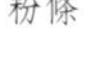

粉條

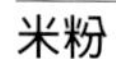

米粉

這是用稻米做成的麵條，在稻米生長較多的中國南方比較普遍。圖中捲曲而成片狀的麵條通常稱爲「米粉」。

米粉

小麥麵條

這些扁平、桿狀的小麥麵條各有不同的寬度，可依口味的不同與米粉互相取代烹煮。

冬粉

中國和日本的冬粉是用綠豆粉（圖中所示）、豌豆粉或麵粉做的。日本人將透明的粉絲叫做「春雨」，在雜燴火鍋（以碎魚肉和蔬菜爲湯底）裡是主要材料之一。印度人則將透明粉絲稱爲賽維安（sevian）或「中國草」，而且是用在甜式菜餚中。

小麥麵條

冬粉

其他麵條及餃子

畢喬（Bijon）

這種用玉米心製造的麵條在東南亞大量生產。它的製法是將玉米心浸在水中4～7天來產生酪酸醱酵，然後磨成泥狀，加入玉米粉做擀麵球。接著 成長條，加熱2分鐘後再曝曬4小時。

其他的東南亞麵有用麵粉、鴨蛋、鹽和蔬菜油做的廣東麵，以及用麵粉、雞蛋、蘇打灰（純鹼）及密蘇雅（misua）做成的密基麵（miki），後者是種非常細的小麥麵條，類似日本的一種烏龍麵，狀似透明的粉絲。這些麵可以和某些傳統菜一起上桌，如馬來西亞的米粉湯（laksa），以魚和椰奶煮成。

醱酵丸子

巴伐利亞的knödl（丸子）、奧地利的knödl（丸子）和捷克的knedliky（丸子）都是用不新鮮的麵包或醱酵過的麵糰做成，有甜有鹹。英格蘭的諾福克丸子（Norfolk）也屬於此類麵食，煮熟的醱酵麵糰可以搭配肉湯或燉菜，或是配糖、蜂蜜、糖漿等當作甜點食用。

蒟蒻麵（しらたき）

用中國和日本的蒟蒻（*Amorphopallus rrivieri*）粉末製成的麵。它是將塊莖乾燥後製成蒟蒻粉（こんにゃく），再製造成蒟蒻麵，日文原意是白色瀑布。在有名的壽喜燒（すきやき，日式火鍋）裡是主要材料。

日式蕎麵（そば）

日本最受歡迎的麵，用蕎麥粉製成，許多麵館都有販賣。這種麵是裝在竹簾（ざる）上，搭配海帶和山葵食用。

日本素麵

這種白色的小麥麵條非常細且質地細緻，通常是當作涼麵食用。

烏龍麵（うどん）

非常窄的帶狀白色小麥麵條，用來放在湯中，或和肉及蔬菜混合成一道菜。

烘焙材料

有些材料也許並不突出，但在烘焙的過程中卻很重要，其餘的就比較具裝飾性。前者是膨脹劑及稠化劑，烘焙時會使食物「內部」發生化學變化。第二類是擔任裝飾作用的材料，也就是染色用品及糖果。

烹調須知

酵母是用來膨脹以高筋麵粉做成的麵包生麵糰，而發粉則適於大部分的蛋糕或某些麵包。新鮮酵母應該是灰褐色的，質地易碎，不新鮮時顏色會變深，和其他材料混合前應該先溶於溫水中。乾酵母也應該先撒於水中溶解，同時也比新鮮酵母需要較高的溫度及較多的水分。

許多稠化劑如竹芋及玉米粉也可以用於烘焙，其中玉米粉對肉汁及醬汁非常重要。粉狀或片狀的骨膠是用來使肉凍和果凍類甜點結凍的材料。一般來說，乾式烘焙材料如酵母、發粉和玉米粉如果存放在陰涼乾燥的地方，就可以保存很久。

製作糕餅所需要的糖果和色素種類繁多。許多傳統的色素如葉綠素、洋紅都已經被各種人造色素所取代。市面上也有許多軟的或硬的糖，以及糖漬水果。

新鮮酵母

酵母是帶有活性細胞的植物，加了糖就會產生酒精和二氧化碳。新鮮酵母是做麵包的主要膨脹劑之一，弄碎後很快就會失去效用，所以應該少量購買。也可以買到冷凍品。

新鮮酵母

酵母餅

這是另一種新鮮酵母，壓縮成圓形而非塊狀。可以在特定的食品店買到。

酵母餅

啤酒酵母

雖然它名為酵母，卻不是膨脹劑，它的功用和名字一樣大多用於釀酒或啤酒。市面售有乾燥、粉狀或藥片狀的啤酒酵母。

乾燥的啤酒酵母

啤酒酵母粉

紅酵母

它是一種野生酵母，通常賣乾燥品，主要是用來醱酵，特別是用來釀造東方醋。

紅酵母

乾燥酵母

現在的乾燥酵母都是工廠製造的，而且幾乎都是以蜜糖和水為基本材料做成。它和新鮮酵母的用途一樣，但是可以保存較久，也有速發式的乾燥酵母。

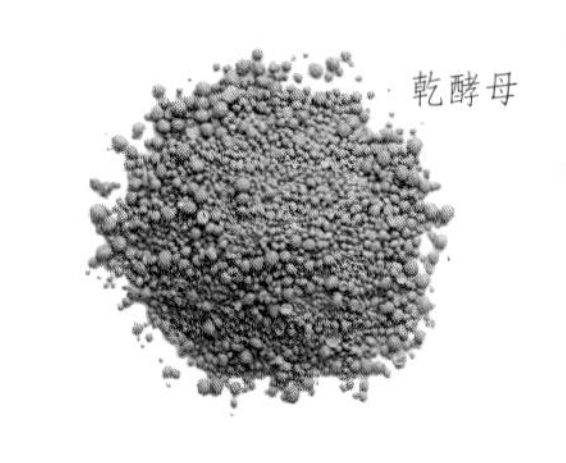

乾酵母

果膠（Pectin）

在某些水果中自然產生的一種糖類，主要用於果醬及果凍中以幫助凝結。市面上可買到果膠萃取物，也可以在家自己做。

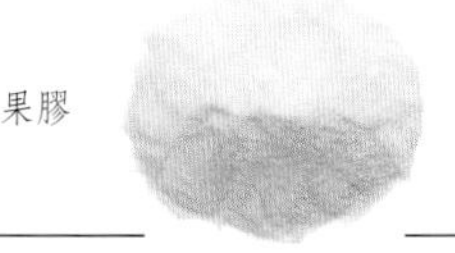

果膠

小蘇打

又稱碳酸氫鈉或烘焙蘇打，本身沒有醱酵作用，但是如果和酸物混合的話(如酸奶)，即可成爲膨脹劑。

小蘇打

酒石英（Cream of Tartar）

這是在葡萄汁醱酵成酒後所發現的物質。和烘焙蘇打混在一起會產生二氧化碳，使麵糊膨脹。

酒石英

發粉

這類膨脹劑有許多種，但基本上都是小蘇打加各式酸物或酸鹽做成的。可以在市面上買到，也可以在家中用酒石英、小蘇打和鹽來製造。將水加進發粉後，二氧化碳會釋放出來，使麵糊充滿氣體。加入太多會破壞蛋糕的組織及味道，所以依照食譜指示使用是很重要的。

發粉

玉米粉

從玉米取出的白細粉末，可使布丁及醬汁變得濃稠，或用來烘烤蛋糕。

玉米粉

竹芋（Arrowroot）

這種精緻營養的澱粉主要是從西印度群島的同名植物(*Maranta arundinacea*)取得的，最常用來作濃稠劑。

竹芋粉

骨膠粉

樹薯粉（くず）

這種樹薯藤的塊莖味道相當苦，但經過烹煮並弄碎後，就是日本及中菜裡常用的濃稠劑。

樹薯粉

洋菜（Agar-Agar）

一種無味含膠質的物品，從多種遠東海草中萃取而得。洋菜有許多不同的名字，例如孟加拉魚膠、錫蘭青苔、日本青苔和馬加撒膠(Macassar gum)，主要是用來製做果凍或膠狀甜點。市面上售有細長片狀及粉狀洋菜，除非煮沸，否則只有部分能溶於水。

洋菜

骨膠（Gelatine）

將牛骨及牛筋煮沸後萃取出的物質，市售品爲粉狀或透明大片狀，爲一種凝結劑，主要用於製作甜點和處理烹調前的肉類。

骨膠

其他烘焙材料

碳酸氫氨（Ammonium Bicarbonate）

是現代膨脹劑的前身，可讓未醱酵的麵糰具有彈性。

阿拉伯膠（Gum Arabic）

它是從阿拉伯膠樹(Acacia senegal)中取得的物質，可防止糖分結晶，常刷在杏仁糖水果上增加光澤。

黃耆膠（Gum Tragacanth）

用來做糖花及蛋糕裝飾物的膠類，萃取自中東的一種植物。

色素和糖果

杏仁糖水果

將杏仁糊雕塑成形後再染上食用色素，使它肖似水果。常用來當作蛋糕上的裝飾品，或盒裝起來當作糖果禮盒。

椰子

將椰乾製成薄片或細屑，通常爲直接使用，或烤過當裝飾品，也可以加入烤料中，例如加在餅乾料裡製成椰子餅乾。

鑽石軟糖

柔軟有嚼勁，這種糖製裝飾品又稱爲鑽石果凍，特別適合放在蛋糕或甜點上拼排圖形。

小糖米和小糖粒

小糖米的種類有管狀和球狀兩種，這些硬糖粒可以快速又簡單地作爲蛋糕及甜點的裝飾。

食用色素

市面上售有色素粉，但更常見的是色素液。不論人造或天然都必須少量使用，因爲用量太多會使色彩過於鮮豔。天然色素包括有：牛舌草，爲紅或藍色色素，萃取自紫草科牛舌草(*Anchusa tinctoria*)的根部，俗稱朱草；胭脂籽，一種橘色色素，由西印度群島的胭脂樹(*Bixa orellana*)的種子萃取而來；胡蘿蔔素，和維生素A有關的黃色色素，萃取自胡蘿蔔；葉綠素，從葉片中取得的綠色色素，如波菜和蕁麻；洋紅，取自墨西哥及伊朗所產的雌胭脂蟲(*Dactylopius coccus*)體內的一種粉紅色素，又稱胭脂紅。

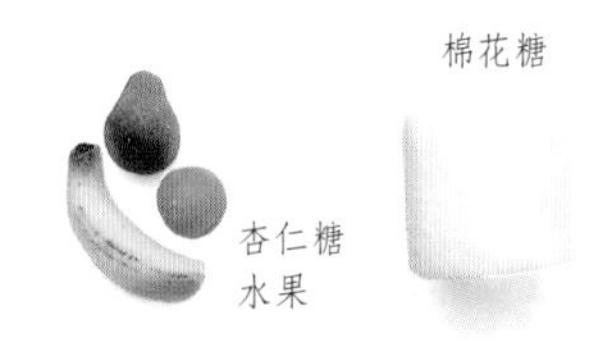

棉花糖

杏仁糖水果

椰子片

椰子

栗子泥

椰子屑

鑽石軟糖

糖球

小糖米

糖珠

小糖粒

紫蘿蘭及玫瑰瓣糖花

糖漬紫蘿蘭、玫瑰花瓣及薄荷葉

食用色素粉

食用色素液

棉花糖

一種白白軟軟的糖，可以直接食用或烤了再吃。棉花糖是用蛋白、糖和骨膠做成的，外面再覆一層糖粉。最初是用藥蜀葵的根部所做。

栗子泥

將栗子去殼烹煮壓成泥狀(有時也加入鮮奶油)，可加入質地柔滑的甜點中，或當作禽類菜餚的餡料。

糖球

外層光亮平滑的硬質糖球，常用在特殊用途的蛋糕上。

糖珠

甜甜的小顆粒，有多種顏色，可用於各種大小的蛋糕上。

紫蘿蘭及玫瑰瓣糖花

這種硬質的花形糖果有各種大小和顏色，是很受歡迎的蛋糕裝飾品。

糖漬紫蘿蘭、玫瑰花瓣及薄荷葉

浸於蛋白和白砂糖中製成的，這些覆上糖霜的花和葉片可用來裝飾小蛋糕和冰淇淋。

糖衣栗子

常裝成糖果禮盒。栗子先長時間醃漬，再以糖漿裹上糖衣。

糖衣栗子

糖衣櫻桃

塗上糖、葡萄糖漿混合液的櫻桃，可當作水果蛋糕和巧克力的烹調材料，還可作爲裝飾物。

綜合果皮

多種柑橘類水果的果皮與糖、葡萄糖漿混合而成，可加在味道濃郁的水果蛋糕和聖誕布丁中。

糖漬鳳梨

外裹糖衣的鳳梨，可當作甜食或切碎後作爲裝飾使用。

水果片造型糖

以糖和骨膠模仿水果切片做成的糖，可裝飾蛋糕和甜點。

烹調用巧克力

這種大塊的板狀巧克力是以冷卻的可可豆漿液製成板狀而成，又叫作烘焙巧克力，或無糖巧克力。甜的和微甜的巧克力含有較多的糖和可可油，也可以用來烘焙或做醬汁。

杏仁醬

將漂白過的杏仁粉加糖和香草製成，也叫杏仁糖霜或杏仁霜。將醬料弄平後覆在水果蛋糕上並冷藏。一般認爲原產於中東。

巧克力薄片

可整片使用，或壓碎後上桌，通常用來搭配香草冰淇淋。

當歸糖

將當歸的莖裹上糖衣，切碎或切細絲來當作蛋糕的裝飾。

糖衣櫻桃

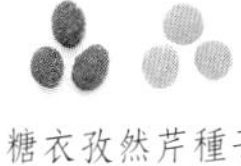

糖衣孜然芹種子和含羞草球

綜合果皮

草莓和巧克力脆片

碎巧克力

糖漬鳳梨

糖漬薑

水果片造型糖

烹調用巧克力

巧克力薄片

杏仁醬

當歸糖

米紙

糖衣孜然芹種子和含羞草球

這些種子的外面覆上了彩色的糖，質地硬而脆，可使柔滑的甜點多些不同的口感。

草莓和巧克力脆片

甜而脆，用於蛋糕和冰品。

碎巧克力

小小的碎巧克力用在餅乾及蛋糕中作裝飾用。

糖漬薑

薑莖之外裹上一層糖衣，可當甜食，或切碎當裝飾材料。

米紙

一種很細緻的紙，可用來墊在某些糖果的底部。

其他有用的糖果

果仁糖（Nougat）

原產於歐洲，用糖、糖漿和蛋白製成，通常加有堅果及糖衣櫻桃等食材。

膠片（Pastillage）

一種用於蛋糕的膠醬，是用糖霜、黃耆膠或骨膠及玉米粉所做成的。也可以染上顏色。

咖　啡

咖啡原產於衣索比亞，三大咖啡品種之一的阿拉伯咖啡(*Coffea arabica*)即野生於此。另兩種是大葉咖啡(*C. robusta*)及賴比瑞亞咖啡(*C. liberica*)，分別產自剛果及賴比瑞亞。都需要高溫潮溼的氣候和肥沃的土壤。

「coffee」這個字衍生於阿拉伯文quwah。阿拉伯咖啡首次栽種於575年，但要到十五世紀，這種植物才在非洲南部廣為栽種，並傳到鄰近的印度洋及地中海沿岸諸國。到了十七世紀中葉，咖啡傳遍歐洲，更出現了各式咖啡屋，成為現代俱樂部的前身。咖啡在1668年傳入北美洲，十八世紀初引入法屬西印度群島，而後傳入巴西及其他中南美洲國家。今天的咖啡在西印度群島、墨西哥、熱帶南美洲、中美洲、非洲、印度及印尼皆有栽種。大葉咖啡、阿拉伯咖啡及賴比瑞亞咖啡皆大量培植，各有不同品種。

綠色咖啡豆取自咖啡樹的紅色成熟漿果，每一粒漿果都有兩顆咖啡豆或咖啡種子，大約要四千粒漿果才能產出1公斤咖啡。

萃取咖啡

咖啡豆主要分成三類，用阿拉伯咖啡豆泡的咖啡品質最好，咖啡因含量也低；大葉咖啡豆泡的咖啡味道濃郁，咖啡因含量高，屬於次級品；最後是賴比瑞亞咖啡豆，它的產量很多，但是味道很普通。

咖啡的味道和香味主要在烘焙綠色咖啡豆時產生。大約在100℃時，綠色咖啡豆會轉成淡黃色，到了230℃便膨脹到幾乎兩倍大，色澤也變為褐色，同時咖啡豆的表面會滲出油脂，使咖啡豆的外表變得光滑誘人。

烘焙後的咖啡豆主要分成四類。重度或加倍烘焙的咖啡豆味道濃郁並帶苦味，應該喝純咖啡。完全烘焙的咖啡豆味道微苦，但是缺乏前者的焦味。中度烘焙的咖啡豆香味濃郁而不苦。至於輕度烘焙或淺度烘焙則可以讓香味較淡的咖啡豆產生極細緻的味道及香味，因此很適合加牛奶飲用。

濃黑的咖啡刺激性較強，尤其是大葉咖啡豆泡的咖啡，因為咖啡因含量較高。低咖啡因咖啡主要是用兩種方法製成：自然法是洗掉咖啡因鹼基，化學法則是利用溶劑。其他還有咖啡的調香料或替代咖啡的植物，包括與菊苣同緣的蒲公英的乾燥根。

即溶咖啡有粉末及顆粒兩種，早在三〇年代就已開始使用，它的上市更預告了速食紀元的來臨。即溶咖啡的製造方法是先以剛烘焙好的咖啡粉泡出香濃的濃縮液，然後將它噴入熱氣流中蒸發水分，留下咖啡細粉。

冷凍乾燥法是製出芳香即溶咖啡最成功的方法。將咖啡泡好後凍成厚板，接著磨成顆粒，然後放入微熱的真空裡，讓冰直接揮發成蒸汽，留下乾燥並可馬上使用的粗粒。

煮咖啡須知

生咖啡豆可以放在陰涼乾燥的地方無限期保存。一旦烘焙或研磨後必須儘快使用，而且粉末越細，咖啡原味也會越快消失。

咖啡的煮法基本上有過濾式及煮泡式，煮過的咖啡味道較強也較苦，因為大量的香味會在釀泡時蒸餾出來，苦味也隨之滲入。

用於烹飪的咖啡味道必須濃重才能達到滿意的效果，或者也可以用即溶咖啡來取代。只要食譜裡有「摩卡」這個字，就表示成品必須具有強烈的咖啡味。咖啡在幾種酒精飲料裡也佔有重要地位，例如愛爾蘭咖啡，以及Tia Maria、kahlua、crème de café、crème de mokka和Bahia等香甜酒，大多是用咖啡漿果的果肉製成。

重度烘焙咖啡豆

圖中所示爲阿爾及利亞出產的阿拉伯咖啡豆。這種咖啡如同所有的重度或深度烘焙咖啡一樣，味道相當苦，而它的油脂則可讓咖啡的甜味不斷釋出。

粗磨咖啡粉

粗磨咖啡粉比較適合用濾泡法烹煮。晚餐時選用味道較濃的深度烘焙咖啡豆，早餐時則採用輕度烘焙的咖啡豆。

中度研磨咖啡粉

這種研磨法最能保存咖啡的細緻味道及香味，適合用濾泡式、柯納(Cona)或壺式沖泡法。

細磨咖啡粉

理想泡法是用沖泡式或espresso沖泡器沖泡，或採用以濾紙過濾咖啡渣的滴漏式。

蒲公英咖啡

萃取自蒲公英的根部，可以烘焙成無咖啡因咖啡的替代品。

低咖啡因咖啡粉

在研磨時加入溶劑並烘乾，大部分的咖啡因就會消失。

冷凍乾燥法即溶咖啡

將煮好的優質咖啡冷凍並磨成小顆粒，置於眞空中除去水分。

重度烘焙咖啡豆

輕度烘焙咖啡豆

重度烘焙粗磨咖啡粉

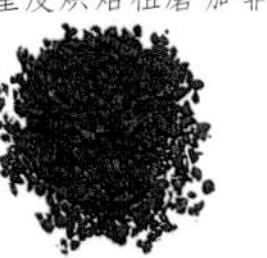

完全烘焙咖啡豆

重度烘焙中度研磨咖啡粉

中輕度烘焙咖啡豆

重度烘焙細磨咖啡粉

哥斯大黎加未烘焙咖啡豆

蒲公英咖啡粉

哥斯大黎加烘焙咖啡豆

低咖啡因咖啡粉

冷凍乾燥法即溶咖啡

即溶咖啡

輕度烘焙咖啡豆

圖中所示是肯亞產的阿拉伯咖啡豆。輕度烘焙的咖啡豆味道細緻，可以加入牛奶沖泡。

完全烘焙咖啡豆

圖中所示爲摩卡咖啡豆，它的評價極高，味道獨特而強烈，但與較溫合的咖啡豆混合也很好。

中輕度烘焙咖啡豆

圖中所示爲土耳其咖啡豆。而將咖啡豆研磨成粉再沖泡出濃烈咖啡的獨特風格即出自於此。

哥斯大黎加未烘焙咖啡豆

未烘焙的咖啡豆可以保存二、三年不壞。烘焙可讓咖啡豆散發出香味並轉成淡褐色，而所有咖啡豆都是剛烘焙好時味道最好。

哥斯大黎加烘焙咖啡豆

一種質佳、溫合且味道濃郁的阿拉伯咖啡豆，沖泡後會帶點微酸味。都是採中度或輕度烘焙，單獨沖泡滋味頗佳。

即溶咖啡

通常用較劣質的咖啡豆製成，雖然味道較粗劣但很方便。

其他咖啡豆

哥倫比亞咖啡豆

一種微酸的濃稠咖啡豆。

摩卡咖啡豆

一種阿拉伯咖啡豆，因早期從葉門的摩卡港出口而得名，是目前全世界品質最佳的咖啡豆之一。

牙買加咖啡豆

大顆粒的黃色阿拉伯咖啡豆，帶有細緻的風味。

肯亞咖啡豆

非洲的淡綠色阿拉伯咖啡豆，烘焙後泡出的咖啡味道強烈刺激。

麥索爾咖啡豆（Mysore）

東印度產的淡灰色阿拉伯咖啡豆，咖啡味道細緻而濃郁。

聖多斯咖啡豆（Santos）

聖多斯和里約咖啡豆都產自巴西，顏色爲黃綠色，可沖泡出溫和醉人的汁液。

茶

茶是世界上最受歡迎的飲料，由於是以茶樹(*Thea sinensis*)葉泡成，故取名爲茶。茶樹屬於常綠樹或灌木，主要生長於熱帶溼地或亞熱帶2000公尺的高地。雖然這種植物可能原生於印度，但在公元200年時就已傳入中國，成爲中國的全國性飲料。傳入日本是在八世紀時，茶不僅在日本極受歡迎，日本人還發展出猶如祭典一般的茶道。茶由荷蘭人在1610年引入歐洲，1644年出現於英國，至於美國是在十八世紀初才有。隨後茶便拓展到全世界，生產地主要有中國、台灣、日本、印度、斯里蘭卡和東南亞，另外非洲少數地區也有栽種。

茶的種類主要有熟茶(紅茶)和綠茶兩種，兩者的差異在於茶葉的處理方法不同。熟茶的顏色爲琥珀色，味道濃郁，葉片經過醱酵。綠茶的顏色是碧綠黃，味道微苦，不經醱酵過程。還有另一種類別是生長於中國、台灣及日本的烏龍茶，爲半醱酵茶，細微的風味介於熟茶及綠茶之間，有些烏龍茶還會摻入茉莉花來添加風味。

茶樹的最佳部位爲嫩芽，外覆兩片絨毛葉子，稱作白毫(pekoe，中文意思爲「多絨毛的」)；而這就是茶農所說的「兩葉一心」，至於「白毫」則用來描述葉片的大小和等級。茶葉是用人工摘取，而且需要2公斤的新鮮葉片才能製成450公克茶。

茶葉的製造過程

摘下來的茶菁必須快速送至工廠，攤在石頭上晾曬，這個步驟大約可去掉茶菁50%的水分。經過第一步的「萎凋」過程後，接著用機器翻滾茶菁，破壞葉片的細胞結構，讓茶葉釋出酵素開始氧化。由於翻滾技術經過特殊設計，可讓葉片捲曲，有如中國自古以手揉捻的效果。翻滾步驟後，茶葉便置於27℃的溫度中醱酵，此時葉片會轉成銅黃色。醱酵步驟攸關茶葉的味道及濃度，最後中止於「焙製」程序，也就是在恆溫的房間中讓葉片通過流動的熱氣流約30分鐘。

茶葉一經焙製，機器便篩出黑色及破損葉片，以分成碎白毫及白毫兩個主要等級。通常葉片愈大泡出來的茶味道也愈好，而較小的葉子泡出來的茶水味道較濃也較黑。

先用篩子將碎葉分離出來，然後分級爲碎橙黃白毫、細嫩碎橙黃白毫與碎白毫，依此類推直到分出茶末及茶粉。至於白毫的等級有細嫩橙黃白毫、橙黃白毫和白毫。

這些傳統的分級法都適用於中國茶和印度茶，但是最近這幾年來，印度茶商研發出一種用機器切割葉片的方法。由於這種茶葉很迅速就能沖出味道來，所以很適合作爲茶包的原料。

泡茶須知

茶可製成熱飲、冰茶或綜合茶。錫蘭紅茶最適合調製成冰紅茶或綜合茶，因爲它的茶水不會變黑。紅茶可以搭配檸檬和糖飲用，或是加入牛奶；綠茶則可加檸檬或糖，或者單味飲用。北非人會在茶水中加入薄荷葉以及大量的糖，喜馬拉雅山則有一種茶湯是加了犛牛油和鹽調製而成的。

茶葉很少用作烹調材料，茶冰淇淋和茶酥芙蕾只是少數特例。以沖泡式飲料來緩和神經或振奮精神是世界性的嗜好，例如茶、咖啡、巴拉圭茶(*Ilex pape*)、日本茶(*L. cassine*)，以及瓜拉納茶(*Paullinia sorbilis*)全都含有單寧酸、茶鹼和咖啡因，至於大部分的花草茶則不具有刺激性。茶葉應該收藏於密閉的容器裡。

毛尖茶

產自中國的一種熟茶，葉片黑大，淺色茶水帶有煙燻味及特殊的「蘭花香」。非常適於配合食物飲用，但是最好不要加牛奶。

澄黃白毫紅茶（Orange Pekoe）

印度熟茶的頂級茶葉，採自茶枝的嫩芽及頂尖葉片，有時會有香味，帶有茉莉的味道，很少與其他茶葉混合。

星村小種

一種大葉片的中國熟茶，煙燻味濃郁。星村小種茶需要慢慢沖泡，最好不要加牛奶或檸檬，常加入混合茶中。

阿薩姆紅茶

產自印度阿薩姆省東北部，是高品質的濃郁熟茶，適合所有用途。通常以單品沖泡，茶水色澤紅潤並帶有麥芽味，不論加牛奶或不加都很好喝。

抹茶

中國、台灣及日本都有生產，是一種淺綠帶灰的中國茶，特色是葉片捲成球狀。珠茶未經醱酵，味道細緻且香味絕妙，最好單品沖泡。

龍井茶

這是種不具香味的中國茶葉，黑色的葉片沖出溫和、單寧含量低的淺色茶水，搭配食物飲用味道極佳，但最好不要加牛奶。

茉莉香片

一種香味特殊的中國綠茶，帶著乾燥茉莉花的雅緻芬芳，屬於單品沖泡的茶葉，千萬不可以加牛奶飲用。

毛尖茶

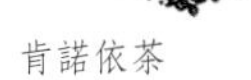

肯諾依茶

橙黃白毫

台灣烏龍茶

星村小種

大吉嶺紅茶

扶桑茶

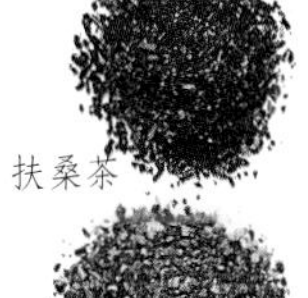

阿薩姆紅茶

玫瑰果茶

竹葉茶

珠茶

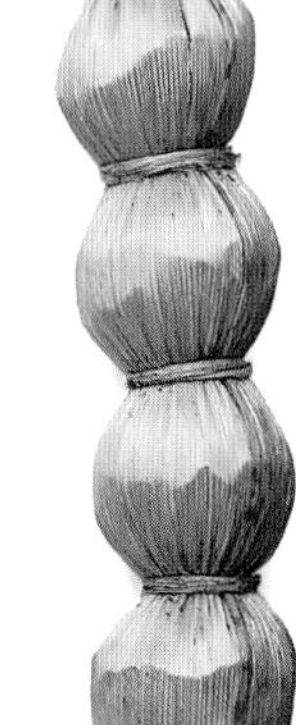

龍井茶

茉莉香片

肯諾依茶（Kanoy）

這種沒有香味的熟茶葉片小而黑，產自斯里蘭卡，曾稱爲錫蘭紅茶，茶水爲亮金色。

台灣烏龍茶

產自台灣的半醱酵茶，葉片最大，但是沖出來的茶水清淡，味道有如熟桃。

大吉嶺紅茶

需要慢工沖泡的印度熟茶，味道香濃，甚至近似果香，一般認爲是印度茶中最佳、最細緻的茶葉，產於大吉嶺一帶。

扶桑茶

用扶桑花製成的茶，茶水爲紅色，帶有酸味。

玫瑰果茶

將野玫瑰的果實連籽碾碎製成的茶，茶水帶有酸味。

竹葉茶

味道強烈帶苦的中國熟茶，取名爲竹葉茶是因爲茶葉包在乾燥的竹葉中。

其他茶類

甘菊茶

這種花草茶完全是用花瓣泡成，氣味細緻。其他的花草茶也很普遍，包括辣薄荷茶，風味極佳。

錫蘭紅茶

香味細緻的上等茶葉，生長區在海拔1200公尺以上。

伯爵茶

非常著名的綜合茶，由於加有佛手柑故香味特殊。

糖、糖漿及蜂蜜

直到西印度群島的甘蔗於十六世紀成爲容易取得的便宜物之前，世人主要是依賴蜂蜜作爲甘味劑。甘蔗就如蜂蜜一樣源自於古代，首次成爲農作物是在公元前2500年的印度，在斯里蘭卡稱之爲卡爾卡拉（karkara）。糖的英文衍生自阿拉伯文sakkara（sukkur），在十三世紀時才出現於英國。史書上首次出現有關甘蔗的記載，是在公元前325年一名亞歷山大大帝的軍人所提及。甘蔗在公元前100年時首次引進中國，日本則直到700年才有甘蔗，至於中東在400年就已開始廣泛栽種。十字軍在十一世紀時發現甘蔗，將它引進歐洲，大普林尼（Pliny the Elder）說它是蘆葦所生產的一種蜂蜜，十字軍也是採用相同說法。甘蔗在1493年由哥倫布引進西印度群島的希斯巴紐拉島（現今的海地及多明尼加共和國）之前，一直是很昂貴的物品，該島大量栽種後至今，蔗糖便成爲世上甘味的主要來源。

糖有好幾種。烹飪用或餐桌上看到的白色晶體「糖」，是精煉而得的化學產物，亦即含有幾近純蔗糖的碳水化合物（醣），而蔗糖則是包含葡萄糖（又稱右旋糖）和左旋糖（又稱果糖）的糖類。

糖是植物行光合作用時所產生的。植物利用太陽提供的能源，將二氧化碳和水轉化成碳水化合物，並在葉片中合成，然後轉化爲糖，爲植物能量的主要來源，而對代謝作用也很重要。某些植物會儲存額外的糖，而製糖工業便將這些含糖豐富的植物加以利用，有甘蔗、甜菜、槭（楓）和數種棕櫚樹。

蔗糖

甘蔗（*Saccharum officinarum*）是世上的主要甘味來源，主要是用機械收成，只有少數地區依舊用傳統的手工收割。收割後的甘蔗會放入壓碎機中壓出汁液，然後用化學方法將雜物沈澱，接著煮開而成飽和的溶液。得出的糖漿必須經過處理，讓糖晶體「露出」。由於技術的精進，所以留下來的母液又稱糖蜜，可以生產出進一步的晶體物。

紅糖是在煮甘蔗汁以生產第一階段的糖晶及糖蜜時，所製造出來的產物。它之所以是紅色，在於覆有一層糖蜜，洗過之後，糖晶就會變成帶點淡金色的白色了。

在煉製糖晶的過程中，會產出糖晶體並留下糖漿殘渣。這些糖漿的質地更有價值，因爲第二階段的糖漿比第一階段更濃縮。這類糖漿也有多種不同的色澤，從淡紅到深紅甚至接近黑色都有。最後剩下的是無法再生產的糖漿，又稱赤糖糊糖蜜，是大約50%的糖和無機物及有機物的濃縮體。糖蜜可能是由不同的甘蔗糖漿混合而成，經過等級區分後上市出售，但也可能是用白糖精煉過程中所得到的糖漿混合而成的。

根部或樹木的糖

得自甜菜（*Beta vulgaris*）的糖不論品質或甜度都和蔗糖一樣。洗過根部後，將根肉搗成漿或切薄片，接著泡在熱水中溶爲糖漿，然後從中萃取，處理方法與蔗糖相同。然而，甜菜不會產出紅糖，而是微苦的糖蜜。

美洲移民向印第安人學會利用槭樹作爲甘味來源。直接取自樹幹的樹汁帶有甜味，但沒有顏色和氣味，樹汁必須經過煮沸以得到槭樹特有的味道及深色糖漿。

棕櫚糖來自椰棗、椰子樹、酒椰子及扇椰子。在樹幹上或樹頂開個口以收集樹汁，再將汁液濃縮成糖漿，產生一種清澈透明的液體，接著便可以晶化處理。

烹調須知

使用紅糖的目的在於它們的特殊風味，並爲成品增加溼度，通常麵包或蛋糕需要使用紅糖時，食譜上都會特別註明。糖霜通常用來做甜點，或烘焙某些蛋糕時用來取代細白砂糖，最典型的用法是做糖衣。糖蜜、玉米糖漿和槭糖漿都是重要的添加物，用在烘烤食品、甜點及裝飾上。

糖霜及糖漿可能需要煮沸使用，這點和許多甜點、果醬、果凍和軟糖是一樣的，而加熱至足溫則是成功料理的關鍵。測量溫度可以使用糖用溫度計，濃度則用糖分量計來測量。如果糖晶體在煮沸前沒有充分溶解，沸騰後糖漿就很容易結晶或結粒。流到鍋旁並黏在鍋邊的糖漿很可能會沈澱成粒，必須馬上用浸過水的刷子刷回鍋中。加入一點酒石英和葡萄糖可以防止糖漿結粒或出現薄膜。

蜂　蜜

蜂蜜是最古老的甘味材料，在糖出現之前早就爲人所用。古代的釀酒人還用它來釀酸性飲料mead，這個字出自梵文的madhu，是一種蜂蜜飲料，而在英雄時代，貝奧武甫(Beowulf)及低階人物就是靠這種飲料來補充體力。然而傳統上蜂蜜大都是用於烘焙。古希臘人將蜂蜜加在麵包裡並命名爲melitute(蜂蜜麵包)，後來羅馬人將麵包改名爲panis melitus(潘尼斯蜂蜜麵包)，並烘焙出一種作爲祭品用的蜂蜜蛋糕，取名爲libum。

用蜂蜜爲麵包添加甜味的做法，進一步衍生出種類繁多的蜂蜜糕餅，如法國的辛香麵包(pain d'épices)、德國的薑餅(lebkuchen)和英國的薑餅。東方的糕點師傅發現杏仁與蜂蜜混合極爲美味，並將這種調製法廣傳各地，傳到義大利時引發了杏仁糖的風行，傳到法國後，便在蒙特利馬(Montélimar)製出杏仁糖，傳到西班牙就成了托倫糖(turrón)。馬雅人用蜂蜜做出依斯塔蘇吞(Ixtalseutun)香甜酒，阿茲特克人則用蜂蜜來使巧克力甘甜。

雖然蜂蜜可以用人工方式製造，但通常是用天然蜂蜜。先使用機器摘取蜂巢，接著旋轉它，利用離心力將蜜漿抽出，也可以採用加熱煎出的方法。最後將蜂蜜過濾，去除雜質後包裝。

蜂蜜的種類

蜂蜜是蜜蜂從花或樹上取得的花蜜所製造出來的。它是花朵的眞正精髓，任一種花都能生產出不同風味及特色的花蜜。例如希臘有名的希米塔斯山蜂蜜，就是蜜蜂拜訪鼠尾草、百里香、牛至和風輪菜後所得到的產物，而橙花、檸檬和萊姆的混合物就像你可能期待的那樣，會產出檸檬酸味的蜂蜜。

蜂蜜的種類有很多，風味及外貌也各不相同。撇開市面上的蜂巢蠟及罐裝蜂蜜不論，蜂漿的差異就很大，濃度從非常稀薄到幾乎成硬塊的都有，而且顏色有白、金黃、琥珀、亮褐甚至是黑色。蜂蜜的濃度差異基於以下幾項因素：植物來源、含水量和製作時的溫度。風味也很容易分析，但是爲什麼每種蜂蜜都有自己的顏色就無法得知了。

烹調須知

蜂蜜可以單獨食用或作爲烹調材料，主要是用於烘焙，它是許多東方及阿拉伯糕點的甘味料，也是土耳其果仁蜜餅(baklava)、希臘蜂蜜餅(pasteli)和廣受歡迎的碎芝麻蜂蜜糖(halva)的原料，當然也是前述甜點的原料。它可用來保存火腿、製成蜂蜜奶油、做早餐麥片的糖衣，而且可以和雞肉及杏仁一起烹調成美味食物。

使用蜂蜜烹調時得記住，加熱會使糖分很容易變成焦糖，讓它失去某些細膩的香味。同時，蜂蜜放得越久越容易結晶或變硬。

糖和糖漿

白細砂糖

白細砂糖的顆粒比砂糖要細得多，通常用來烘焙蛋糕或糕餅。由於它的質地很細，可以快速溶於水，因此也常和水果及穀物一起使用。

砂糖

砂糖

市面上有數種不同質地的精煉白糖，其中最常見的是砂糖，可以擺上餐桌或用來烹調。

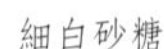

細白砂糖

醃漬用糖

在精煉廠中煮沸以取得較大顆粒或較大結晶體的糖，製作蜜餞或果醬時可以用來去除浮渣以及薄膜。

醃漬用糖

糖霜

這是一種糖粉，裡面加有防潮調節物，例如磷酸或玉米粉，因爲潮溼會使糖粉結塊或是變硬。用於製作酥餅(meringue)、蛋糕、蛋糕糖衣或甜點。

糖霜

葡萄糖

葡萄及蜂蜜含有大量的天然葡萄糖。一般市售的葡萄糖有糖粉、糖漿及糖片，通常使用於果醬及甜點中。它對運動員也很有用，因爲它很容易吸收，可以快速補充能量。

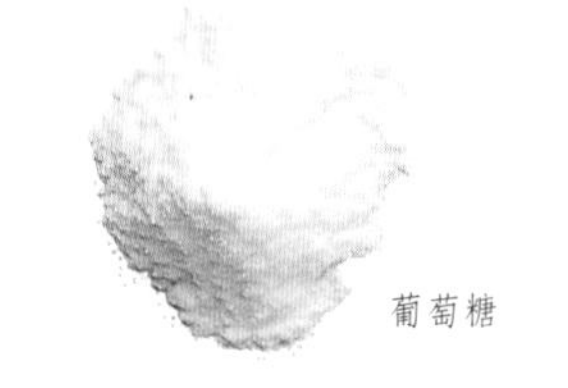

葡萄糖

彩虹糖晶

白糖中加入植物染料以製作出有粉彩顏色的糖晶，可以和咖啡一起使用，並作爲引人的桌上展示品，常拿來裝飾蛋糕或其他烘焙食物和甜點。

糖晶

咖啡用冰糖

這些顆粒相當大的淡棕色冰糖非常受咖啡愛用者的歡迎，因爲它們的溶化速度很慢，可讓咖啡維持一部分原有的苦味，喝時才逐漸轉甜。

咖啡用冰糖

淡褐色粗糖

一種粗紅糖(巴貝多Barbado
是另一種)，在原產國經過初步
清理後，接著就包裝出口。它們
的味道及外貌皆不同，主要是用
於濃郁的暗色水果蛋糕上。

淡褐色粗

細紅糖

許多廠商生產出多種紅糖，各
有不同色調和質地。這些紅糖都
是加入甘蔗糖蜜的精煉糖，在精
煉過程中讓糖晶表面附上一層糖
蜜(可溶於水)，然而粗紅糖的糖
蜜是加在糖晶裡面的。圖中所示
的兩種紅糖都是拿來用在穀物、
咖啡、水果或辛香料蛋糕中。市
面上也有不含甘蔗糖蜜的紅糖，
那是種加有植物染料的白糖，包
裝上會註明。

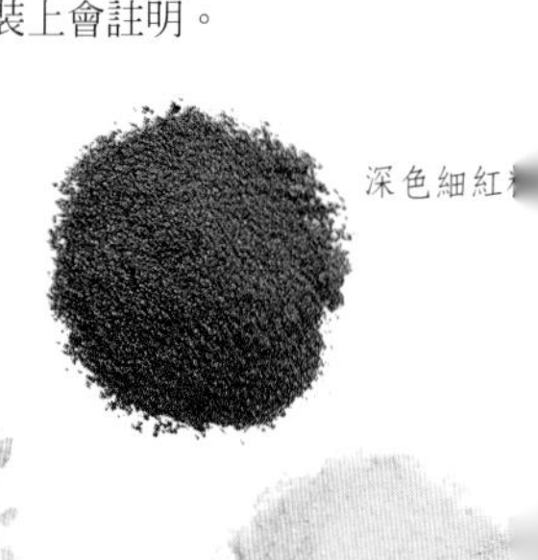

深色細紅糖

淡色細紅糖

方糖

這是將精煉過的結晶糖弄潮濕後，再壓縮成正方形或長方形的產物，可放在桌上供熱飲使用。歐洲也有生產紅色方糖。

方糖

糖蜜塊（Molasses Sugar）

糖的顏色越深，所含糖蜜就越多。這種只經粗略處理的紅糖質地溼潤柔軟，通常是加入濃郁的深色水果蛋糕中。

糖蜜塊

黑砂糖塊（Muscovado Sugar）

黑砂糖塊的顏色比糖蜜塊淡，但質地一樣柔軟潮溼，用於水果蛋糕上，其中有一種是很多印度菜裡的重要原料。

黑砂糖塊

糖塊（Lump Sugar）

金黃色的大冰糖塊用來製作甜點及飲料。深褐色的濃縮糖塊在很多東方料理中都有使用。

黃金糖漿

這是淨化過的殘餘糖蜜，經過特別處理而成金黃色，同時分解水分以減少含水量，並穩定微生物的作用，防止在錫罐中醱酵。在英國是用來做糖蜜塔（treacle tart）。

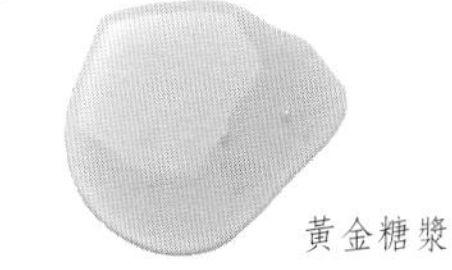
黃金糖漿

楓糖漿

經過處理的楓樹汁，具有獨特的風味。最有名的用法是塗在煎餅及雞蛋餅上，但是也可以用於楓糖奶油、楓糖蛋糕、餅乾、烤豆子、冰淇淋、烤火腿、糖霜、糖漬馬鈴薯以及烤蘋果中。愛用者聲稱它是無法取代的食品。

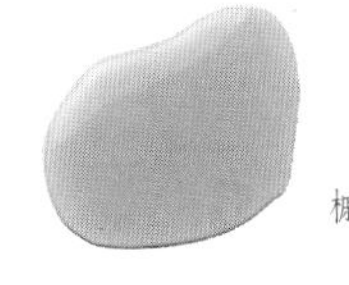
楓糖漿

蔗糖漿

甘蔗汁的濃縮液，有時候拿來取代糖蜜。

蔗糖漿

黃糖塊

深色紅糖塊

果糖漿

用水果、糖和水簡單調製而成的糖漿，在中東尤其受人喜愛。果糖漿是以果肉做成，例如玫瑰果（玫瑰果糖漿）或黑醋栗（黑醋栗糖漿），或是將花瓣加入可摧毀天然酵母的果膠酵素中，以沸水烹煮裝瓶並殺菌處理而成。果糖漿用於調製飲料，並作爲冰淇淋和甜點的裝飾。

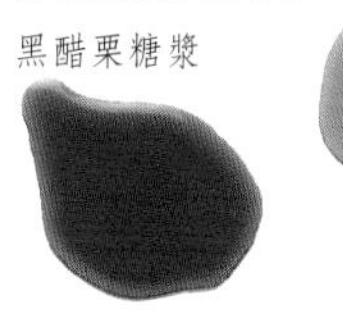
黑醋栗糖漿

玫瑰果糖漿

黑色糖蜜（Black Treacle）

比黃金糖漿更黑更濃，用於濃郁的水果蛋糕及辛香佐醬。

黑色糖蜜

糖蜜

糖蜜

製糖過程中的副產品。深色或赤色糖蜜（圖中所示）可以增進麵包和蛋糕的保存鮮度，而且富含鐵質。淡色糖蜜有溫和的味道，可放在桌上供人使用。

其他糖漿

玉米糖漿

玉米糖漿是甜玉米（*Zea mays*）的副產品，從玉米粉轉化而得，用在很多種產品上，包括罐頭水果、嬰兒食品、冰淇淋、飲料及蜜餞。

糖水

這是將砂糖溶於熱水或冷水中所得到的糖漿。

蜂　蜜

蜂窩

蜂窩是所有天然蜂蜜的出處，蜂蜜及蜂蠟都可以吃。通常是用手將蜜蠟剖開以取出蜂蜜，大量生產時則用機器。

蜂窩蜂蜜

這種奢侈的東西又稱為厚蜂窩蜂蜜，罐子裡裝有清澄蜂蜜以及一大塊蜂窩。

英國蜜

這是一種綜合蜂蜜，用多種英國花蜜採集而得。也可以買到乳脂狀的產品，通常認為是下午茶的當然必需品。

橙花蜜

這是得自柑橘屬(*Citrus anrantium*)花卉的蜂蜜，大部分生產於西班牙，但是美國加州、墨西哥、南非和以色列也都有生產。它是一種帶有細緻柑橘味的淺色蜂蜜，加入霜淇淋中尤其美味。

馬奴卡蜜(Manuka)

濃而色暗，採自紐西蘭多產的「梯」(ti)樹，或叫茶樹(*Leptospermum scorparium*)。濃郁的味道很適合烹調。

牙買加花蜜

清澈色暗，帶著熱帶花卉的獨特風味，濃濃的蜜很適合烹調。

匈牙利相思樹蜜

非常清淡色淺的花蜜，得自一種樹花(*Robinia pseudocacia*)，並且永遠保持液態，羅馬尼亞、法國及義大利都有生產。

其他蜂蜜

阿爾卡花爾蜜(**Alcahual**)

這是從墨西哥出口的琥珀色花蜜，風味美好。同樣從墨西哥出口的花蜜還有鐘塔、清晨之光以及阿吉納都花蜜(Aguinaldo)。

伏牛花蜜(**Barberry**)

另一種琥珀色的花蜜，取自伏牛花(*Berberidacae*)。

芒果蜜

呈琥珀色，質地濃稠。

蕎麥蜜

採集自野生蕎麥花的花蜜，又稱「加州鼠尾草花蜜」，主要生產於美國加州。耕作的蕎麥可生產一種風味濃郁的深褐色花蜜。蕎麥蜜是做蜂蜜蛋糕及猶太蜂蜜酒的主要蜂蜜。

冬青蜜(**Ilex**)

這種蜂蜜得自於冬青樹，味道溫和，顏色淡，在歐洲很受歡迎。

石南蜜（Heather）

石南叢林生產一種奶油般的花蜜，攪拌後就會溶解。它採集自普通石南（*Calluna vulgaris*）或鐘形石南花（*Erica cinera*），在歐洲和英國極受歡迎。

桉樹蜜（Eucalyptus）

這種奶油似的蜂蜜共有五百多種，全部產於澳洲。有些蜜是淡琥珀色至中琥珀色，其他的則顏色很深。風味種類從細緻的*Eucalyptus albaros*到極為清淡卻又甜又膩的*E. melliodora*，以及色深味濃的*E. tereticorius*。

海麥塔斯山花蜜（Hymetus）

採集自希臘海麥塔斯山上的百里香、牛至及其他香料植物的花蜜，清澄、色暗而微帶濃香，被認為是世界上最佳的蜂蜜之一。它是天然優格的最佳互補食品，用在堅果蜜餅上效果極佳。

苜蓿花蜜（Clover）

這可能是歐洲及美洲最普遍、最受歡迎的花蜜了。它採集自紅色或白色苜蓿（*Trifolium repens*）花朵，濃稠且呈淡琥珀色，也可以買到澄清的。它溫和的味道最適合用於一般烹調。

葵花蜜（Sunflower）

主要生產於希臘、土耳其、南俄以及阿根廷，葵花蜜在烹調時會喪失它優異的香味。

塔斯梅尼亞瑞香科灌木蜂蜜（Tasmanian Leatherwood）

這種醇厚、乳脂狀的蜂蜜產於澳洲，味道獨特且富含葡萄糖。可以將它放在溫水裡30分鐘使它轉為清澄。用在一般烹調上。

迷迭香蜜（Rosemary）

這種濃郁富含香味的花蜜主要產自地中海沿岸諸國，是從迷迭香（*Rosmarinus officinalis*）的藍色小花（曾與聖母馬利亞聯想在一起）中採集而得。

甜羅勒蜜

一種顏色極淡的蜜，特色為帶有香料風味，在歐洲很受歡迎。

黃白楊樹蜜（Tulip Tree）

這種蜜的顏色是深褐色的，質地稠密且味道細緻，有點像溫桲果的味道。

薰衣草蜜

非常受歡迎的歐洲花蜜，尤其在法國南部。它的顏色為琥珀色，常帶有淡綠色澤及奶油般的滑潤質地。

墨水樹蜜（Logwood）

這種蜜主要產於牙買加，生產目的在於出口，通常為淡色。

波胡塔卡哇蜜（Pohutakawa）

產自紐西蘭的罕有糖蜜，採集自大鐵樹（*Metrosideros excelsa*），味道獨特微鹹。

蛋　類

蛋是最重要也最多用途的烹調食物之一。自有文明開始，就有人拿來享用了。蛋常被尊爲人生及生命力的象徵，許多古代哲學家認爲蛋象徵世界和四象，因爲蛋殼代表土地，蛋白代表水，蛋黃代表火，而蛋殼圓端的氣室則代表空氣。對早期的基督徒而言，蛋象徵重生，所以他們將水煮蛋加上裝飾當作復活節的禮物贈送他人。

現代所用的蛋大都是來自畜養的母雞，包括畜養自農場、以及放養式或現代全自動化的養雞場。放養式和全自動化養雞場的蛋在養分上沒有什麼差別，而白色蛋和褐色蛋的養分也沒有差別，因爲蛋的顏色是因母雞的品種而不同。單從烹調功用來看，放養式的雞蛋比較容易腐壞。

蛋的構造

蛋的構造包括外殼(約佔總重量的12%)、蛋白(或稱蛋清，約佔總重58%)、蛋黃(約佔總重30%)，以及維繫蛋黃的細帶，也就是卵細帶(也可以食用)。在蛋較圓的那一端還有一個氣室，這個部位會隨著蛋新鮮度的流失而擴張。

拌打蛋白時，它的蛋白質會散開並擴張，形成有彈性壁的細胞而包住空氣，空氣則在遇熱時擴張。也就是這種特性才會使蛋白成爲如此珍貴的膨脹劑。蛋黃的蛋白質會凝固並變濃稠，較前者不穩定，如果加熱過度就會變硬，並和蛋黃油脂及水分子分離，蛋黃便因此凝結成塊。

選蛋訣竅

所有的蛋都是以大小來區分。在共同市場的規則裡，蛋分爲七個尺寸。1號蛋最大，重70公克，而7號蛋最小，輕於45公克。蛋的品質也分成A、B、C三級，如果是以紙盒包裝，則會印上包裝日期。A級代表新鮮，B級是尚可，而C級則表示它們只適合供應給食品業加工使用。

烹調須知

蛋的用途非常多，除了在主菜、酥芙蕾和烘焙食品中難以計數的用途外，他們還有許多烹調功能：可使食物變稠或成乳霜狀、當作裹衣、黏結食物或當其他食物的亮光劑，還可作爲蓬鬆泡的底料。蛋可連殼水煮、烘烤、油煎或醃漬，但有些蛋由於受到大小的限制，不適合用於一般烹調。除非食譜上特別註明，否則都必須使用大的蛋，不過也可以用兩個小蛋來代替。

蛋白如果存放在室溫下至少三天，就會比較容易打發。不論是脂肪、任何油脂，或即使只有一點點蛋黃沾在打蛋器上或容器內，都會使蛋白打不起來，而鹽的作用也是一樣的。微量的酸(如酒石英)則能使蛋白更堅挺蓬鬆，而糖則能使蛋白質地柔軟。不論是糖或酸都要在蛋白還沒鬆開膨脹時加入，否則會沙沙地。蛋白也不可以過度攪打，否則蛋白會變乾而且沒有空氣。

蛋的儲存

蛋應該存放於食物儲存櫃中，或置於室溫下。不可以放在冰箱裡，因爲外殼會變潮溼而使細菌容易侵入。而且蛋溫低於室溫時，烹煮時間就比較難估準。儲放蛋時應將尖的一頭朝下，使蛋黃待在蛋白中而非氣室裡。除非蛋白和蛋黃已經分開，否則不可將蛋冷凍起來，因爲蛋殼在低溫下會裂開。將蛋冷凍後可儲存九個月，但使用前應該先置於密閉容器中，等它完全解凍才行。

雞蛋

白色及棕色雞蛋的營養價值是一樣的，全依個人偏好選購。雞蛋是唯一大量生產的蛋，也是拿來與其他蛋類相比的標準，平均重量約50公克。用於各類烹調。

雞蛋

鵝蛋

味道有些油，必須用很新鮮的鵝蛋稍加烹煮後食用。鵝蛋每顆約重225～280公克，較一般雞蛋約大四、五倍。

鵝蛋

鵪鶉蛋

公認是一種美食，這種小蛋通常煮至全熟或半熟後去殼，用於沙拉中，也可以醃漬、水煮或做膠凍食物。

鵪鶉蛋

雉雞和松雞蛋

顏色通常爲純白、淺黃或橄欖色，不過有些鳥築巢在曠野中，所以蛋殼會帶褐色或黑色斑點作爲保護色，以矇騙掠奪者。通常會煮到全熟，去殼後放在沙拉中，也可以醃製或放進膠凍食物中作爲開胃小點。

雉雞蛋

松雞蛋

皮蛋

將生鴨蛋醃入石灰和穀殼中約0～100天，就變成了半透明的藍綠色，看起來會老許多，因此英文名爲「一千歲」。它的質地堅實，味道濃郁而略帶腥味，是中國的美食，通常去殼切片後蒸煮，並放涼供食。

皮蛋

鴨蛋

吃起來較雞蛋油潤，而且鴨蛋一般都產在比較髒的地方，所以可能引致有害細菌。但若烹煮15分鐘或用於烘焙就可以食用。水煮後蛋白成藍色，蛋黃則是橘紅色。只有非常新鮮的才能食用，不適於做蛋白霜。

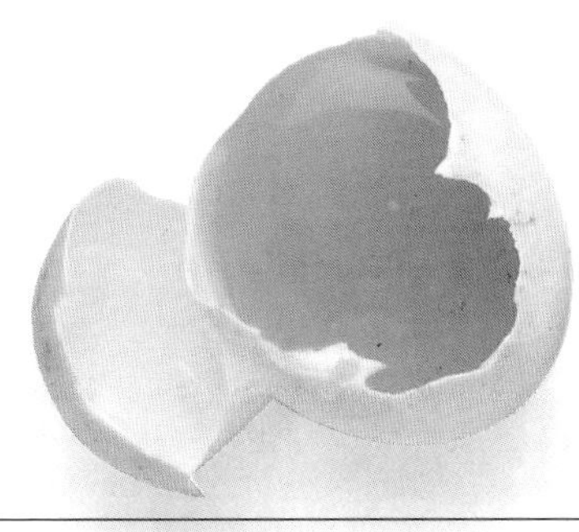

鴨蛋

珠雞蛋

外殼佈滿褐色斑點，口感比雞蛋更細緻。最好煮3～5分鐘達半熟或全熟，冷卻後去殼加入蔬菜沙拉中。

珠雞蛋

鬥雞蛋

鬥雞是雞的一種，蛋的口感和雞蛋相似，但尺寸小了一半，用途和雞蛋一樣。外殼的顏色對口感沒有影響。

鬥雞蛋

小母雞蛋

另一種雞蛋，由未滿一歲的小母雞所產下來的。

小母雞蛋

海鷗蛋

海鷗蛋

依海鷗品種不同而大小不一，但幾乎都帶有暗色斑點作為保護色。海鷗蛋沒有腥味，不像其他的海鳥蛋。通常水煮5分鐘，放涼後配一點芹菜鹽食用。

駝鳥蛋

這種蛋很少見，只要沒有在太陽下曝曬或未經孵化，就可以食用。較一般雞蛋大約廿倍，外殼也比較厚，一顆蛋足供四口之家食用。

駝鳥蛋

其他種類的蛋

千鳥蛋

和鵪鶉蛋一樣是人們口中的美食。通常稍加滾煮即可食用。

火雞蛋

乳白色，外有褐色斑點，有時是雞蛋的兩倍大，味道和雞蛋相似，可以代替雞蛋使用。

龜蛋

海龜蛋是由南非、非洲、加勒比海岸和澳洲進口的。這種非常罕見的軟殼美食因其風味濃郁而略帶油潤，深受老饕們珍愛。

油脂和乳製品

自有畜牧以來，動物除了供應肉品之外，也是油脂和乳製品的主要來源。全世界有很多地區利用羊、山羊、駱駝甚至犛牛的乳汁來製造食品，但西方人主要是仰賴牛。

油脂和乳製品可以區分爲四大類：牛乳；奶油；酸奶油和優格；牛油、人造奶油、烹調用及烘焙用油脂。

牛乳是由水、鈣、蛋白質、乳蛋白、乳糖、乳脂和維他命所組成，至於最終成品的形式則是由牛乳的加工過程及主要成分的處理方式來決定。

很多國家都規定牛乳必須加溫殺菌才能販售，也就是完全不含藉由牛乳傳染的病菌。通常牛乳會加熱到臨沸點，保持溫度數秒後再立即冷卻。

牛乳冷卻時，油脂會浮上表面，而這就是「刮」來做牛油或奶油的物質。奶油的油脂含量因國家而有不同，英國常見的奶油有低脂、高脂、發泡和凝結乳。

優格是在鮮乳中加乳酸菌所得到的產品，類型有數種，而發酵乳則是讓乳汁及酒精同時發酵做成的。酸奶油是將一種乳酸菌如鏈球菌(*Streptococcus lactis*)加入低脂均質奶油中製成。

奶油可以收集起來攪製成牛油，但油脂含量必須達80%。用來做牛油的奶油可以是鮮奶油或酸奶油，不過大部分的牛油都是用鮮奶油做成。做完牛油後剩餘的物質就是白脫乳，不過現在的白脫乳大都是以加溫殺菌過的脫脂乳做成。

人造奶油是由一位法國化學家所發明，原本是當牛油的廉價代用品。現在的人造奶油則以精純的食用油製成，如葵花油、棕櫚油、大豆油或椰子油。將油和高比例的水以一套昂貴的技術程序混合，就會產生不飽和脂肪酸的低卡路里塗醬。塊狀的人造奶油含有動物脂肪，而所有的動物脂肪包括板油、煉製油及豬油在使用前都必須做些處理。

烹調須知

牛乳是一種多用途的材料，可用來做許多飲料及食物，包括布丁、烘焙製品、湯和冰淇淋。加溫殺菌的牛乳放在冰箱中可保存四到五天。牛乳會餿掉而不會變酸，所以當食譜要求使用酸奶時，通常應該用白脫乳。煉乳可拿來做糕點，而奶粉則用於烘焙。

奶油放在冰箱中可保存兩、三天，但如果沒有加蓋就會硬掉。它可增進許多菜餚的美味，如加入湯和醬汁中，或作爲裝飾物。發泡過度的奶油會變得油油地。

人造奶油及牛油都應儲存於冰箱中，在適當溫度下可保持品質不變，冷凍保存則至少可儲藏六個月。精煉過的豬油、切碎的板油及煉製過的板油盛放在有蓋容器中或採眞空包裝，可冷藏於冰箱中達數月之久。牛油在很低的溫度下就會燒焦，所以不適宜炒炸，除非混入植物油，因爲植物油具有提高最適溫度的效果。將牛油溶化以淨化油脂，就能除去顆粒，這代表稍微油炸食物時不必擔心燒焦。此外，牛油還有許多烹調用途，包括了做麵皮、混合新鮮香料做成複式牛油，或加入其他材料如魚子醬、沙丁魚、大蒜及乾紅椒。有些人造奶可以代替牛油烘焙，不過人造奶油也和牛油一樣不適宜炒炸。

許多國家視優格爲抵禦疾病的保健品，並有多種優格可當提神飲料，也能用來烹調。印度人將優格加入水果和蔬菜中做成萊塔(raita)。酸奶油可使沾醬帶有微酸，烹調時應該最後加入，可以在離火時或低溫下添加，否則奶油會凝結。

全脂乳

牛乳是所有乳製品的基本材料，加溫殺菌的牛乳(如圖所示)表示經過加熱處理以殺死細菌，應保存於冰箱中四、五天。全脂乳的油脂完全沒有去除，也沒有均質，所以會有一層乳油層。可用於飲料、布丁及烘焙中。

白脫乳

原本是煉製牛油後所剩餘的酸奶，但現在大都是在加溫殺菌的脫脂乳中加入菌種，讓牛奶變爲濃稠。可飲用，也可用來烘焙糕點，是很好的酸奶代用品。

牛酪油

一種不含雜質的牛油，使用於印度，將普通牛油加熱後去除雜質而成。它的燃點比大部分的油類高，所以很適於炸和煎。可作爲龍蝦的醬汁，也可以調成黑奶油醬(法式牛油醬)。

優格

在凝結的牛乳中加乳酸菌所製成的產品，Yogurt是土耳其名。可單獨食用，但通常加水果或蜂蜜以增加額外風味；市售商品一般都用蒸餾奶水製造，通常都加有水果。優格可加在開胃菜中，也可以當作沙拉醬使用，尤其是黃瓜沙拉。

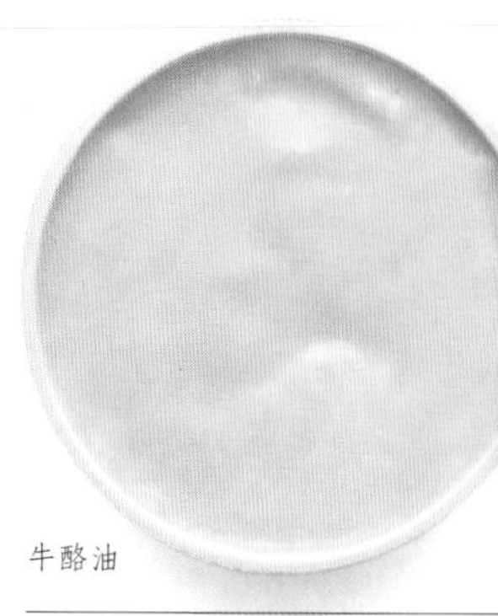

牛酪油

牛油

以奶油製成的天然乳製品，有鹹味及無鹽兩種，圖中所示的加牛油保存品質較好。可用來略微煎炒，或軟化後添加香料或其他材料來增香。

奶粉

一種很實用的鮮乳代用品，奶粉是以加溫殺菌的牛乳熱流烘乾後的微粒，使用前必須加水冲泡還原，但也可以用於烘焙。

奶油

奶油是鮮乳中的油脂，將鮮乳靜置後就會浮於表層。奶油可用在許多菜餚中，也是很多醬汁的主要材料，它的種類有好幾種，圖示爲低脂奶油，用於咖啡中或甜點上。

凝結乳

從溫度幾近沸點的牛乳中刮取奶油，並以低溫加熱後冰涼，凝結乳是英國西南部的特產。

發泡奶油

這種奶油的含脂量居於低脂及高脂之間，純粹用來打成泡狀。

牛乳
奶粉
優格
凝結乳
白脫乳
奶油
發泡奶油

煉製油

烹煮時從肉分解出來的脂肪，過濾或淨化後可用來烹調。

豬油

融化並去除雜質的精煉豬油，可用來油炸、烤肉或做麵皮。

人造奶油

以動物或植物油脂或兩者混合製成的牛油替代品，市售有塊狀或盒裝。

板油

牛或羊腎臟附近的肥油，市售新鮮硬脂需再絞碎，或購買如圖所示已切成細條的油脂使用。通常用來做布丁。

其他乳汁和牛油替代品

軟質人造奶油

這是以精煉的純植物油做成，其中含有多重不飽和脂肪及乳化劑，它不像奶油那樣油膩，也比塊狀的人造奶油容易塗抹。

豆漿

以黃豆製成，容易消化，可當作牛乳的代替品。

豆腐

柔軟的豆腐很像乳酪，味道淡淡地，市面上有豆腐、豆干和嫩豆腐幾種，是日本料理的主幹。可以直接食用或加入湯、醬汁及沾醬中。發酵過的臭豆腐是甚受喜愛的中國點心，油炸後加調味料食用。

其他乳汁和乳製品

煉乳

將水分去除一半再加糖的罐裝牛乳。可淋在水果沙拉上、用來沖泡還原或製做糖果。

營養強化脫脂乳

乳脂肪含量低於1%，但卻含有脂溶性維他命，那是在牛乳脫脂後才加入的。

均質乳（Homogenized Milk）

將全脂乳加工處理，使乳脂和乳汁不會分離。可用於飲料、布丁、湯以及烘焙。

保久乳

牛乳經超高溫處理再真空包裝，將它精煉為無菌狀態以長久保存。

高脂奶油

至少含48%的油脂。有時也會添加糖和其他調香料，如尚蒂伊奶油（créme chantilly），可用來做蛋糕和甜點。

脫水乳（Evaporated Milk）

大多水分已去除的罐裝牛乳，和煉乳很相似，不過因為沒有加糖，所以也和煉乳一樣不能久放。開罐後應像鮮奶般儲存。

發酵乳或優酪乳

在亞洲各國及中東地區有多種不同的酸奶飲料，包括伊朗的杜合（dough）、挪威的凱爾德牛奶（kaelder milk）、東歐的凱非爾（kefir）、中東地區的拉般（laban）以及拉西（lassi）、亞美尼亞的馬佐恩（mazoum）和冰島的斯凱爾（skyr）。

脫脂乳

乳脂含量低於1%，除了脂溶性維他命之外，全脂乳中所含的蛋白質及礦物質全部都保存下來。

酸奶油

奶油中加了乳酸菌，可加在沙拉醬或醬料中，使它帶有微微的酸味。

無菌奶油

脂肪含量至少23%。經過均質、加熱再冷卻後製成。一般為鐵罐裝。

乳　酪

乳酪的起源難以確定，不過在一萬年前，美索不達米亞的農人先後畜養羊、山羊和野牛群時就應該已經能製出乳酪，或曾經享用過意外製成的乳酪了。中世紀的修道士更進一步使乳酪成了肉的替代品。乳酪的製法各家不同，配方代代相傳，事實上，現今乳酪的種類已經比從前酪農各自生產的自製乳酪少了許多。

乳牛提供全球各地大量的牛奶及乳酪，不過在歐洲及中東地區卻有爲數不少的山羊奶和羊奶也用來製作乳酪。除此之外，拉普蘭（Lapland）的馴鹿奶、中國和西藏的犛牛奶，或者菲律賓、印度及義大利的水牛奶和駱駝奶，據說還有阿富汗和伊朗的馬奶及驢奶，全部都可以製成乳酪。

乳酪的分類

乳酪可依口味及質感來分類。新鮮乳酪是未經發酵的凝乳，製成後必須馬上食用。軟乳酪則經過短時間的發酵且容易塗抹，含有比例很高的脂肪及水分。半硬質乳酪的含水量較少，因此較容易切割。硬乳酪水分含量低，成熟期很長，脂肪含量可達50%，很難切割但適於磨碎。

乳酪也可以依照外皮所形成的狀態來大略區分，這個外皮就是保護內蕊能充分發酵的乳酪皮。除了那些外裹人造蠟的乳酪外，有些乳酪具有乾燥或天然的外皮，有的則是染了色的天然外皮。某些乳酪浸泡過鹽水，這樣不但能使外皮變硬，也可以讓內蕊或乾乳酪更添風味，白皮乳酪外覆一層白黴菌（通常爲念珠屬青黴菌）。洗式乳酪則經過定期擦拭、泡洗或撒水來促進黴菌生長，通常具有比較強烈及濃郁的味道。有些乳酪則沒有任何外皮，如大部分的新鮮乳酪。

內蕊又可將乳酪做進一步的細分。製造乳酪時最初的凝乳只是白色無味的團狀物。如果酪農想做的是軟乳酪，可能只要濾去凝乳水分即可。如果想做較硬的乳酪，則需要先烹煮再壓入模中。有些半硬質乳酪帶有許多大大小小的洞，這是菌類在成熟期間產生氣體所造成的。藍紋乳酪的藍紋若不是塗抹或注入菌種而產生，就是自然生成的。

製作乳酪有幾種基本技術，而內蕊的濃度和味道會因凝乳的烹調與處理方式而改變。如Cheddar乳酪會加熱至29.5℃後切開、攪拌再加熱至38.5℃，接著將凝乳層層堆起，使它凝結酸化，而後磨成細粉、加鹽再加壓才形成的。Gouda乳酪的凝乳則必須加熱至35℃，切開攪拌後入模壓製成形，之後再浸入鹽水中。Caciocavallo乳酪的凝乳則是浸泡在溫熱的乳清和水中，使凝乳變堅實，之後再揉捏塑形。以上所述都可算是製造乳酪的基本技術，但多得不可勝數的傳統配方也同等重要，這些乳酪也許需要添加某種黴菌或香料，也可能必須包裹在栗葉中或是葡萄葉片裡。

最後，乳酪也依照成品的形狀或使用何種動物乳汁來分類。乳酪有各種不同的形狀，包括圓輪形、長條形、金字塔形、心形、圓筒形以及四方形。

烹調須知

乳酪可用於湯、三明治、酥芙蕾、糕餅、沙拉、派、比薩及餡餅中，或塗在烤土司上，同時還可以當作裝飾或其他許多用途。選擇乳酪時或許可依菜式而定，但也需要
乳酪在烹調時的變化。有些乳酪如Emmental很容易牽絲，Gruyère和Sbrinz乳酪則不會。然而這種黏絲特質對某些菜餚來說

卻是必要的，例如瑞士火鍋。易融好塗抹也是乳酪選來入菜的原因，像Cheddar或Dunlop乳酪用於蘇格蘭或威爾斯的烤麵包上，Gruyère用於芳都塔火鍋(fonduta)中。硬的或易碎的乳酪如希臘Feta乳酪、Cheshire乳酪和Roquefort乳酪，常用於沙拉和沙拉醬中。將Parmesan和Gruyère乳酪碎末混合起來是一種最實用且用途最多的組合，前者賦予濃烈香辛的味道，後者則帶有滑順黏著的特質，適合用來調乳酪醬汁，或當作酥芙蕾和基許的底料。

乳酪的儲存

如果要長期存放乳酪，儲存場所會是個需要注意的問題。最理想的地點是地窖或陰涼的房間，同時必須用鋁箔紙或蠟紙包好，以免乳酪乾掉。另一個好辦法就是將每塊乳酪用鋁箔紙或蠟紙分別包好後，再放入塑膠袋中，儲進冰箱的冷藏室裡，如蔬果櫃，然後在食用前一小時取出來，使乳酪恢復到室溫狀態，但恢復的時間則需視乳酪種類而定。Parmesan乳酪應現磨現用，而磨碎的乳酪也應該以上述方法包裹冷藏。

新鮮乳酪及軟乳酪

奶油乳酪

奶油乳酪的製造方法類似脫脂乳酪，但原料以全脂牛奶爲主，而且種類衆多，包括高脂乳酪以及低脂乳酪兩種。美國的奶油乳酪是以熱奶油加上熱牛奶混合製成，法國的小瑞士乳酪是用紙包裝的小型產品，而Demisel則如其名爲鹽漬乳酪。此外，世界各地還有許多不同的奶油乳酪，如菲律賓的Kesong Puti和印度的Surati Panir都是用水牛乳汁所製成。以羊奶及山羊奶製成的乳酪在中東一帶很普遍，如沙烏地阿拉伯的Jupneh，其他還有Lebbeneh和Labneh，而中南美洲特有的queso blanco乳酪是以牛奶或山羊奶製成。

凝乳乳酪

凡是由牛乳或羊乳分離出來的未發酵乳酪，一般都統稱爲凝乳乳酪。凝乳乳酪微帶酸味，通常用於做乳酪蛋糕，或香甜好吃的派餅，同時也是很受歡迎的沾醬及塗醬材料。各國大多有售。

凝乳乳酪

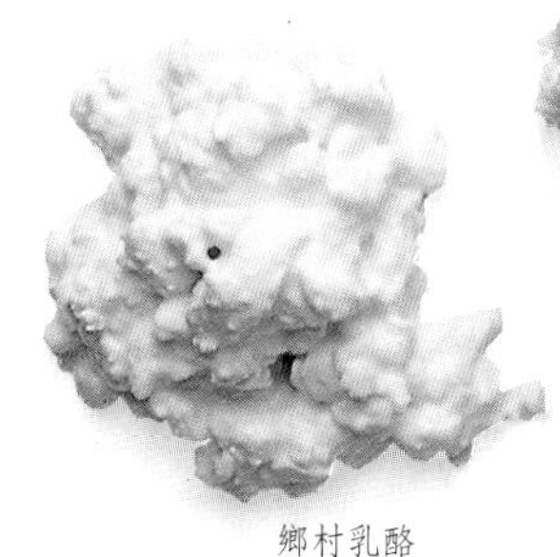

鄉村乳酪

鄉村乳酪

鄉村乳酪呈團狀，口味很淡，通常含有奶油且質地溼潤，一般以桶裝出售，在大多數的國家都可以買到，常用於乳酪蛋糕和沙拉中。將它壓成結實的凝乳後切塊，可以加在印度的馬它潘尼兒(mattar pannir)中食用。

奶油乳酪

BRIE 乳酪

公元八世紀時，伯瑞(Briard)的農民就能製造Brie乳酪，並在774年進貢給查理曼大帝。這是一種法國牛乳製成的軟乳酪，帶有奶油及水果的味道，加在點心或奶油蛋捲內餡中非常美味可口。它呈大扁輪形，種類有許多，薄外皮的作法和Camembert乳酪一樣，也都可以食用。Brie乳酪是在溫控下置於稻草墊上四個禮拜熟成的。

Brie 乳酪

Camembert 乳酪

CAMEMBERT 乳酪

這種著名的法國乳酪是以牛乳製成，種類有許多。它具有某種獨特的味道，並依老化程度從溫和變化至辛辣，是絕佳的餐後甜點和小點心。Camembert乳酪呈小圓柱形或半月形，意味著它可以個別購買。由於乳酪上撒了青黴菌(*Penicillium candidum*)，所以產生覆有白黴的乳酪皮。它也浸過鹽水，約需三週成熟期。

COULOMMIERS 乳酪

由Coulommiers牛乳製成的法國乳酪，與Brie、Camembert乳酪一樣帶有白色的乳酪皮及柔軟的內蕊。口感濃郁柔滑，常做成小圓輪形。非常適合做成餐後甜點和小點心。

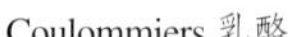

Coulommiers 乳酪

BOURSIN AUX FINES HERBES 乳酪

這是法國的一種超濃凝脂乳酪(含有75%脂肪)，圖示中的乳酪裡含有茴香、迷迭香和細香蔥。最常和小餅乾一起食用。

Boursin aux fines herbes 乳酪

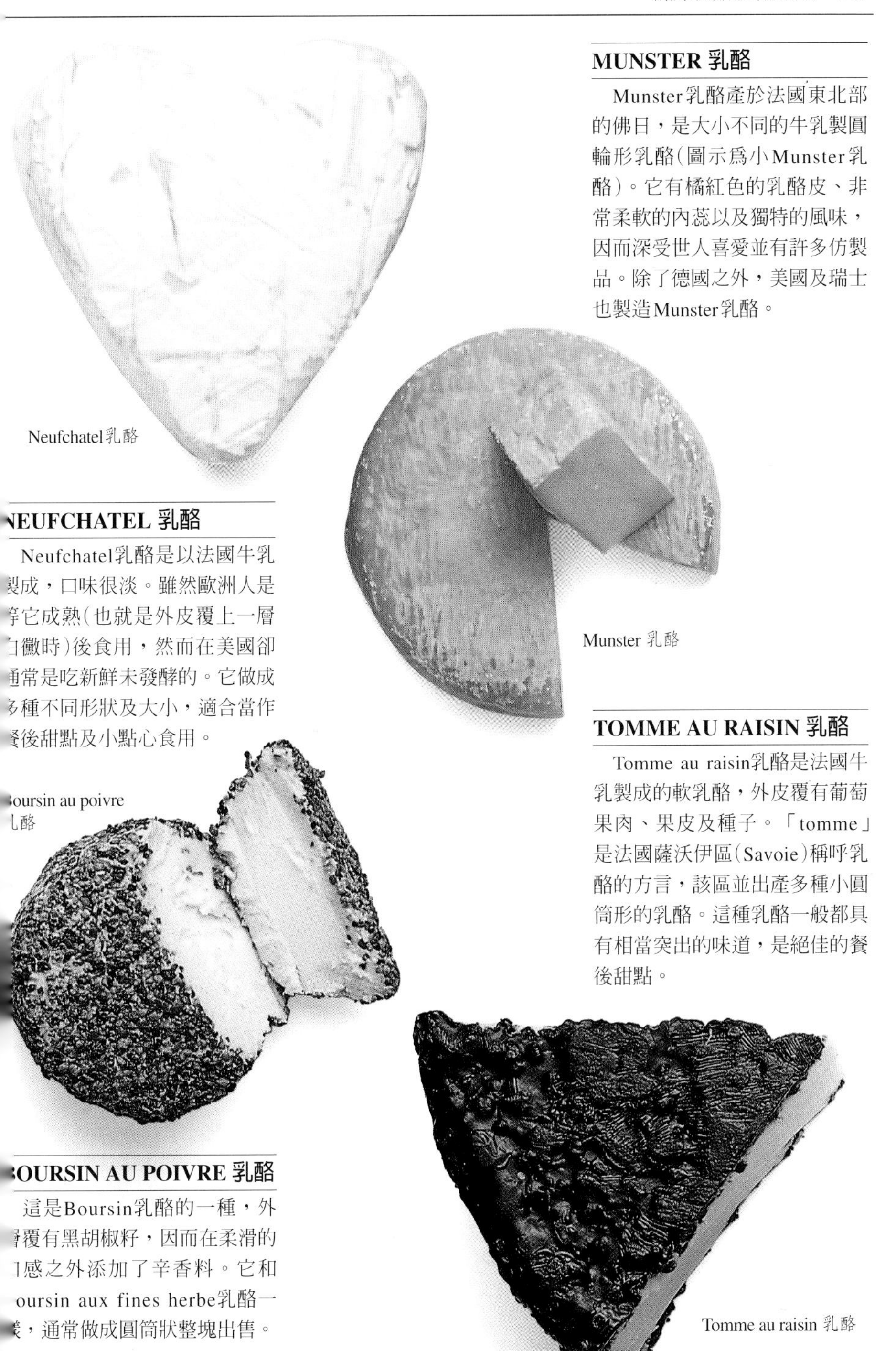

MUNSTER 乳酪

Munster乳酪產於法國東北部的佛日，是大小不同的牛乳製圓輪形乳酪(圖示爲小Munster乳酪)。它有橘紅色的乳酪皮、非常柔軟的內蕊以及獨特的風味，因而深受世人喜愛並有許多仿製品。除了德國之外，美國及瑞士也製造Munster乳酪。

Neufchatel乳酪

Munster 乳酪

NEUFCHATEL 乳酪

Neufchatel乳酪是以法國牛乳製成，口味很淡。雖然歐洲人是等它成熟(也就是外皮覆上一層白黴時)後食用，然而在美國卻通常是吃新鮮未發酵的。它做成多種不同形狀及大小，適合當作餐後甜點及小點心食用。

TOMME AU RAISIN 乳酪

Tomme au raisin乳酪是法國牛乳製成的軟乳酪，外皮覆有葡萄果肉、果皮及種子。「tomme」是法國薩沃伊區(Savoie)稱呼乳酪的方言，該區並出產多種小圓筒形的乳酪。這種乳酪一般都具有相當突出的味道，是絕佳的餐後甜點。

Boursin au poivre 乳酪

BOURSIN AU POIVRE 乳酪

這是Boursin乳酪的一種，外層覆有黑胡椒籽，因而在柔滑的口感之外添加了辛香料。它和Boursin aux fines herbe乳酪一樣，通常做成圓筒狀整塊出售。

Tomme au raisin 乳酪

MOZZARELLA 乳酪

Mozzarella乳酪是未經發酵的義大利凝乳乳酪，原本是用水牛乳製成，現在大多以牛乳替代。它的成品形狀不一，有圓形、長方形，或切成細絲狀包裝出售。這種軟乳酪質地相當溼潤，味道溫和柔滑，是廣泛使用的烹調乳酪，例如義大利千層麵、比薩和烤三明治。

Mozzarella 乳酪

RICOTTA 乳酪

是新鮮未發酵的義大利乳酪，其中的Ricotta Piedmontese乳酪和Ricotta Vaccina乳酪是以牛乳製成，而具地方特色的Ricotta Romana乳酪、Ricotta Sarda乳酪及Ricotta Ciciliana乳酪則是以羊乳製成。另外還有一種馬爾他的Rkotta乳酪是混合牛乳及海水製成。Ricotta乳酪口感柔滑，運用於各種香甜的開胃菜中，如比薩，或作爲義大利餃、春捲及煎餅的餡料。有各種大小和形狀。

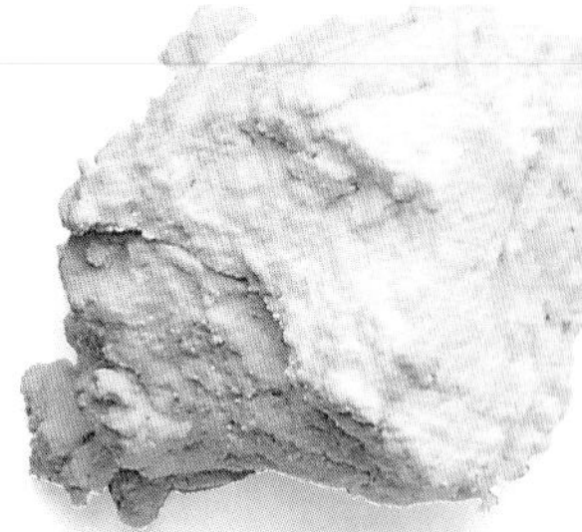

Ricotta 乳酪

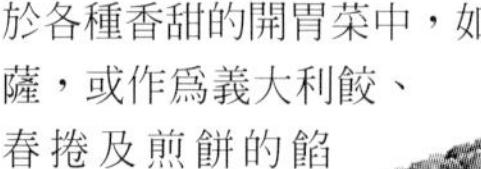

Caboc 乳酪

COLWICK 乳酪

Colwick乳酪是一種英國的傳統牛奶乳酪。通常做成圓筒狀，圖示乳酪的中間微凹成盤形，凹處可填入奶油及水果。市售品通常未加鹽，可用來作餐後甜點，或加鹽當作開胃乳酪使用。

CABOC 乳酪

Caboc乳酪是以羊乳製成的蘇格蘭高脂乳酪(含60%脂肪)，外層裹上燕麥片，味道非常香甜，很適合搭配水果食用，通常製成小圓棒形或圓筒形。

FETA 乳酪

Feta乳酪是一種希臘乳酪，扌用羊乳、山羊乳，或混合兩者製成。它的凝乳是放在加了鹽的乳漿中發酵成熟，經加壓後再粗切成塊。Feta乳酪運用於許多道地的希臘菜中；同時希臘也以領先全球的乳酪消耗量聞名，每人每年約消耗15公斤。

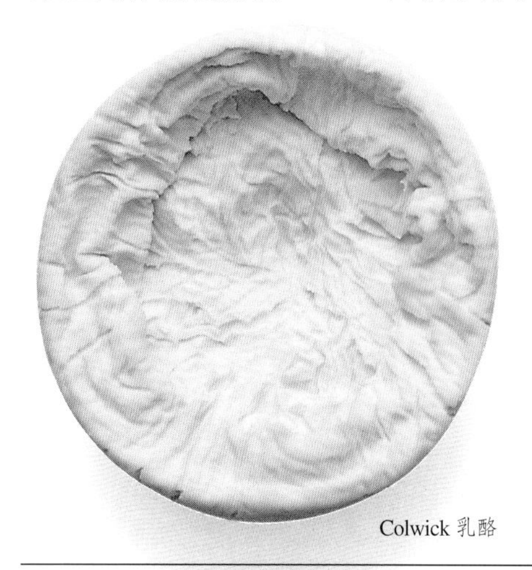

Colwick 乳酪

Feta 乳酪

其他新鮮乳酪及軟乳酪

BARBEREY 乳酪

Barberey 這種法國乳酪和 Fromage de Troyes 乳酪中加有鹽，發霉後經三週熟成。市面偶爾也會賣未成熟的新鮮乳酪。成熟的乳酪與 Camembert 乳酪相似。

BEL PAESE 乳酪

Bel Paese 是相當新的義大利乳酪，發明於1929年，原意爲「美麗的鄉村」。它是一種甜點類乳酪，短期之內便可成熟，外形爲圓扁形，並有淺紅色的外皮。

BELI SIR 乳酪

Beli Sir 這種南斯拉夫酸乳酪分爲農場製及工廠製兩種，鹽漬發酵約一個月後再壓製成長方形。

BRENZA 乳酪

Brenza 乳酪是一種柔軟滑膩的乳酪，又稱 Bryndza，有時當作 Liptauer 醬的主要材料。產於匈牙利、羅馬尼亞及喀爾巴阡山脈區，用羊乳或山羊乳製成。

CHABICHOU 乳酪

Chabichou 乳酪是法國波亞突(Poitou)的山羊乳酪，通常做成圓錐形或圓筒形，有一層天然的乾燥乳酪皮。

CHAOURCE 乳酪

Chaource 是一種芳香且微酸的法國乳酪，有一層白黴外皮。通常成圓柱形，高約6.5公分。

CHAUMES 乳酪

Chaumes 乳酪產自法國大西洋岸的庇里牛斯山區，口味溫和柔軟，是以牛乳做成的工廠製品，含有50%脂肪，而 Sanit Albrey 乳酪則與它相似。它呈圓形，有一層洗式外皮，重約2公斤，是絕佳的甜點乳酪，也可以使用於威爾斯烤乳酪土司中。

EPOISSES 乳酪

Epoisses 乳酪是一種小的圓筒狀法國乳酪，爲勃艮第特產，水洗過的外皮上發展出橘色漬痕，爲棒狀桿菌所產生。有時候在製造過程中會添入辛香料，或出售前浸在勃艮第的白蘭地中。

LEIDERKRANZ 乳酪

Leiderkranz 爲長方形的林伯格(Limburger)式美國乳酪，它有非常柔軟的內蕊及溫和的風味，水洗過的外皮上有棒狀桿菌所形成的紅色漬痕。

LIPTAUER 乳酪

Liptauer 乳酪是用羊乳及牛乳製成的匈牙利乳酪醬，以羊奶乳酪 Brenza 或 Liptó 當主要原料，再由工廠產製。其他同類乳酪有的會添加牛油，有的則添加酸豆、洋蔥、芥末或辛香料等。

LIVAROT 乳酪

Livarot 是法國諾曼第的長方形乳酪，它的味道濃重，帶有紅黴乳酪皮。

MASCARPONE 乳酪

Mascarpone 乳酪是一種義大利點心乳酪，以鮮奶油製成，未成熟即可出售。其中或許加有香甜酒來調味，有時也混合了糖漬水果。

QUARK 乳酪

Quark 乳酪是一種帶有酸味的脫脂乳酪，通常呈大塊固狀物出售。它有許多種類，廣泛運用於烹調，並可搭配其他菜餚，用於糕餅及一些料理中，如 Quark 鮮奶油蛋糕、Quark 乳酪餅及 Quark 酥芙蕾。

ROULE 乳酪

Roule 乳酪是一種加了香料的法國軟乳酪。常捲成瑞士捲般出售。

SCAMORZA 乳酪

Scamorza 和 Mozzarella 乳酪有親戚關係，是老式的義大利牛乳乳酪，原先是用水牛乳製成，爲卵形的凝脂乳酪，呈黃色，質地堅實但具有可塑性。通常用於比薩中。

STRACCHINO 乳酪

Stracchino 乳酪原產於義大利的倫巴底(Lombardy)，有很多不同種類。Taleggio 及 Robiolo 都是非常柔軟細緻的乳酪，由於成熟期間浸在鹽水中，所以生出了一層橘色的紅黴外皮。Stracchino 乳酪一律未經切割及填壓，Stracchino Cresenza 乳酪則無乳酪皮。

半硬質乳酪

PORT SALUT 乳酪

Port Salut乳酪是一種溫和的法國乳酪，有緊實的內蕊及洗式外皮。這種小圓形乳酪是特拉普修道士以古法製成，並依據該修道院命名爲「救世港」。法國革命後，流亡的修道士們回到這座修道院中，重新爲它命名。

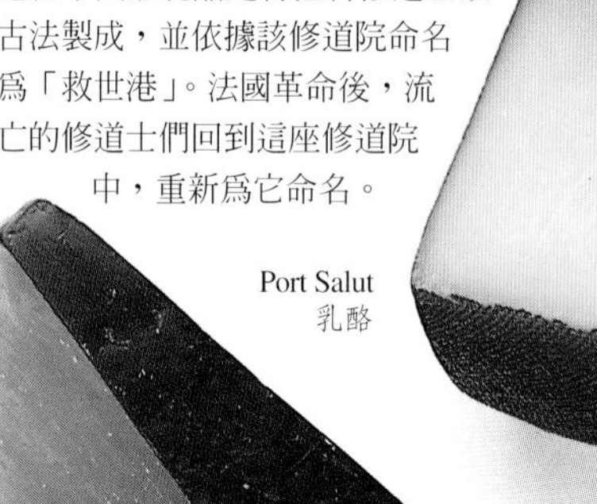

Port Salut 乳酪

Colby 乳酪

MANCHEGO 乳酪

Manchego乳酪是西班牙最有名的乳酪，以羊乳製成，有滑潤結實的內蕊，乳酪中偶有氣洞此類乳酪口味濃郁，當點心最適宜，外形通常爲圓筒狀。

Manchego 乳酪

COLBY 乳酪

Colby乳酪是一種很受歡迎的美國Cheddar式乳酪，產於威斯康辛州的柯爾比市(Colby)，是一種洗式凝乳乳酪。如果它用冷水徹底洗過，乳酪的含水量會增加，使它更快發酵成熟。成品有各種形狀，口味溫和，並有一層天然乳酪皮和略呈粒質的組織，使這種乳酪不論當點心或做沙拉都很受歡迎。

CANTAL 乳酪

Cantal乳酪是法國阿維農省(Auvergne)所產的牛乳乳酪，常被誤認爲法國的Cheddar乳酪，味道優美芳香。由於它容易融化又不會牽絲，因此在許多菜餚中可取代Cheddar乳酪。成品爲圓筒狀，用於許多地方菜中，也是通用型的餐用乳酪。

Cantal 乳

SAINT PAULIN 乳酪

Saint Paulin乳酪是一種帶有酪皮的法國牛乳乳酪，味道依熟度而異，可能是溫和的，也能強烈，口感則類似Port Sal乳酪，適合當零食或餐後甜點成品爲小圓輪形。

Saint Paulin 乳酪

MONTEREY JACK 乳酪

Monterey Jack乳酪是Cheddar式乳酪，原產於加州蒙特利市，不過現在美國其他地區也有生產。Monterey Jack乳酪源自於一個古修道院的配方，於1916年上市販賣。它是以牛乳製成，味道很淡，有平滑的質地、許多氣孔和天然乳酪皮。成品爲磚塊狀或大圓輪形，用於點心、三明治或烹飪。圖示乳酪的內蕊未經磨碎但略經壓製，水分含量高。另有磨碎的Monterey乳酪，非常適於烹調。

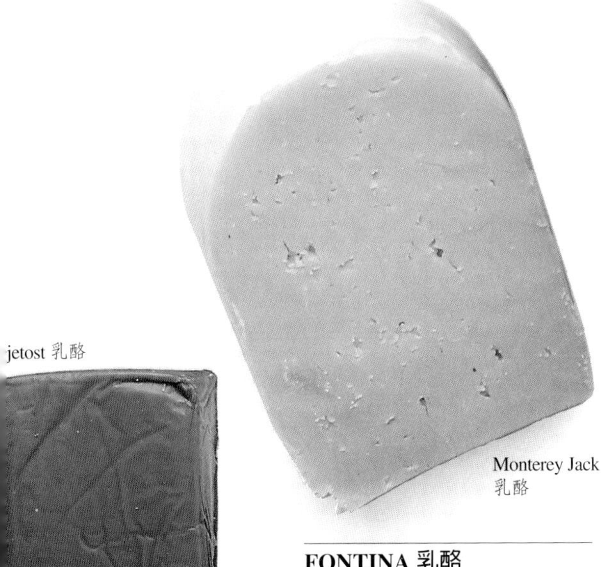

jetost 乳酪

Monterey Jack 乳酪

FONTINA 乳酪

Fontina乳酪產於義大利的皮德蒙區，用牛乳製成。它帶有細緻的堅果味及淡淡的煙燻味，常用於芳都塔火鍋(fonduta，加有松茸、雞蛋和乳酪)中。成品爲扁輪形，有一層天然乳酪皮。

Fontina 乳酪

JETOST 乳酪

Gjetost乳酪是一種挪威乳漿乳
，可以用牛乳(又稱Mysost乳
)或山羊乳來製造。不論是它
外貌或口感都很像軟糖，常做
方塊狀或長方塊，並用鋁箔紙
裝。通常用於醬料、甜點及小
心中。

CABRALES 乳酪

傳統的Cabrales乳酪是以山羊乳製成，但現在也有羊乳製品，產於西班牙北部山區。成品爲圓筒形，味道強烈且特殊，可以當作很好的點心乳酪。

RACLETTE 乳酪

Raclette乳酪爲瑞士所產的牛乳乳酪，味道溫和帶有堅果味。它的成品爲圓盤狀，有一道加了融化乳酪的傳統菜餚便是以它來命名。它的種類有許多，其中包括Gomser、Bagnes及Orsières乳酪，全都有紮實辛香的內蕊。

Cabrales 乳酪

Raclette 乳酪

Cheshire 乳酪

Double Gloucester 乳酪

DOUBLE GLOUCESTER 乳酪

這種乳酪有豐富的味道，被視爲最佳的英國乳酪之一。適於當餐後甜點及小點心，成品爲圓筒形，重約4.5～15公斤。

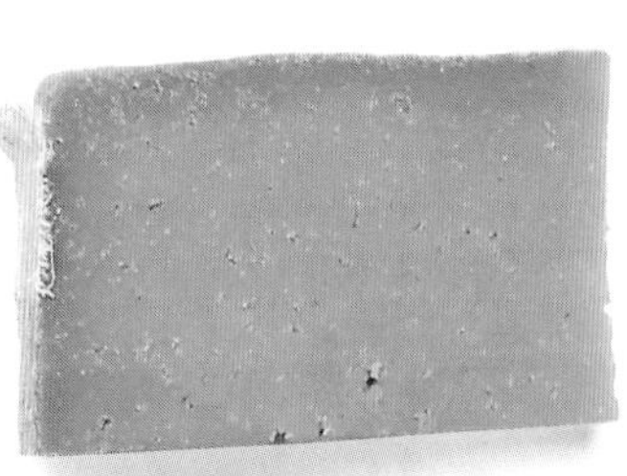

Leicester 乳酪

CHESHIRE 乳酪

這種著名的英國牛乳乳酪產於赤夏郡，起源可追溯至十二世紀。Cheshire乳酪的質地易碎，帶有稍重的鹹味。它通常很容易成熟，類別有兩種：紅色(如圖示，以胭脂籽上色)及白色。是很好的點心乳酪。

LEICESTER 乳酪

Leicester乳酪是一種質硬但口味溫和的英國牛乳乳酪，外皮因加了胭脂籽而爲突出的鮮橘色。它像Lancashire乳酪一般可當作容易融化的乳酪醬，也是很好的點心乳酪。成品爲圓筒形。

Dunlop 乳酪

DUNLOP 乳酪

這種乳酪爲蘇格蘭牛乳乳酪
屬Cheddar式乳酪，有溫和柔
的口感和天然的外皮，據說源
愛爾蘭的配方。蘇格蘭人通常
配奶油燕麥蛋糕食用，還可當
很好的點心乳酪，並且適於塗
包。成品爲圓筒形。

EMMENTAL 乳酪

此爲舉世聞名的牛乳乳酪，
道非常香甜並有堅果味，可當
士火鍋鍋底及烘烤點心的材料
原名意思是「埃曼(Emme)
谷」，此河流經瑞士中部。這
乳酪重達100公斤，切開來看
整個內蕊有很多大氣孔(又稱
眼)。它有天然的乳酪皮，
Gruyère乳酪柔軟而味道平淡
烹煮時會牽絲。

Emmental 乳酪

Wensleydale 乳酪

Lancashire 乳酪

WENSLEYDALE 乳酪

產於英國約克夏，以前是西篤修院修道士用山羊乳或羊乳製成，不過現今則是在工廠以牛乳製造。白色的Wensleydale乳酪經過輕微壓製並鹽醃，帶有脫脂牛奶的香味及天然外皮。Wensleydale乳酪另外還有一種藍紋乳酪。傳統上，白色的Wensleydale乳酪皆是用來搭配蘋果派，成品有圓筒形及磚塊形。

GRUYERE 乳酪

這是一種瑞士乳酪，不過法國也有生產。法國及瑞士兩國相互爭取這個名稱的專利權，但一直要到1951年的斯特雷薩(Stresa)會議才裁定由兩國共有。Gruyère乳酪是由牛乳製成，瑞士乳酪的內蕊平滑均勻，只有少數豆大般的氣孔，並有深棕色的天然外皮，外形及具堅果味的口感與Emmental乳酪類似。由於不會牽絲，除了可當餐用乳酪外，也常用於醬料、瑞士火鍋及基許中。成品常爲大圓輪形。

LANCASHIRE 乳酪

此類乳酪是味道溫和的英國牛乳乳酪，和白色的Cheshire乳酪類似。它很容易融化，所以常用來入菜，特別是用來烘烤。成品爲圓筒形或磚塊狀，可以切成楔形出售。

CHEDDAR 乳酪

Cheddar乳酪是英國最有名的乳酪，以牛乳製成，口味從溫和變化到非常酸，目前全世界都有生產，成品常呈大圓筒形，有天然的外皮。這種乳酪不會牽絲，所以是種多用途的烹調乳酪，可用於醬料、酥芙蕾、沙拉和比薩中，單吃也不錯，或加在農夫午餐(一種簡式午餐)裡。

CAERPHILLY 乳酪

產於威爾斯的牛乳乳酪，味道溫和微酸，通常做成圓筒形，是很好的點心和餐後甜點。這類乳酪幾乎都不會成熟。

Cheddar 乳酪

Caerphilly 乳酪

Gruyère 乳酪

LEYDEN 乳酪

這類乳酪是一種半硬質的荷蘭乳酪，深黃色的乳酪皮外還覆有一層紅蠟皮，可用全脂乳或脫脂乳製成，內含葛縷子及孜然芹種子。成品為圓筒形，Leyden 或 Leiden 乳酪不論配琴酒或雞尾酒味道都很好，還可當美味的點心乳酪食用。

Leyden 乳酪

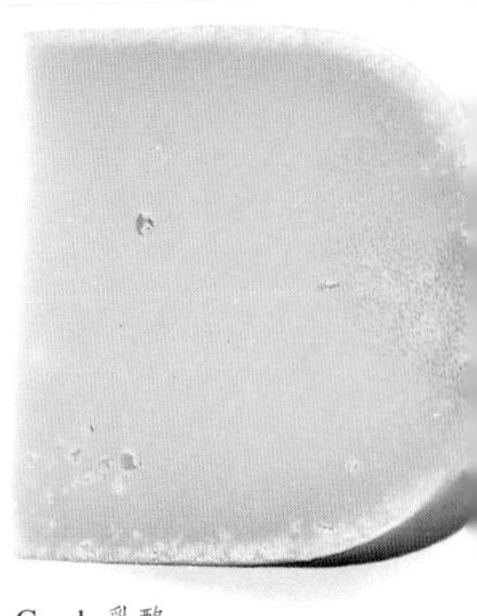

Gouda 乳酪

EDAM 乳酪

Edam 乳酪是一種口味溫和又帶點滑膩的荷蘭乳酪，薄薄的天然外皮上覆有一層紅蠟皮，成熟期約需三、四個月。這種乳酪是以牛乳製成，含脂量低，所以較 Gouda 乳酪硬。它有時也添加孜然芹種子，有些成熟期更長。成品為圓球狀。

Edam 乳酪

GOUDA 乳酪

這是一種極佳的荷蘭乳酪，味道溫和，內蕊柔軟滑膩。只要成熟達一年以上，就會發展出極佳的香味，成為全世界最棒的乳酪之一，此外，它也可生吃。Gouda 乳酪浸過鹽水後，會發展出一層天然乳酪皮。成品為圓輪形。

JARLSBERG 乳酪

Jarlsberg 乳酪於 1959 年產自挪威奧斯陸，顏色從白色到淡黃色都有，乳酪裡外皆有大氣孔。這類乳酪是由牛乳製成，有著堅實滑潤的內蕊和帶堅果味的溫和口感，厚厚的乳酪皮外並裹著一層黃蠟皮，是一種很好的通用型乳酪，用於挪威名菜蘭德甘(land-gang)中。成品為圓輪形。

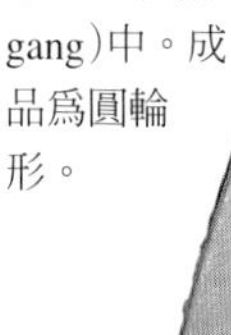

TILSIT 乳酪

Tilsit乳酪是一種質地紮實的牛乳乳酪，原為東德提爾西特的荷蘭乳酪廠商發明，但現在歐洲各地均有生產。這類乳酪有刺鼻的味道，適合用於點心或三明治。成品可能是圓輪形或磚塊狀。

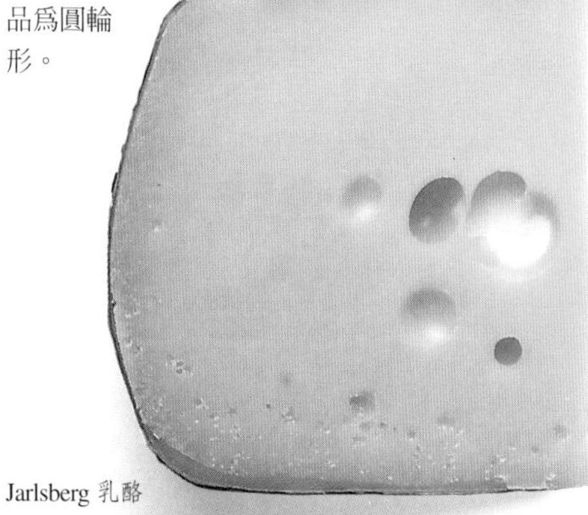

Jarlsberg 乳酪

Tilsit 乳酪

其他種類的半硬質乳酪

APPENZELLER 乳酪

這類乳酪是一種圓筒狀的瑞士乳酪，Appenzeller源自拉丁文，意爲修道院長的密室。在成熟期的三到六個月中，必須將乳酪定期翻面，並混合白酒、香料及水來擦洗。

BELLELAVE 乳酪

這類乳酪是一種圓筒形的瑞士乳酪，外面長有紅黴皮，又稱Tête de Moine。

BRICK 乳酪

原產於美洲，在1870年代於威斯康辛州首次生產，同時以其外形（brick意爲塊狀）得名。它的表皮上長有黴菌，並有紅棕色的乳酪皮，外面還可再覆一層蠟皮。它的內蕊有許多黃白色的小氣孔，味道溫和但微酸，常用於三明治及烤土司上。

CHEVRE 乳酪

Chevre的字義爲「山羊」乳酪，種類有許多種。

COON 乳酪

此爲一種美國製的Cheddar式乳酪，以專利步驟製成，其中包括熱水汆燙處理。

DERBY 乳酪

這是產於英國德貝郡的乳酪，具有天然的外皮、紮實的內蕊和溫和的味道，爲大車輪形，重約14公斤。這類乳酪常當作土司乳酪，有時還會加入新鮮的鼠尾草葉並形成綠色條紋，稱爲Sage Derby乳酪。

ESROM 乳酪

這是一種以法國Port Salut乳酪爲基礎加工而成的丹麥乳酪，有洗式紅紋外皮，常用於挪威、瑞典的三明治中。

GAMMELOST 乳酪

它是一種能快速成熟的挪威乳酪，表皮上長有一種獨特的黴，會定期壓入內蕊中，使乳酪帶有酸酸苦苦的特殊風味。內蕊則柔軟呈深褐色。

HAVARTI 乳酪

這是一種Tilsit式的丹麥乳酪，有蕾絲般的內蕊，及天然或洗式的外皮，這層乾外皮使它具有微酸的味道，外皮上的黴則使它的味道更酸。Havarti是這類乳酪發明者漢娜尼爾遜太太（Mrs Hanne Nielson）的農場名稱。

LIMBURGER 乳酪

原產於比利時，但現在產於德國。Limburger乳酪的味道香辛，有時還帶有辛辣味，它的外皮經棒狀桿菌洗過，成熟期約需三、四週。

PONT L'EVEQUE 乳酪

這是一種方形軟乳酪，也是法國諾曼第所產的古老乳酪之一。它有相當濃郁的味道及香氣，具洗式外皮，包裝方式像Camembert乳酪一樣裝在小小的薄木片盒子中。

REBLOCHON 乳酪

產於奧特薩沃伊（Haute-Savoie）的法國乳酪。由於產地屬於高山地區，因此乳酪是放在洞穴中發酵成熟。Reblochon乳酪味道溫和、口感濃郁滑膩，並具有一層洗式外皮。它的名稱意爲「第二道奶」，因爲最早製出這種乳酪的牧民就是採用非法擠出的第二輪乳汁。

SAMSO 乳酪

Samso乳酪原本是丹麥人模仿Emmental乳酪所製成的乳酪，得名自產地山索島。這一類的乳酪都是以產地名後加個「bo」字來命名，如Danbo是四方形乳酪，具天然乳酪皮，有的還會添加葛縷子；Fynbo則和Samso乳酪類似，但形狀較小，內蕊中也有比較小的氣洞；Elbo的內蕊較均勻紮實，氣洞不多且有天然外皮；Tybo的外形較小，內蕊相當紮實，但脂肪含量相同；Molbo的特色和荷蘭的Edam乳酪一樣，做成圓球形並有紅色外皮；同樣地，Maribo則類似荷蘭的Gouda乳酪，但有細小的氣孔和紅蠟皮。

SAUERMILCHKASE 乳酪

這是由低脂乳製成的德國乳酪，不過它的酸味是用乳酸製成而非凝乳酵素。這類乳酪的形狀各有不同，但是外皮全都長了黴，顏色則從淡黃色變化到紅棕色都有。這類乳酪的味道略微酸澀，有些還添加了辛香料。同種類的乳酪包括：Handkäse乳酪、Harzer乳酪、Spitkäse乳酪、Strangenkäse乳酪和Mainzer乳酪。

硬質、藍紋和煙燻乳酪

PROVOLONE 乳酪

這種壓縮凝乳乳酪原本是用水牛乳製成，但現今大都使用牛乳，產於義大利、美國及澳洲。它的成品形狀不一，有梨形、圓錐形和圓筒形，通常會以繩子吊起來，使它成熟變硬，同時還需煙燻，成熟期較短的乳酪口感較溫和柔軟，常拿來當餐用乳酪；成熟期較長的乳酪質地較硬，常用來加在義大利餃及春捲中。

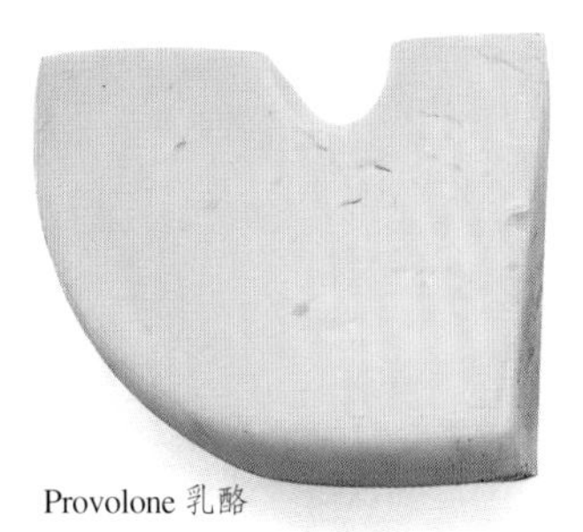

Provolone 乳酪

PECORINO 乳酪

這是由羊乳製成的粒質乳酪，產於義大利中部及南部。Pecorino Romano乳酪是將牛乳加熱後加入凝乳酵素使之凝結，而後再切細擠壓成形，成熟期約需八個月。Pecorino Sardo乳酪產於薩丁尼島，而西西里島的Pecorino Pepato乳酪則是加入胡椒籽所製成，兩種都可當作餐用乳酪或磨碎使用。

Pecorino 乳酪

PARMESAN 乳酪

Parmesan乳酪或更正確的說法是Parmigiano Reggiano乳酪，是最高級的粒質硬乳酪(formaggi di grana)。這種圓輪狀的金黃色牛乳乳酪是以仔細過濾的凝乳細末製造而成，其後再攪拌並加熱至58℃，而後壓製成形。乳酪經過數週的鹽醃後，再放上二、三年以發酵成熟，有時放置的時間更久。依成熟期間長短可分為老(vecchio)、特老(stravecchio)、典型(tipico，4～5年期)和次發酵餐用乳酪(giovane)。其他的粒狀硬乳酪包括：倫巴底大量生產的Grana Padano、內蕊有許多小氣孔的Grana Lodigiano低脂乳酪，以及產於米蘭附近的Grana Lombardo乳酪。粒狀乳酪大都是磨碎後用於許多道地的義大利菜中，如義大利濃湯或義大利麵，也可以拌醬料。

Parmesan 乳酪

SAPSAGO 乳酪

Sapsago乳酪是用脫脂酸乳及全脂乳做成的瑞士乳酪，又叫綠色乳酪，因為它呈淡淡的綠色，這是由於在凝乳中添加苜蓿的關係。Sapsago乳酪是硬乳酪，通常磨碎使用，是一種通用於各色菜餚的好乳酪。

Sapsago 乳酪

CACIOCAVALLO 乳酪

這種牛乳乳酪和Provolone一樣也是義大利麵的餡料之一，或稱「拉式凝脂」乳酪(用熱水將凝乳弄軟，使它很容易手塑成形)。Caciocavallo最早是由遊牧民族製成，原意是「馬背上的乳酪」，因為聽說它看來很像鞍袋。這種古羅馬乳酪形狀像葫蘆，成熟期較短的通常用來做點心或甜點，成熟期較長的則較硬，呈粒質，適合磨碎使用並拿來烹調。

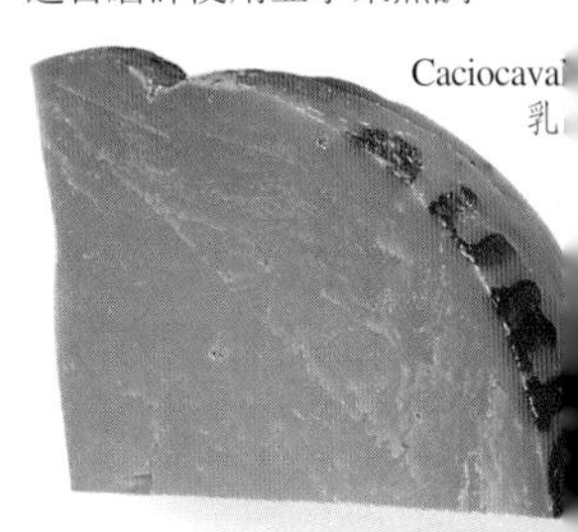

Caciocaval
乳

SBRINZ 乳酪

這是拿來磨碎使用的瑞士牛乳乳酪，首先將凝乳細切後加熱55℃以上，而後壓成扁圓形或輪形，再浸入鹽水中以20℃的度讓它「發汗」約四個月，最將乳酪上架放置約兩年以發酵熟。它的味道非常辛香，可當餐用乳酪或拿來烹調，可加於料和酥芙蕾中。

Sbrinz 乳

煙燻 Emmental 乳酪

煙燻 EMMENTAL 乳酪

傳統上，煙燻Emmental乳酪都是做成長長的臘腸狀，主要是作爲點心用乳酪。最常用來煙燻的乳酪是Emmental及Cheddar，但其他類乳酪也可能會製成煙燻並做成這種形狀。

GORGONZOLA 乳酪

Gorgonzola與Roquefort、Stilton乳酪是最重要的三大藍紋乳酪。製造這種義大利最有名的藍紋乳酪時，用來培殖藍紋的gorgonzola青黴菌會與第一道原料一起加入凝乳中。凝乳經切割後裝入模子裡，然後加鹽並用針刺出細孔，再放三、四個月讓乳酪發展出紋路。通常用來鑲梨子、做乳酪慕斯或拌沙拉吃。它的風味可口且略微酸澀，內蕊軟白帶有綠色紋路，含脂量比Roquefort乳酪高，也比Stilton乳酪濕潤。

Gorgonzola 乳酪

ROQUEFORT 乳酪

Roquefort乳酪是公認的乳酪之王。這種乳酪產於法國克塞區(Causes)，是用羊乳製成。成品爲圓筒狀且味道濃郁。Roquefort乳酪稱王的原因，在於它是放在非常潮濕而獨特的山洞中發酵。未成熟的Roquefort乳酪放在康巴盧(Combalou)山的洞穴裡，潮濕空氣中布滿了流動的Roquefort青黴菌孢子，大約經過六週後乳酪就開始變藍。可用來做Roquefort小蛋塔，或當作餐用乳酪以及加入沙拉醬中。

Roquefort 乳酪

Mycella 乳酪

MYCELLA 乳酪

此爲丹麥的牛乳乳酪，帶有藍綠紋，通常爲高筒形，也有小塊鋁箔包。一般是當餐用乳酪，不過也可以加入沙拉或沙拉醬中，以增添些微酸味。

其他硬乳酪

ASIAGO 乳酪

Asiago乳酪是義大利的牛乳乳酪，產於威欽察省(Vicenza)西北部。此類乳酪共分兩種：Asiago d'Allevio混合全脂乳及脫脂乳製成，是相當辛香的磨碎用乳酪；Asiago Grasso di Monte則有較柔滑的內蕊及溫和的味道。Asiago乳酪通常用於需要碎乳酪的菜餚中，如湯、義大利麵及肉類等。

BERGKASE 乳酪

Bergkase乳酪是一種大圓輪形的奧地利乳酪，內蕊柔滑均勻，風味溫和。這種乳酪是以牛乳製成，先將凝乳細切，然後用力擠壓，直到天然的乾乳酪皮形成爲止。

KEFALOTYRI 乳酪

這是一種很受歡迎的希臘硬乳酪，原文意思爲「頭顱乳酪」。先將凝乳細切並仔細攪拌，加熱後入模，使它變成類似頭顱或帽子的形狀，然後用鹽醃製就可以放上幾個月來讓它發酵成熟。通常磨碎加入許多希臘菜中。

藍紋乳酪

CASTELLO 藍紋乳酪

一種丹麥的高脂軟蕊乳酪，以牛乳製成。

Castello 藍紋乳酪

DANISH 藍紋乳酪

丹麥由於沒有自創的藍乳酪，所以從十九世紀起該國的酪農就開始做菌種實驗，結果做出一系列優質的藍紋乳酪，其中Danish藍紋乳酪或稱Danablu是最有名的一種。Danish藍紋乳酪是用均質過的牛乳製成，質地柔軟，口感滑膩而濃郁，是極佳的餐後乳酪，成品爲圓輪形。Blucreme是另一種Danish藍紋乳酪，藍紋長在內部，由於加了乳脂使它比Danish藍紋乳酪更滑順柔膩。通常爲重4公斤的長條形。

Danish 藍紋乳酪

PIPO CREM' 乳酪

這是一種很受歡迎的法國藍紋牛乳乳酪，常做成長圓筒形。Pipo Crem'乳酪比Bresse藍紋乳酪大而滑膩，兩種乳酪都產自艾恩(Ain)。

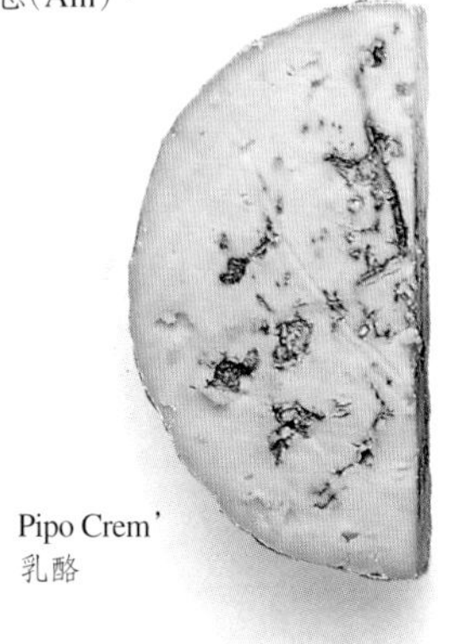

Pipo Crem' 乳酪

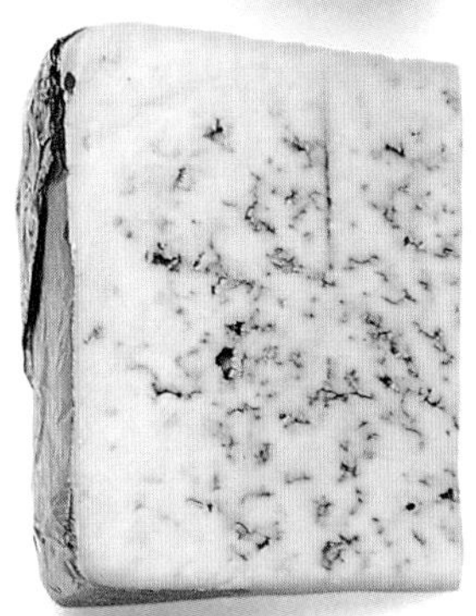

Bresse 藍紋乳酪

BRESSE 藍紋乳酪

是一種柔滑的法國藍紋牛乳乳酪，內蕊柔軟而味道濃郁。這種乳酪的脂肪含量(50%)比一般藍紋乳酪高，重約2公斤，成品爲圓筒形且外裹鋁箔紙，是很好的餐後點心乳酪，也用來做乾紅椒乳酪(fromage cardinal)——一種以乳酪和甜紅椒混合的菜。

FOURME D'AMBERT 乳酪

產於法國的奧特薩沃伊地區(Haute-Savoie)，內蕊密布藍紋，是風味濃郁的牛乳乳酪，成品爲高圓筒形。

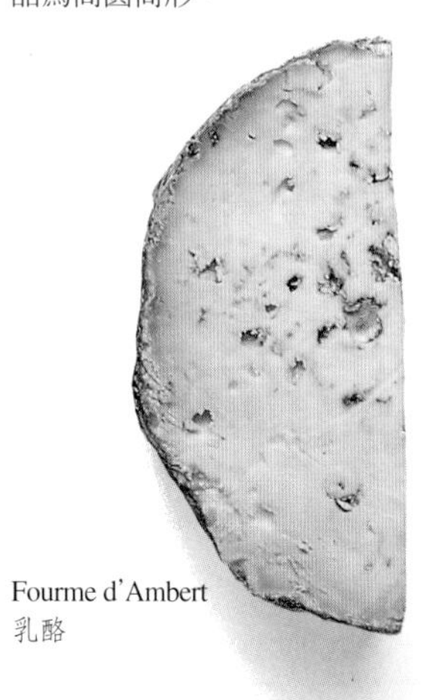

Fourme d'Ambert 乳酪

DOLCELATTE 乳酪

名字原意爲「香甜牛乳」，是牛乳製成的義大利乳酪。它有非常柔滑的內蕊，裡外布滿了綠色紋路，是一種工廠製的Gorgonzola乳酪，成品爲圓筒形。

Dolcelatte 乳酪

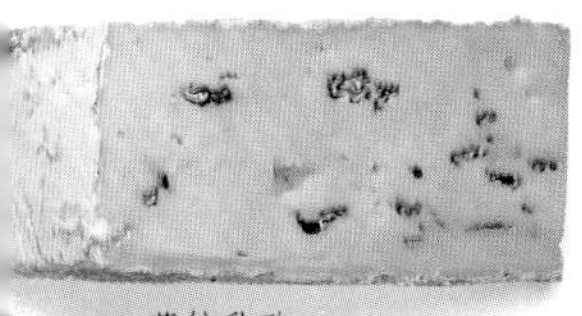
Bavarian 藍紋乳酪

CHESHIRE 藍紋乳酪

Cheshire藍紋乳酪是一種可與Stilton乳酪抗衡的乳酪，爲染色Cheshire乳酪的一種，呈大圓筒形，是最好的藍紋乳酪之一。它是以牛乳製成，雖然酪農們會以針刺，並將它放在最適合的溫度下盡全力幫黴菌生長，不過卻只偶爾成熟及變藍。它的味道濃郁，最好是用來當餐後點心。

Cheshire 藍紋乳酪

BAVARIAN 藍紋乳酪

這是一種高脂、質地柔軟的藍紋乳酪，產於西德，帶有些微酸味。Bavarian藍紋乳酪味道非常濃郁，含脂量高達70%，它是以牛乳製成，質地滑膩且易於塗抹，極適合做三明治。外皮長有黴菌，成品爲小圓輪形。

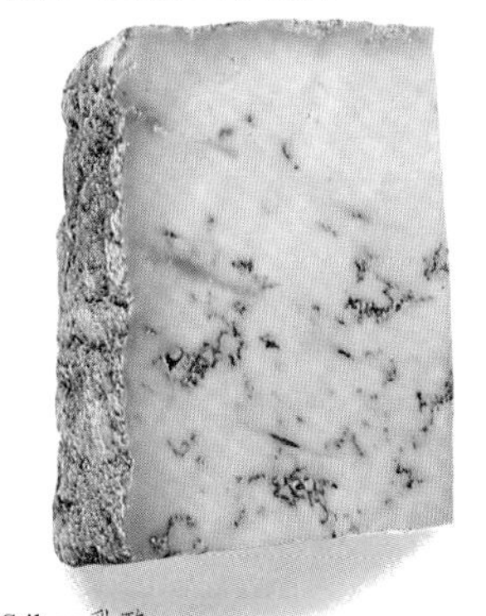
Stilton 乳酪

SHROPSHIRE 藍紋乳酪

它是藍紋乳酪中的新人，不像名字所指的產於英國施洛普夏郡，而是蘇格蘭。呈圓筒形。

STILTON 乳酪

在著名的藍紋乳酪中它算是相當新的一種，因爲Gorgonzola乳酪和Roquefort乳酪都有千年以上的歷史，而Stilton則是在十八世紀初才受到矚目。據說，最早由英國萊斯特夏(Leicestershire)的寶莉太太所製造，再由她供應給斯提爾頓的貝爾旅館販賣。

Stilton乳酪是一種濃郁的牛乳乳酪。白色的種類在還未成熟時就可以出售，但藍紋的(如圖)則約需六週時間來變藍。首先以鋼針刺透乳酪，再放著讓它發酵成熟。它有一層皺皺的棕色乳酪皮，成品爲高筒形，可幫助區別Gorgonzola和Roquefort乳酪。

Shropshire 藍紋乳酪

其他藍紋乳酪

AUVERGNE 藍紋乳酪

產於法國阿維農(Auvergne)地區的小型乳酪，重約2公斤。將青黴菌(*Penicillium glaucum*)注入凝乳中或撒在表面上製成，乳酪先水洗再以鹽巴摩搓，最後用針刺來促進黴菌生長。

AVEYRON 藍紋乳酪

在法國中央高地(Massif Central)的天然洞穴中發酵成熟的乳酪，就像Causses藍紋乳酪及著名的Roquefort一樣。這種小型的地方乳酪風味精緻美妙，內蕊柔軟。

CORSE 藍紋乳酪

是一種白色羊乳乳酪，產於柯西嘉(Corsica)平原，在內部產生黴菌而變藍。其他這類乳酪則是送去羅克福爾(Roquefort)的洞穴中發酵成熟。

GEX 藍紋乳酪

產於侏羅山脈(Jura mountains)，有紮實的內蕊、溫和的味道及細緻的藍紋。鄰近的塞特蒙司爾(Septmon cel)也生產一種類似乳酪，稱爲Septmoncel，兩者都重約5～6公斤。而伊色爾(Isère)的Sassenage也是類似產品，不過質地較硬，尺寸也小了許多。

LAQUEUILLE 藍紋乳酪

產於法國普耶多姆區(Puy-de-Dome)，1850年才上市，是相當新的乳酪。它的外型和大部分的法國藍紋乳酪一樣小，重約2～2.5公斤，有一層乾的乳酪皮而味道香醇。

LYMESWOLD 乳酪

這種滑膩溫潤的藍紋乳酪於1982年創出，代表英國與Brie藍紋乳酪相抗衡。它有多種種類，但都是做成小圓輪形。通常當作點心或甜點單吃。

魚類及海產

早在史前社會還沒有學會農耕及馴養牲畜之前，海產及淡水魚就是人類重要的食物。因爲魚能提供蛋白質和維他命，容易捕捉又好處理，甚至可能大部分爲生食。

埃及的漁產既豐富又便宜，甚至比麵包還便宜。像鯉魚、鮰魚、歐鮎魚和泥鰍是取自河流及湖泊，灰鯔和鮪魚則從海洋捕獲。甚至在很早以前，伊比利半島人就懂得捕抓鯷魚、沙丁魚和鱈魚來鹽漬，將巴卡拉歐(bacalao)鱈魚乾出口到遙遠的小亞細亞。

歐洲人過去以梭子魚來運動和饗宴，蘇格蘭卻由於鮭魚太普遍，以致十七世紀時通過法令禁止雇主每週供應僕人鮭魚三次以上。鯉魚的產量通常很驚人，在歐洲、中東、中國和日本的池塘及湖泊中都有養殖，提供詩人及廚師許多靈感。

鯡魚一直是最有價値的魚類，年獲量約兩千萬噸，始終佔全世界總產量的三分之一。今日的鱈魚、鯖魚及鮪魚則緊隨其後。

烹調須知

魚類是高級蛋白質的極佳來源，脂肪含量大部分都很低。牠的烹煮法有很多，包括油炸、煎炒、焗烤、扒烤、清蒸及溫煮。

多佛鰨是許多傳統法國菜的材料，例如儒安維爾式(Joinville)魚柳和艾斯可菲耶(Escoffier)香烤三味，但最好吃的煮法還是油煎(à la meunière)。大比目魚應該溫煮或清蒸，並搭配適合的醬料，至於較乾澀的庸鰈可以燜煮或扒烤後與融化的牛油配食，或者焗烤，也可以用白酒溫煮，然後用小蝦及淡菜配飾。菱平魚可以用相同的方法烹調。其他比目魚如黃蓋鰈魚、檸檬鰨科比目魚以及鰈魚類像孫鰈與美格林鰈(megrim)都應該扒烤或油煎。

選魚

新鮮魚的雙眼凸出、魚鱗緊貼而且魚肉結實，至於惡臭的魚則絕不能選用。有些魚是去皮後販賣，例如角鯊，其他像鮟鱇魚則是去皮與頭。魚很快便會腐敗，所以必須儘快烹煮。放在冷藏室裡最多保存一天，否則就必須冷凍起來。不過只有自己捕到的魚才可以放入冷凍庫保存，千萬不要把買來的魚冰入，因爲牠可能不是剛捕獲的，在魚販拿到手前可能就已經冷凍過了。

魚的種類

全球海洋裡有兩萬多種魚類，在這龐大的潛在漁獲中，我們目前只斬獲了一小部分而已。無可否認地，至少有五十種魚不能作爲商業用途，但是在剩下的魚類中，市場常見的種類也只不過數十種而已。葡萄牙和日本兩國是個例外。日本市場上每天大約賣六十多種魚，日本漁船行遍各大洋，以捕回平均每日約七千噸的魚消耗量，而大部分的魚都是做成生魚片食用。

其他國家對魚的品味則比較保守。歐洲人大量捕獲的魚類主要有鱈魚、無鬚鱈、鯡魚、鯖魚、大沙丁魚和鯷魚，但願是因爲牠們的產量很豐富。棲息於地中海及大西洋的160種可捕魚種裡，大約只有數十種常常在餐桌上見到。美洲人很幸運地整年都能有大量的鹹水魚可吃，有鮭魚、鰈魚、鱈魚、庸鰈、鱒魚、河鱸和海鱸。

要在本書詳細列舉所有可食魚類是不可能的，但後面數頁選擇了幾種最著名的魚類，提供說明並圖示。如果讀者想對魚類和魚的用法有全面性的了解，請參閱聯合國出版的《魚及魚製品多語字典》(Multilingual Dictionary of Fish and Fish Products)。

海　產

海產涵蓋了許多「甲殼類水生動物」，包
舌淡水及海水的可食性無脊椎動物、甲殼類
動物和軟體動物。甲殼類動物如龍蝦、斑節
蝦和蟹都有一個無關節的堅硬外殼，或稱甲
殼，成長時會定期更換。軟體動物是棲息於
貝殼中，像牡蠣、蛤蜊棲息於二枚貝裡，扇
貝、蛾螺及濱螺則棲息於單殼中。以烹調用
途而言，其他軟體動物像路上的蝸牛、無殼
的海生動物如魷魚、烏賊、章魚以及可食性
的青蛙，傳統上都歸類爲海產。

甲殼類水生動物因肉質細嫩而備受稱讚，
簡單準備即可好看又美味，但是牠腐敗速度
之快也是衆所周知。食用海產的基本條件是
必須非常新鮮，如果是冷凍品，必須在退冰
後馬上使用，另一項基本條件是必須來自於
沒有污染的水域。

生鮮的甲殼水生動物全年都有供應，供應
種類則視季節及區域需求而有不同，但大部
分都是在夏天的沙拉季節裡需求量最高。傳
統上，牡蠣在較冷的月份肉質較肥美好吃。

選擇海產

爲了確保新鮮及味道，最好購買活的海產
來烹調。淡水小龍蝦、龍蝦、小龍蝦(赤蛄)
和蟹類買時應該還很活躍，而且拿起小龍蝦
或龍蝦時尾巴應該會捲向腹部。新鮮的小蝦
和長鬚蝦只有在靠海的市場理才能買到，摸
起來應該乾乾脆脆的，至於那些又乾又軟的
就不新鮮。

活的淡菜、蛤蜊和牡蠣的殼應該是緊緊合
上。只要殼已打開，快速碰觸時不會馬上闔
起來，就是不新鮮或已經死了，應該馬上丟
棄。扇貝的殼縱使大開也可能是活的，觸摸
牠的內膜時內膜會移動就是活的。蝸牛、蛾
螺和其他腹足類動物只要一摸，牠們就會躲
回殼裡去。烹煮後，淡菜、蛤蜊和牡蠣的殼
會打開，如果有沒打開就將牠丟棄。有些人
認爲貝類(尤其是牡蠣)最美味的吃法是用手
掰開殼(藉由牡蠣刀的協助)後馬上生吃。有
時候也可以買到已經去一殼的貝類，或是買
到完全去殼的罐頭。

市面上烹煮好的甲殼類動物，聞起來要很
新鮮也很清爽。剛煮好的龍蝦或小龍蝦的殼
應該乾燥而鮮亮，殼上也沒有裂痕或破洞，
如果烹煮時牠還是活的，煮後尾巴應該很有
彈性。不新鮮的龍蝦或小龍蝦尾巴和腳會軟
弱沒有力氣，味道聞起來有點噁心。同樣道
理也可以運用在蟹類上，但煮後顏色還可能
會變淡。選擇煮熟的甲殼類動物時，同體型
中儘量選較重的。

當軟體動物不是以生鮮品販售時，通常會
泡在醋汁或鹽水中，或者裝罐。醃漬品通常
是配啤酒或其他飲料生吃，但是如果要做沙
拉或其他類似的菜餚，就必須先用冷水沖洗
再處理。罐裝的軟體動物和甲殼動物已烹煮
過，而市售的冷凍品可能還需要烹調。

處理甲殼動物

處理需要扒烤的龍蝦或小龍蝦時，應該先
將腹部朝上，再用一把沈甸甸的利刀插入身
體及尾殼中間，將背脊切斷宰殺牠們，殼便
縱向劈開，接著除去不可食的部位。龍蝦的
螯則應該敲裂。龍蝦或小龍蝦的肉必須朝
上，放在離火約10公分的地方以強火烤約
10～12分鐘，並時時塗上融化的牛油。如
果直接將蟹放入沸水中，牠的螯便會脫落，
因此水煮前應該先浸在約21℃的溫水中30
分鐘，再放入沸水裡蓋緊蓋子，每450公克
用小火煮8分鐘後放涼。

小蝦、長鬚蝦或淡水小龍蝦不論生熟，處
理方法都要先去掉蝦頭、殼、腳、尾巴和背
部的黑色泥腸。生鮮品可以用沸水蒸3～4

分鐘，或在熱油裡炸 2～3 分鐘直到金黃。小龍蝦、龍蝦和蟹的每一部位都可以吃，但有「死人手指」之稱的灰色鰓部、眼睛後面的硬肚子，以及背部的泥腸則不可食。龍蝦的褐色肝臟又稱「龍蝦肝」，烹煮時會轉為綠色，可以留下來或取出加入調味料中。

雄性龍蝦或小龍蝦的體型比雌性稍大，肉也比較多，但是雌蝦中可能帶有「漿果」(berry，又叫珊瑚卵或蛋)，烹煮後這些卵不僅非常美味，還可以作為其他菜餚的配飾。同樣地，雌蟹的螯也比雄性小，可能也會帶有淡棕色的蟹卵。

所有的軟體動物都必須好好清洗，再放入清水裡浸泡(蛤蜊必須放過夜)，換幾次水，以除去鹹味及沙粒，然後才能烹調。扇貝白肉外的貝膜或外皮必須去除，但肉和紅色的卵都可以食用。烹煮牡蠣和扇貝前要去殼，前者只需加熱約 1 分鐘；扇貝則水煮、清蒸或煎炒 1～2 分鐘，視扇貝的大小而定。淡菜煮前要除「鬚」，同時也需要好好清洗，牠和其他軟體動物一樣，通常是帶殼水煮或蒸1～2 分鐘。

冰凍甲殼類水生動物

剛捕獲的甲殼動物可能會冷凍起來，但一定要確定是新鮮的，而且最多只能冷凍保存一個月。冷凍前先刷洗乾淨，把肉從甲殼中取出，放入冰冷的鹽水中清洗，瀝乾水分，與肉汁一起放入堅固的容器裡(留一點可供脹大的空間)蓋好，貼上標籤然後密封。退冰後最適合加在湯或調味汁裡，並在即將烹調好時加入。小蝦、長鬚蝦和淡水小龍蝦可以去頭後冷凍，不論是生鮮或略經燙煮後冷卻的蝦，都要封在塑膠袋裡，貼上標籤。龍蝦和小龍蝦應該在捕獲當天烹煮、冷卻並冷凍。蟹類應該烹煮冷卻後把肉取出，再放入容器中冷凍。

魷魚、烏賊及章魚的處理

新鮮魷魚(槍烏賊)及烏賊的處理方法是將觸角及頭從尾部拔出。墨囊則從頭部毫髮無傷地取下，先放在一邊等烹調時再用，頭部和體內的器官便拋棄不用。細細的烏賊魚骨從尾部拔出丟棄後，將烏賊放在流水下搓揉擦洗，除去淡紫藍色的皮膜。

處理完後，總長度短於7.5公分的帶尾魷魚可溫煮、扒烤或切成圓片烹調，觸角則裹麵糊快速油炸。體型較大的魷魚或烏賊通常會切片燜煨，因為牠們需要較長時間來慢慢煮嫩，但是也可以像章魚一樣塞入切碎的觸角、打散的蛋及香料等混合物，然後加葡萄酒一起煨煮。至於章魚則將嘴和肛門切除丟棄，墨囊可以用於煨菜中，身體則由內向外翻轉，將體內器官、吸盤以及觸角的尖端去除。清洗完後，除非是小章魚(1 公斤以下)，否則必須敲搥至軟並燜煨 2.5～3 小時，直到刀子可以輕易刺穿為止。

蝸牛及青蛙腿的處裡

市面上的蝸牛普遍都已處理好並冷凍，更常見的則是罐裝品，但是也可以採用花園中的蝸牛(*Helix aspersia*)或法國人使用的多肉種旋蝸牛(*H. pomatia*)，在家中自己處理。然而在準備處理前，必須先餓牠兩天，再以萵苣餵食兩週，好排去可能吃進的毒素。牠們的殼必須在加有醋及鹽的水中好好擦洗並換水沖洗數次。頭不會伸出來的蝸牛必須丟棄，剩下的蝸牛則放入沸水裡煮5分鐘，水分瀝乾並放涼後，就可以將肉取出，除去腸囊，放在高湯裡慢火燉煮，直到蝸肉變軟。蝸牛殼則在加有小蘇打的水中稍微煮過，瀝乾水分刷洗後沖淨。

許多國家都有專門供應青蛙腿的養殖場，蛙腿會先去皮泡水並換水數次，讓肉脹大變白，再供應給專賣店，或裝罐冷凍後販賣

淡水魚

鯉魚（Carp）

這種魚有許多品種，原產於東亞，但如今在世界大部分地區的池塘、湖泊及河流中都能找到。鯉魚在美國、法國及英國很受歡迎，雖然全年都有供應，但最好吃的時機是在冬季。牠帶有一點泥味，必須刮鱗且清洗乾淨，烹調前應浸泡於鹽水中約3～4小時。市面上售有新鮮、冷凍及煙燻製品；不論整隻、魚排或魚柳都可以買到。可以焗烤、溫煮、油炸、清蒸或燜煮。在中國，鯉魚常和糖醋醬汁一起烹調；在歐洲，則常塞入餡料或淋上魚膠。鯉魚的家族成員包括：歐鯉、歐洲淡水鯉、雅羅魚、鮰魚、白首鯉、白楊魚以及歐扁。

鯉魚

梭子魚

梭子魚（Pike）

梭子魚不論是新鮮或冷凍品在北半球都很容易買到，而且可以買到整尾(體型小的)或薄片(體型大的)。牠可以焗烤、燜煮、溫煮、煎炒或扒烤，全年都有供應。梭子魚在中歐的烹調上特別受歡迎，該區的傳統煮法是塞入餡料後與牡蠣、鯷魚、牛油及香料一起焗烤。

鰻魚（Eel）

這種魚在歐洲及日本特別受歡迎，牠在馬尾藻海域產卵，然後游至淡水河長大成熟。鰻魚的品種有數個，可水煮、油炸或扒烤，或做湯、燜煨、淋魚膠。鰻魚全年都有供應，有新鮮、冷凍或煙燻製品。

鰻魚

鮭魚（Salmon）

鮭魚是世界上最好的食用魚類之一，可在北半球的冷水海域見到蹤跡。牠的肉質結實多油，味道細緻可口，肉色從粉紅到深紅都有，其中又以太平洋產的種類肉色較深。大部分的鮭魚都是在海洋中長成，但會回到沿海的溪流上產卵數週，產卵期大約在十二月到八月之間（確切的產卵期須視鮭魚品種而定），此時通常可以買到新鮮鮭魚，至於罐頭鮭魚、冷凍鮭魚片及煙燻鮭魚則全年都有供應。醃漬鮭魚是極佳的開胃小點，而滷汁醃泡的鮭魚則是北歐菜的台柱之一。新鮮鮭魚可以做成很多精緻菜餚，可扒烤或放在高湯裡溫煮，然後配上適合的醬汁熱食或冷用，或是放涼後淋魚膠。

真鱒

真鱒（Salmon Trout）

產於北大西洋、波羅的海以及北海的魚類，又稱海鱒。由於眞鱒也是從海中回到歐洲沿岸河流產卵，所以常被誤認爲鮭魚。牠的肉質在夏季時最佳，顏色爲淡粉紅色，味道細緻可口，用來煮尤其好吃，可以當冷盤上桌淋魚膠。由於肉質太細，所以適合煙燻，然而其他用來烹調魚或鱒魚的方式都適用於眞鱒牠也常用來替代鮭魚。

鮭魚

鱒魚（Trout）

鱒魚原產於歐洲，現在全世界都能見到。牠的種類有很多，包括：殺手眞鱒、溪鱒、虹鱒(或稱硬頭鱒)、湖鱒、棕鱒、眞鱒(參閱左頁)，以及北極紅點鱒。圖中所示爲虹鱒。鱒魚通常是整尾烹煮，可以買到新鮮、冷凍、罐頭或煙燻魚，而且全年都有供應。鱒魚的烹調法有三分熟（au bleu）、油煎、包羊皮紙烘烤、淋魚膠、焗烤、溫煮、煎炒、扒烤以及魚盅。

虹鱒

其他淡水魚類

海鯰（Catfish）

大多數的海鯰都屬於淡水魚，包括藍鯰、海峽鯰、黃鯰(或稱古戎鯰)、花斑鯰(又稱提琴鯰)和牛頭鯰(又稱角鯰)。海鯰的種類極少，有狼魚和花斑鯰，歐洲北部沿海和紐芬蘭島可以捕獲。鯰魚通常切片販賣，可焗烤或油炸。

茴魚（Grayling）

這是一種很漂亮的銀色魚，帶有百里香的香味，因此拉丁文名就叫百里香魚(*Thymallus*)。茴魚也是一種很棒的餐用魚，最好的烹調法是三分熟，或塡入香料後焗烤。主要在北半球捕獲。

白魚（Whitefish）

這是種長得很像鯡魚的淡水魚類，主要產於北半球各地湖泊。其他種類及變種包括：胡丁魚、波瓦魚、白鮭以及六帶白首魚。非常適合取代鱒魚。

海水魚

銀魚（Whitebait）

銀魚是指鯡魚苗或小鯡魚，這種小型的銀色魚通常是在地中海及大西洋捕獲。全年都有供應，但春夏兩季時肉質最肥美。生鮮或冷凍魚都有賣，由於體型過小所以不用去腸、鱗或尾巴，而是整尾食用。一般煮法是沾麵粉油炸，直到表面金黃酥脆爲止。

鯡魚（Herring）

鯡魚是一種只有18～40公分的油性小魚，在大西洋和太平洋都找得到，曾經因爲非常便宜而歸類爲窮人吃的魚，然而今日已成爲絕佳美食。市售的新鮮鯡魚不是整尾就是切片販賣，可以塞餡料、焗烤、油炸、燉煮、扒烤或做沙拉。也可以買到罐頭。由於鯡魚富含油脂，因此非常適合醃製，如酸味及滷味的醃鯡魚、鯡魚捲、布克林燻鯡魚（參閱第186頁）、鹹小鯡魚乾、布羅特燻鯡魚（參閱第187頁專欄）、紅色燻鯡魚以及基普燻鯡魚（參閱第186-7, 191頁）。鯡魚在夏季時肉質最好。世上有幾類魚很像鯡魚，例如太平洋裡的海鯡，另外鯡魚也有淡水品種。

沙丁魚（Sardine）

這種味道很重的油性魚類有許多品種，在大西洋和地中海都可以找到牠們的蹤跡，魚隻大小的差異很大。英文名「sardine」通常是指較年輕的沙丁魚，較老的通常稱爲「pilchards」（以三、四尾較大的魚做一人份食物足足有餘）。沙丁魚全年都有供應，有鮮魚，以及用油或番茄醬汁醃漬的罐頭食品。烹調鮮魚時可以焗烤、油炸或扒烤。

銀魚

沙丁魚

胡瓜魚

小鯡魚

鯡魚

鯖魚

胡瓜魚(Smelt)

胡瓜魚常被誤認爲是小鯡魚，但事實上牠是鮭魚的一員，而且比小鯡魚更細緻可口，油脂也比較少。牠主要出現於波羅的海和英國沿海，另有一種品種可在聖羅倫斯灣捕獲。由於牠的骨頭非常柔軟，因此常是整尾食用。胡瓜魚在冬季時才有供應，通常是油炸來吃。

小鯡魚(Sprat)

和鯡魚同科的油性魚類，主要出現於歐洲沿海一帶。小鯡魚又稱普里西林魚，市面上有鮮魚、罐頭和燻魚(參閱第188頁)，而且可以BBQ、焗烤、油炸或是扒烤。包在油裡的煙燻小鯡魚在北歐及東歐是一道很受歡迎的佳餚。冬季時最好吃。

鯖魚(Mackerel)

雖然鯖魚有許多品種，但在大西洋及地中海捕獲的正鯖魚才是眞正的鯖魚。品種包括白首鯖(或稱西班牙鯖魚)、竹筴魚(又稱馬鯖魚)、加州竹筴魚、琥珀魚和美洲與南亞水域的鯧參。鯖魚是一種很肥、肉色深暗的魚類，因此很適合BBQ、焗烤、煙燻(參閱第187頁)或扒烤。牠可以和白酒一起烹煮，也可以淋檸檬汁或類似的酸料生吃，以保留牠的美味。鯖魚全年都有供應。

黑線鱈（Haddock）

通常為煙燻品，以芬蘭的煙燻鱈魚和亞伯斯燻鱈魚（參閱第187頁）而世界知名，這類北大西洋出產的魚在市面上有新鮮或冷凍的魚柳和薄片，並且全年供應。牠結實的肉質尤其適合和杏仁一起煎炒。

黑線鱈

鮟鱇魚（Monkfish）

鮟鱇魚生活在地中海及歐洲、非洲和美洲沿海的大西洋中，是一種底棲性的海水魚，又稱琵琶魚，由於牠有個又醜又重的頭，所以通常只賣魚尾。牠的肉平均重達1～2公斤，肉質結實、色白且多汁，據說味道與龍蝦很相似。鮟鱇魚可溫煮、焗烤、清蒸、油炸或扒烤，搭配薛琅醬（choron）或歐蘭德茲醬之類的奶油醬汁熱食，滋味好極了，或加美乃滋做成冷盤也非常美味。其他的烹調變化還有切成小方塊沾麵糊，然後用大鍋油炸，再搭配酒石英（tartare）食用。

科萊鱈（Coley）

一種肉質柔軟的白肉魚，和鱈魚及鯖鱈同科，科萊鱈又稱塞瑟鱈、碳鱈或波洛克鱈，全年在北海及北大西洋的漁獲量都很大。市面上所販賣的通常為鮮魚或冷凍魚柳，肉色灰帶粉紅，但烹煮後會變成白色。雖然科萊鱈不適合扒烤，但可以採用烹調鱈魚的方式料理，通常是用來煮湯、做成魚派或砂鍋菜。北歐人通常用鹽醃漬；德國人則稱牠為seelachs（綠鱈），通常採煙燻的方式或浸在油裡裝罐。

科萊鱈

鯖鱈

鯖鱈（Pollack）

從紐芬蘭島到北歐沿海的大西洋每年都可以捕到鯖鱈，在許多當地市場裡可以買到生鮮魚隻。鯖鱈的白肉相當結實，雖然一般人認爲味道稍差，但還是可以採用新鮮無鬚鱈或鱈魚的調理方式烹調。用牠來煮綜合魚湯味道不錯，如法式的布里德（bourride），也可以慢煨後配克里奧爾（Creole）醬之類的醬料食用。在美國的阿拉斯加，鯖鱈大多是採鹽醃、風乾或醋醃的方式調理。

鮟鱇魚

予魚

予魚（Ling）

予魚又叫海比目魚，與鱈魚同科，由於牠曾相當受歡迎而被稱之爲「海中牛肉」。然而，今日通常只能買到牠柔軟白肉做成的鹹魚和燻魚，很少看見新鮮的魚肉了。長牙魚則和予魚有近緣關係。新鮮予魚應該採取鱈魚的烹調方式烹煮。

灰鯔（Grey Mullet）

灰鯔與體型較小、肉質較結實的紅鯔沒有親戚關係，味道則與海鱸比較相像。灰鯔全年都有供應，可以買到整尾或魚柳。體型較小的魚適合煎扒，較大的魚則可包餡料焗烤，至於魚柳可以溫煮或油炸。

鯛魚（Sea Bream）

在大西洋、太平洋和地中海都可捕獲，鯛科家族包括了紅鯛、灰鯛及藍鯛等200多個品種，其中甚至有的重達1.6公斤。牠們的肉質都很結實而且皆爲白色，但又稱嘉�魚的紅鯛則是公認最美味的一種。鯛魚全年都有供應，通常可購得新鮮全魚。體型較大的魚可以做砂鍋菜、焗烤或塞入餡料烹調，體型較小的可以整尾煎扒。在地中海一帶，通常是將牠放在鋪滿乾茴香梗的餐盤裡上桌供食。

灰鯔

小鱈魚

小鱈魚（Whiting）

小鱈魚是一種歐洲海魚，從波羅的海到地中海沿海一帶都可捕獲。在美洲，體型較大的無鬚鱈約30～35公分長，有時也稱爲小鱈魚。不論新鮮、冷凍、煙燻或鹽醃品都有售，可以油炸、溫煮或扒烤。全年都可買到。

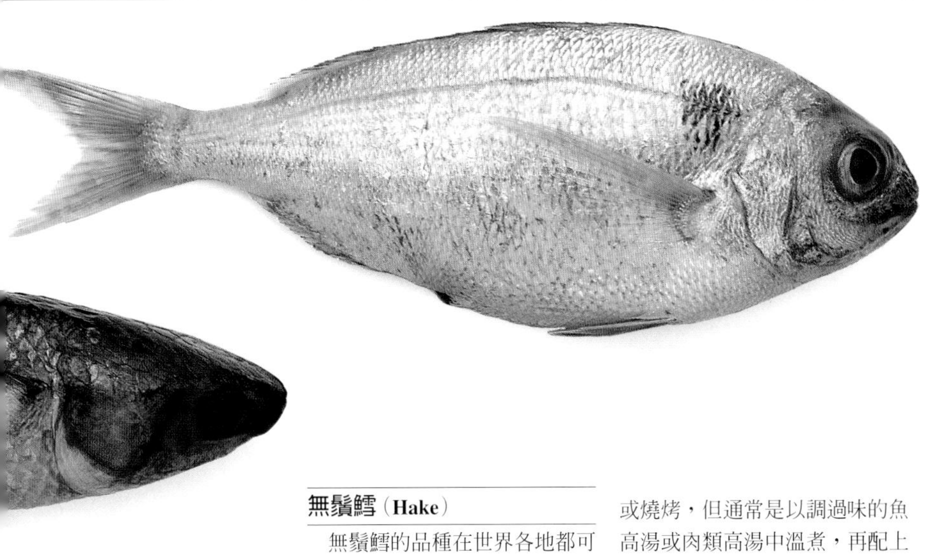

無鬚鱈（Hake）

無鬚鱈的品種在世界各地都可發現。牠是鱈科魚類中體型較大的一種，肉質也比較結實，而且全年供應。小型的無鬚鱈重約1～1.5公斤，可以整尾溫煮；較大型的則切成魚柳、魚排或薄片，而後以生鮮、冷凍、罐頭或煙燻方式出售。可以煎炒、油炸或燒烤，但通常是以調過味的魚高湯或肉類高湯中溫煮，再配上檸檬或香料牛油佐食。也可以溫煮後冷卻，並搭配美乃滋食用。無鬚鱈是煨菜、砂鍋菜以及湯餚的絕佳魚類，並適用於任何以鱈魚或黑線鱈爲主材料的菜餚中。鹽醃無鬚鱈的處理和烹調方式與鹽醃鱈魚相同。

鱈魚（Cod）

鱈魚是世上最重要的可食魚類之一，可在北大西洋的冷水海域找到蹤跡，然而主要漁獲區是新英格蘭、紐芬蘭、冰島以及挪威沿海一帶。鱈魚有著柔軟的白色魚肉，可長至36公斤。小鱈魚的重量在1公斤以下，有時也稱爲幼鱈魚，肉質比較結實，味道也較甜。鱈魚全年均售，較小的生鮮魚隻會整尾出售，尤其是大小適合溫煮或焗烤的鮮魚，至於生鮮或冷凍的魚柳或魚排則可油炸或扒烤。市售鱈魚也有鹽醃、煙燻或風乾製品(參閱第185頁)，是地中海及加勒比海一帶的重要食材。鱈魚卵則有生鮮、罐頭或煙燻品(參閱第189頁)。

海鱸 (Sea Bass)

一種族系龐大的海魚，包括鱸科魚和海鱸(又稱條文狼鱸或海狼鱸)，主要發現於北大西洋以及地中海。大嘴鱸、小嘴鱸、鈍頭鱸、白狼鱸(又稱銀鱸)以及黃鱸一類的淡水鱸魚也有供應。海鱸是種肉質結實的白肉魚，重量可達4.5公斤，此外，在太平洋捕獲的海鱸則可能有兩倍重，但眞正用來烹煮的品種則比上述小許多。通常是購買新鮮海鱸來烹調，有供應整尾、魚排或魚柳，適合拿來溫煮，或塞入香料後焗烤，也可以扒烤。

海鱸

紅鯔 (Red Mullet)

這種重量爲0.5～1公斤的魚類原產於大西洋，而今在地中海沿海一帶也可發現。全年供應，但夏季時品質最好，白肉結實美味，適合油炸、焗烤和扒烤。很多人喜歡將肝臟留在體內烹煮。紅鯔又稱爲海鷸，因爲牠像野鳥一樣常是整隻食用而不去內臟。

紅鯔

紅笛鯛 (Red Snapper)

這種墨西哥灣出產的魚可重達14公斤，魚肉爲上等的乳白色。重量在2.5公斤以下的紅笛鯛通常是塞入餡料整尾焗烤。大型魚隻會切成厚片或魚排，可以用各類方式烹調：以檸檬牛油扒烤；用大量油油炸，然後和雷慕雷(rémoulade)辣醬一起上桌；也可以煎炒、溫煮或用於湯餚中。雖然在美洲可以買到冷凍魚，但通常是賣生鮮品，且全年供應。像灰笛鯛這類的魚也買得到，但是體型較小，味道也較差。

紅笛鯛

其他海水魚

香魚（Argentine）
這種魚有許多品種，包括小香魚（或銀胡瓜魚）、大香魚（又稱大銀胡瓜魚）和底棲性的日本柳葉魚。這種小型的銀色魚類全部都可以扒烤或油炸。在北大西洋、太平洋及地中海都可發現。

鯥魚（Blue Fish）
這種魚類發現於美洲的大西洋沿海及地中海。可以扒烤、油炸或和番茄、洋蔥及香料一起焗烤。

鰹魚（Bonito）
鰹魚在大西洋、太平洋以及地中海海域皆可捕獲，屬於鮪魚科的一員，一般是切成魚排出售，也有鹽醃品。

康吉鰻（Conger Eel）
雖然康吉鰻可以塡餡料焗烤，但最佳烹調法還是用於湯或煨菜裡。漁獲區在地中海與歐洲及非洲的大西洋沿岸。

鱘魚（Sturgeon）
這種魚是以魚卵而聞名，可用來做魚子醬（參閱第189頁），雖然牠的肉質也不錯，但是很少人知道。主要是在裡海、黑海及多瑙河捕獲。

石首魚（Croaker）
這種魚類是在北美洲東部沿海捕獲，烹調法和鱸魚相同。

洋鱸（Ocean Perch）
這種魚也有歐洲產的淡水品種，而海水品種主要是在大西洋以及地中海捕獲。其他同科品種還有挪威的黑線鱈及藍嘴鱸。肉質都相當粗，最佳的烹調方式適合煮湯或白海鮮濃湯（chowder）。

鬼頭刀（Dolphin Fish）
這種大型的金黃色魚類是在溫水海域捕獲的，又稱爲藍普卡魚或劍魚，市售品通常是魚柳或魚排，可以扒烤、焗烤或油炸。

鱵魚（Garfish）
這種魚又稱梭子鱵或海鱔，肉質稍肥，有時會與鯖魚相提並論。可以油炸或扒烤。

石斑魚（Grouper）
這是種地中海的常見魚類，尤其在北非沿海一帶。魚排通常爲扒烤或焗烤。

海灣無鬚鱈（Gulf Hake）
海灣無鬚鱈有兩個品種，體型較小的一種稱蝌蚪鱈，體型較大的則稱爲叉子麵包鱈。較小的有黑色魚皮，較大的頗似鯖鱈。兩種魚的烹調法都與無鬚鱈一樣。

豹魴鮄（Gurnard）
又稱爲角魚，是種具有裝甲武裝、全身帶刺的魚類，包括紅豹魴鮄及放射豹魴鮄。地中海也有數類這種魚種。豹魴鮄可以焗烤或燜煮。

馬葛爾魚（Meagre）
馬葛爾魚是在大西洋以及地中海發現的魚種。可以像鱸魚那樣調理。

鮪魚（Tuna）
鮪魚有很多種別名，包括串魚及金槍魚，多數人熟悉的是鮪魚罐頭，但市面上也有生鮮魚，烹調方式可以採扒烤、焗烤或加葡萄酒、番茄以及香料一起燜煮。鮪魚也是尼柯斯式沙拉（salade Niçoise）中的主要材料。

鶴鱵魚（Needlefish）
鶴鱵魚又稱跳或針魚，和鱵魚極爲近似，但是牠的體型較圓。可以油炸或扒烤。

月魚（Opah）
又稱王魚、太陽魚或月亮魚，體型大且顏色美麗，魚身爲豐滿的橢圓形。可以油炸，在日本則是生吃。全世界都買得到。

岩予魚（Rockling）
在歐洲沿岸及紐芬蘭可以發現數種岩予魚。應該採用小鱈魚的烹調方式料理。

水滑魚（Shad）
水滑魚是鯡魚中體型較大也較豐滿的一種，在大西洋、地中海及太平洋都可以發現其蹤跡，但牠們大部分是在河流中產卵時被捕獲的。水滑魚可以像鯡魚那樣烹調，市面上也有賣煙燻魚，以及油漬或以鹽水醃的魚罐頭。

扁嘴旗魚（Swordfish）
扁嘴旗魚是在溫水海洋裡捕獲，市售品通常爲魚排，有時也有煙燻魚。可焗烤或扒烤。

馬頭魚（Tilefish）
一種大型的底棲性海魚，重量可達14公斤，最好像鱈魚那樣烹調。

織布魚（Weaver）
在歐洲沿岸的淺灘裡捕獲。不論魚隻或大或小，烹煮前都必須取出鰭刺及毒囊。烹調法是用於布耶貝斯（bouillabaisse）、扒烤或油炸。

扁體海水魚

菱平魚（Brill）

全年供應，在北海、地中海、黑海及大西洋都可以找到。可切成一半、薄片或魚柳，適於單獨焗烤。

黃蓋鰈（Dab）

黃蓋鰈是在歐洲北大西洋沿海海域所捕獲的小型魚，但美洲沙鰈的肉質較好。通常是整尾或切成魚柳販售，可以扒烤或油炸。肉質最佳的季節是4～11月。

鰈魚（Flounder）

鰈魚與右鰈相似，於波羅的海及歐洲大西洋海域捕獲，同時在地中海也有許多品種。在美洲，這個名字適於通稱許多種比目魚類包括：黑背鰈、牙鰈、灰鰈以及產自大西洋與南太平洋海域的美國檸檬鰨魚。全年供應，有生鮮魚、冷凍魚及煙燻魚。可整尾或切成魚柳下鍋油炸或清蒸。

菱平魚

鰈魚

黃蓋鰈

右鰈（Plaice）

右鰈來自北海及北大西洋，市面上售有生鮮和冷凍的整尾魚或魚柳。可以油炸或者扒烤，全年供應。

右鰈

鰩魚

鰩魚（Skate）

在地中海、北大西洋和北極海都可找到許多品種。生鮮販售，但只食用「翅膀」部位。主要季節是10～4月，可以溫煮並與酸豆和黑牛油醬(典型的法式料理)一起上桌食用，也可以油炸或扒烤。

其他扁體海水魚

魴魚（John Dory）

這種魚適合採用比目魚或鰨魚的烹調方式。活躍於歐洲及非洲沿海一帶，同科魚類則在其他地方尋獲。

多佛鰨

比目魚（Turbot）

這些大型動物棲息於歐洲沿岸的大西洋、北海、黑海以及地中海，全年供應。售有整尾、魚排或魚柳，可溫煮或焗烤；魚排還可以油炸或扒烤。

多佛鰨（Dover Sole）

從挪威南部到北非這一段的歐洲沿海區和地中海所捕獲，並出口到世界各地。市面上有鮮魚和冷凍魚，可以整尾或切成魚柳油炸。牠是肉質最好的其中一種小型比目魚，全年供應。

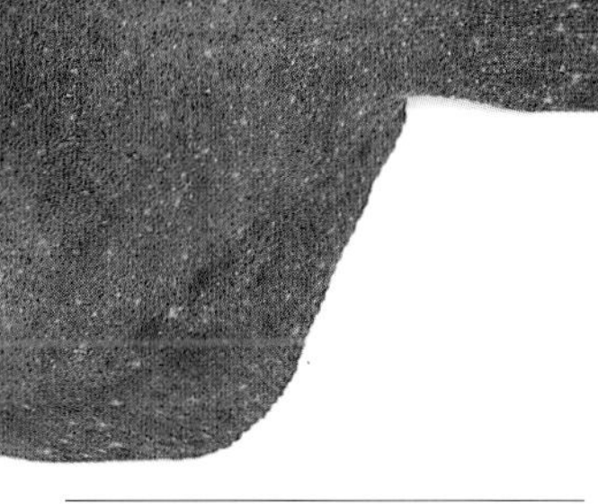

比目魚

檸檬鰨（Lemon Sole）

滋味最佳的時機在12～3月，雖然比多佛鰨魚差些，但都可以在同一水域找到，並以相同的方式烹調。檸檬鰨售有生鮮魚、冷凍魚、整尾或魚柳。

庸鰈（Halibut）

這是比目魚中最大的一種，種類包括格陵蘭庸鰈及其他品種。庸鰈的漁獲區在紐芬蘭到挪威的北大西洋、巴倫支海（Barents Sea）和北太平洋海域。市面上有鮮魚、冷凍魚、罐頭及煙燻魚，可以溫煮或焗烤。

檸檬鰨

庸鰈

甲殼類水生動物

淡水小龍蝦（Crayfish）

這種淡水甲殼類動物主要發現於法國，棲息於湖泊及低地溪流裡，稱之爲螯蝦。牠相當罕見，但理論上全年供應，可以買到活蝦或熟蝦。淡水小龍蝦可以油炸或水煮，而且是南塔醬（Nantua sause）及螯蝦泥（bisque d'écrevisse）的主要材料。

淡水小龍蝦

都柏林灣斑節蝦

都柏林灣斑節蝦（Dublin Bay Prawn）

過去，大西洋沿岸諸國稱都柏林灣斑節蝦爲挪威龍蝦，美國則稱作是海水小龍蝦。當時出海網捕其他漁獲的船隻經常在魚網中發現這種小型帶鉗的甲殼動物，然後賣到都柏林的當地市場。現今牠們則數量稀少且備受讚譽，舊名則令人牢記。在亞得里亞海作業的義大利漁民現在稱牠們爲蝦子，法國人則稱爲小龍蝦。無論是鮮蝦或冷凍蝦、活蝦或熟蝦（如圖）、帶殼或去殼，市面上全部都有販售。蝦尾的調理法和蝦子一樣，通常加在米飯類或沙拉中，亦可油炸或扒烤。大部分指明用都柏林灣斑節蝦的菜式，都可以用斑節蝦或鮟鱇魚來取代。

龍蝦

龍蝦（Lobster）

龍蝦是體型最大的甲殼類水生動物，由於牠獨有的美味及多肉而受到極高讚譽。龍蝦發現於大西洋沿海水域，從新斯科提亞省(Nova Scotia)到北卡羅來納州都找得到，而北歐及地中海也有，牠們的肉質比小龍蝦還好，最佳時期是在體重達0.5～1公斤時。龍蝦有數個品種，不論新鮮或冷凍、生猛或帶殼熟蝦都全年供應。活的龍蝦顏色爲深藍色，但煮熟後(如圖示)就會轉成亮紅。這主要是因爲蝦殼帶有「類胡蘿蔔素」的紅色及黃色色素，它們和蛋白質分子結合後就會產生藍灰色。水煮時熱度會破壞色素與蛋白質的結合作用，使類胡蘿蔔素不再沈潛，因此龍蝦以及蟹殼會轉爲橘紅色，蝦子和小龍蝦會轉成粉紅色。龍蝦可焗烤、清蒸、水煮或扒烤。母龍蝦的體內還有紅色或珊瑚色的蝦卵。

斑節蝦（Prawns）

這些小型無鉗的甲殼類動物在各個國家的名字都不相同，但是「prawn」這個字在歐洲通常指體長大約爲3～5公分的蝦子，而「shrimp」在美國則泛指所有大小。斑節蝦有幾個品種，原產於地中海，但現今在大西洋裡也找得到。可以清蒸、慢煨或扒烤，而且常常加在沙拉裡。鮮蝦或冷凍蝦都有供應，去殼或帶殼一應俱全，但一般人通常買熟食。

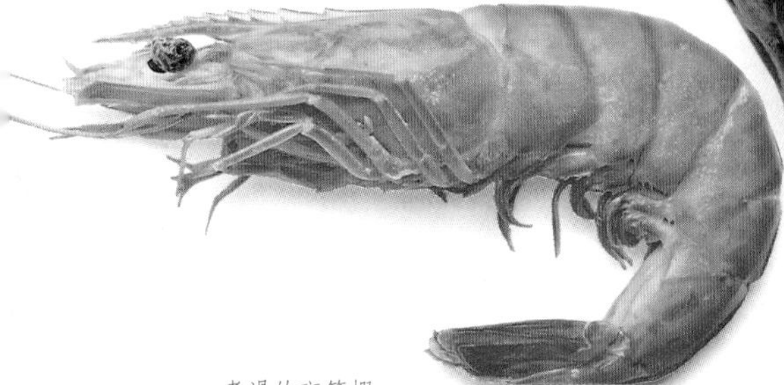

煮過的斑節蝦

生鮮斑節蝦

蝦子（Shrimp）

這種體型極小的甲殼動物有數個品種，體長最長可達 7.5 公分。爲了防止腐壞，通常會在漁船上或一入港時就煮熟。生蝦的顏色爲淡粉紅色，市售有鮮蝦、冷凍蝦或罐頭食品。

小龍蝦（Crawfish）

小龍蝦可在全世界的溫帶海域中發現，又稱爲龍蝦，牠沒有鉗腳，體重可達 1.5～4 公斤，蝦肉則大部分在尾部，可以用在任何龍蝦料理中。鮮蝦或冷凍蝦都可買到，可清蒸或水煮。小龍蝦不像其他甲殼綱動物一樣，烹煮後並不會變成亮紅色。

蝦子

小龍蝦

蟹類

這類的甲殼動物大多是在美洲及歐洲沿海水域發現。大西洋沿岸有名的蟹類有藍蟹、約拿蟹、岩蟹及石蟹，至於丹支內蟹(Dungeness)和阿拉斯加大螃蟹則在太平洋沿岸、尤其是阿拉斯加海岸非常出名。受歡迎的歐洲蟹有藍蟹、可食蟹(又稱普通螃蟹)、岸蟹(或稱綠蟹)，以及蜘蛛蟹。蟹類在完全成熟前會換殼數次，有些地區的人則喜歡「剛換殼」或「軟殼」的新鮮小蟹，也就是仲春到仲秋之間剛剛換殼的螃蟹。這時的蟹類體型較小，風味也較豐富，而且肉質相當柔軟，因此幾乎每個部位都可以食用。市售蟹類也有罐頭食品或冷凍品。

蜘蛛蟹

藍蟹

藍蟹（Blue Crab）

原生於美洲東岸，在該地依舊是受歡迎的蟹類。藍蟹在大西洋北部、南部以及地中海東部也可以找到。全年都有供應，夏季時還可以買到軟殼蟹。其他季節則有活蟹、帶殼生蟹(如圖示)、熟蟹、鮮蟹、冷凍蟹及罐裝蟹。藍蟹可以焗烤、清蒸或水煮，烹煮後會轉爲紅色。

可食蟹

蜘蛛蟹（Spider Crab）

蜘蛛蟹出現於南大西洋及地中海。全年供應，可以買到活蟹、帶殼生蟹或熟蟹。可焗烤、清蒸或是水煮，而且煮後顏色會轉爲亮紅色。

可食蟹（Edible Crab）

這種大型的甲殼動物出現於地中海及大西洋，螯腳強而有力，而雄性的螯又比雌性來得大，螯裡則和其他蟹類一樣有著白色的蟹肉，蟹殼下的肉則是深色的。可以買到活蟹、帶殼生蟹(如圖示)、熟蟹(是否帶殼都買得到)或生鮮罐頭，有時還可以買到「處理過的」(已處理好隨時可吃)。全年供應，可焗烤、清蒸或水煮。煮後會變成亮紅色。

青蛙腿和軟體動物

青蛙腿（Frogs' Legs）

青蛙腿因肉質細緻而珍貴，味道很像雞肉。只有某些特定青蛙（通常是金線蛙*Rana esculenta*）的後腿會拿來食用。市面上有罐頭、冷凍或新鮮蛙腿，但大都販賣已經處理好的。牠柔嫩的白肉和許多調香料搭配都相當不錯，通常是沾麵糊油炸，或煎炒後配醬料供食。青蛙腿也可以慢煨或扒烤，通常搭配蒜味牛油食用。一人份大概需要四對。

章魚（Octopus）

一種八支腕的頭足類軟體動物，在所有的溫帶海域都可以找到牠的蹤跡，至於處理方法則如烏賊。章魚的肉必須用盾器敲打到失去彈性，並在烹煮前將吸盤和腕全部拿掉。長度超過20公分的章魚通常去掉頭部不用，但是也可以清洗乾淨塞入切碎的章魚腕，然後用小火慢煨。小隻的章魚可以沾麵糊整隻油炸。

青蛙腿

烏賊（Cuttlefish）

出現於地中海、亞得里亞海以及溫帶東方沿海海域，烏賊的處理方法類似魷魚，但是不需要搥打。小於20公分的烏賊可以整隻放入油中煎炒，或塞餡料低溫燉煮。至於體型較長的烏賊可以將魚身切去不用，然後將十支腕的外皮剝去，過熱水汆燙後慢煨。

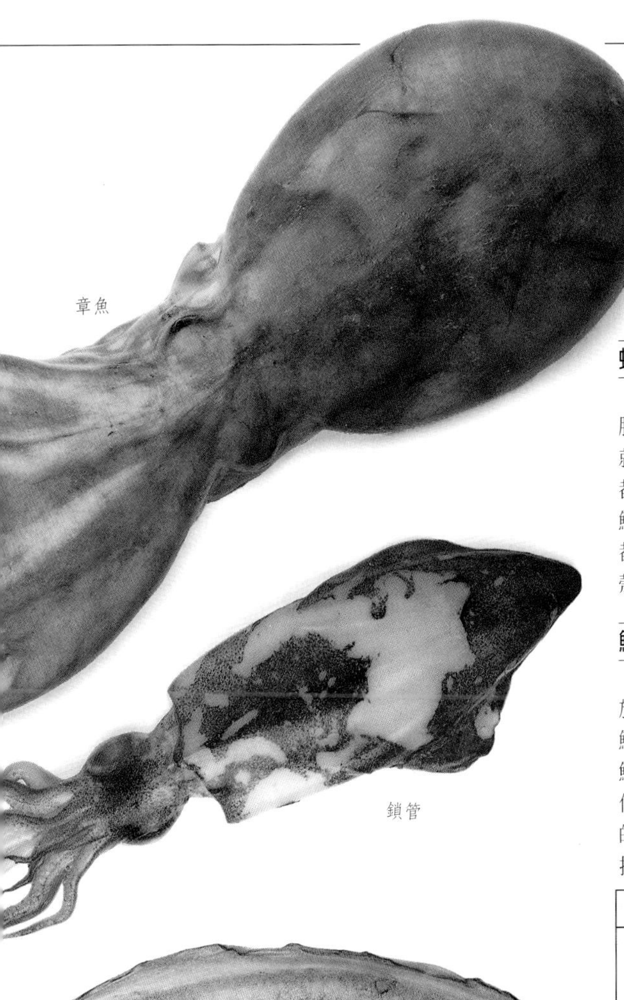
章魚

鎖管

花枝

蝸牛

蝸牛（Snail）

可食蝸牛又稱食用蝸牛，屬於腹足類軟體動物，自古希臘以來就是美食者的珍饈。市售蝸牛大都爲罐頭或冷凍品，有時也有生鮮的。牠的肉質稍帶彈性，一般都是以蒜味牛油配食，並以蝸牛殼盛裝。一人份爲6～8隻。

魷魚（Squid）

出現於全世界的溫帶水域，屬於頭足類軟體動物。全年供應新鮮或冷凍魷魚。墨囊（只有新鮮魷魚才有）裡的黑褐色墨汁常當作搭配調味汁的基本材料。較小的魷魚可以煎炒、溫煮、水煮或扒烤，體型較大的則常採慢煨。

其他海產

海膽（Sea Urchin）

海膽不屬於軟體動物，而是刺皮動物的一種，出現於美洲及歐洲沿海地區，依附於珊瑚生長。海膽的味道有點鹹，肉質有如生蛋，外殼則又硬刺又多，烹煮前必須將殼切開。可以生吃，或爲蛋捲及醬汁調味。

軟體動物

蛤蜊（Clam）

全世界的河流及海岸濕地裡都找得到蛤蜊，經常和牡蠣一起養殖。歐洲的養殖蛤蜊大部分在法國和葡萄牙。然而，蛤蜊在美國更受歡迎，當地有圓形及長剃刀形的軟殼蛤蜊，和圓形的硬殼蛤蜊兩類，圖中所示皆爲硬殼蛤蜊。較大且味道較濃的硬殼蛤蜊通常用來做巧達湯（chowder），而較小的櫻桃核蛤蜊則拿來生吃；較大的小圓蛤可以蒸煮至殼開後和融化的牛油一起食用。

淡菜（Mussel）

淡菜和蛤蜊爲近親，在全世界的海灘及河口沙灘都可以找到。每個品種通常生長於某個特定區域，然而藍淡菜（*Mytilus edulis*）則在美洲及歐洲的大西洋岸都可以找到，同時在歐洲也被大量養殖。淡菜通常是帶殼生鮮販售，可以生吃，或清蒸後加入有名的醃漬淡菜（moules marinière）中，也可以用於沙拉、湯及肉醬（pâté）。

扇貝（Scallop）

扇貝的名字是因殼上的溝紋而得，一般可以在歐洲及美洲的大西洋岸找到。牠的品種有很多，但基本上分爲兩類：味道細緻的小型海灣扇貝，以及較大型的深海扇貝。扇貝可以扒烤、撒麵粉後用大量的油油炸，或溫煮後放在貝殼裡搭配奶油醬上桌，如干貝（Coquilles Saint-Jacques）。美國人只吃白肉，而歐洲及英國人也食用扇貝卵。

海扇（Cockle）

海扇大約長2.5公分，是種圓形的海生軟體動物，主要消費地在歐洲。牠們生長於波羅的海、地中海及大西洋西北部海域。除非是在海邊才能買到非常新鮮的海扇，也許還能生吃，但通常是賣包在冰裡的去殼貝肉，可以立即烹煮，也有的是賣醋醃罐頭。加在沙拉或湯裡都很好吃，也可以用於通心粉料理中。

牡蠣（Oyster）

這種軟體動物出現於地中海、大西洋及太平洋海域，品種有很多，顏色皆為褐色系但大小各不相同。牡蠣的建議吃法是直接從殼上連同汁液一起生吃，如果是熟食也只要稍為煮過即可。美國太平洋產的巨型牡蠣可以比歐洲產的牡蠣大兩倍。在牠們產卵時的夏季通常不會販售，因為此時的肉較少也較薄。

歐洲牡蠣

濱螺（Winkle）

最普遍的一種是黑褐色殼的濱螺。雖然大西洋兩岸都有生產，但是在英國受歡迎的程度比美國要高。濱螺通常是放入加鹽的沸水裡烹煮，可以搭配醬汁食用。

蛾螺（Whelk）

外殼一般呈棕色或綠色，在大西洋兩岸都可以找到，只是北美品種大多了。蛾螺通常是以少許的水放在鍋裡燜煮，但市面上有些則是預煮過或醃泡的罐裝品。

其他軟體動物

海螺（Conch）

一種生長於溫水中的螺類，外殼為粉紅色，主要食用地在佛羅里達和加勒比海諸島。海螺的味道及肉質和扇貝很相近。煮前通常會用滷汁醃泡，讓肉質變軟，用於沙拉及巧達湯中。

帽貝（Limpet）

帽貝為海生軟體動物，身上長著一個像帳篷的單貝，通常會在退潮時爬上全球各地岸邊的岩石上。一般直徑為2.5～5公分，可以生吃，或是烹煮後加在湯或牡蠣料理中。

醃　魚

藉由風乾、煙燻及鹽漬等醃製法來保存食物的程序，是一項極爲重要的發現，無疑也是觀察自然現象所得到的結論，例如，受到潮汐影響而困在海岸鹽堆裡的魚隻在日後被人發現時，已經是醃製好的魚了。

醃製方法

用鹽醃漬前，先將魚隻清洗乾淨，去除頭部及內臟，接著兩隻兩隻地綁在一起，放在空氣流通的地方風乾約六星期。重度鹽醃的魚必須先去掉魚頭、內臟和脊椎，接著將剖半的魚肉一層層堆疊起來，在每層魚肉間鋪一層粗鹽及精鹽混合物，比例大約是15公斤鹽醃50公斤魚。擺好後將魚吊在空氣流通的地方風乾，或是用機器乾燥。輕度鹽漬的魚在去除頭部、內臟並清洗、剖半後，將大約三分之一的魚用乾燥鹽醃漬，每50公斤魚用4～5公斤鹽，並將魚放在桶子裡，直到魚肉流出汁液來與鹽粒溶解成鹽水，然後再放置兩、三天。接著將魚取出，利用太陽或機器烘乾。

以醃漬汁醃泡的魚要先清洗乾淨，並去掉內臟，然後用大量的鹽塗裹，放在木桶裡大約10天讓魚身收縮。魚身流出來的汁液會和鹽形成一種淡褐色的汁液，叫作「血醃汁」，此時將血醃汁倒出，再倒回木桶裡讓汁液淹滿魚，接著將木桶的蓋子封好，這桶魚就可以儲藏起來了。

將鯷魚洗乾淨後以鹽粒醃製，並擠壓去除油脂，滲出來的魚汁與鹽溶解成鹽水時將它撒在鯷魚上，放在室溫下醃幾個月。沙丁魚則是去掉頭和內臟，浸入鹽水中泡約15分鐘，最後進行乾燥處理。

煙燻法主要有兩種：30℃以下的冷式煙燻法以及120℃的熱式煙燻法，後者同時可以將魚隻煮熟。燻煙是由窯裡的木屑所產生的，必須規律地添補木屑才能讓完成品燻得均勻。這兩種煙燻法在燻製前通常都要先讓魚泡一泡鹽水。

魚卵

母魚的卵子或蛋通稱爲「魚卵」，而公魚卵則稱爲「精液」，兩者通常都是煙燻品。最好的魚卵是鱘魚卵及鮭魚卵，但其他市面上常見的則有蟹卵、鱈魚卵、梭鱸魚卵、灰鯔卵以及鯡魚卵。鱘魚卵做成的魚子醬評價最高，想當然爾也最貴。

烹調須知

路特鱈魚乾(lutefisk)以及鹽漬鱈魚之類的魚乾需要浸在水裡一整天，好讓魚乾變得柔軟並去除一些鹽分。鹽漬鱈魚又稱巴卡拉歐(bacalao)鱈魚乾，在地中海一帶的市場攤販上很常見，它是直接從桶子裡拿出來販賣，而後烹煮成法國鱈魚泥(brandade de morue)這類料理。在西班牙和葡萄牙，鹽漬鱈魚通常用來燜煮、油炸或慢煨，還可以放在沙拉裡生吃。

煙燻魚可以搗碎做成口味濃重的醬料、牛油或用於肉盅裡，加在酥芙蕾中也很怡人。燻魚的保存期限依魚種的不同而相異。一般的參考準則是，在常溫下大概可以放五天，低於常溫時則可增加至十四天。

醃泡類的魚罐頭在開罐後如果沒有馬上用完，就必須冷藏起來。鯷魚罐頭可用於沙拉及調味醬裡，或比薩及普羅旺斯的皮斯沙拉特橄欖泥醬鯷魚派(pissaladière)中，還可以做鯷魚醬和鯷魚糊。在北歐，醃泡魚大量應用於日常烹調裡，是傳統的北歐三明治中不可或缺的一種材料。

魚 乾

孟買鴨（Bombay Duck）

雖然名叫孟買鴨，但事實上它是直接用鮮魚採日曬法製成的魚乾。這些長形的銀色魚種稱爲「龍頭魚」(bummalao)，原產於印度，但在印度通常是食用生鮮品，又稱爲孟比爾(bombil)，曬乾後魚腥味就會去除，取而代之的是一種油或脂肪的奇怪味道。它通常是用來爲咖哩調味，也可以油炸或醃漬。

孟買鴨

巴卡拉歐鱈魚乾（Bacalao）

這是用鹽醃製的鱈魚乾。鮮魚則是在北大西洋捕獲，然後出口至歐洲諸國（通常都是魚乾）。市面上可以買到整尾魚乾（如圖示）或切片，伊比利半島人大量應用於煨菜及砂鍋菜上，其中最有名的一道菜叫比斯卡伊那式巴卡拉歐鱈魚(bacalao a la vizcaina)。烹調前必須先浸泡一夜。

鹽漬鱈魚

魚翅

乾燥的鯊魚鰭軟骨，東方人認爲這是一種高貴的美食，在東方料理上大量應用。魚翅在烹調前需要浸泡一夜，最有名的用法是當作魚翅湯的基本材料。

魚翅

其他魚乾

柴魚片

一種日本魚乾，也可以用煙燻法製成。

路特鱈魚乾（Lutefisk）

以不用鹽醃的挪威鱈魚乾泡水復原而成，又稱stockfish或stockfisk。通常是在早春時處理。瑞典這類的較小魚乾則是用予魚乾製成。

鯖魚末

產自日本，用魚乾片及貝肉（鮑魚肉）混合製成。

煙燻魚

基普斯燻鯡魚（Kipper）

這是最普遍的煙燻鯡魚，成品應該多肉且多汁，顏色則是經過適當煙燻而成，而非染色偽裝。通常整尾成對販售，或處理成魚柳，但魚柳通常是冷凍品。基普斯燻鯡魚可用來做肉盅，也可以扒烤。是傳統英式早餐的一員。

基普斯燻鯡魚

燻鱒魚

布克林燻鯡魚

燻鱒魚

虹鱒及棕鱒都可以煙燻，但虹鱒是較常使用的材料。將魚的內臟取出，頭部留著，以鹽水醃漬後插在竿子上，先用冷式煙燻法燻製，再用26℃以上的熱式煙燻法來煙燻。燻鱒魚不需要烹煮，通常是搭配麵包薄片、牛油和檸檬片作爲開胃菜食用。

燻鮭魚

無可諱言，這是燻魚之王，通常切成紙般的薄片搭配檸檬塊當開胃菜食用。將鮭魚去除頭部與內臟，切成魚柳，再用繩子穿過牠的突骨以利吊掛。魚皮用利刃劃出刀痕，並用精鹽醃漬魚柳風乾。有些醃製品是使用傳統的混合料，如紅糖加硝石與蘭姆酒。吊掛前先用冷水將醃鮭魚清洗乾淨，掛起一整天風乾，再用冷式煙燻法煙燻。

布克林燻鯡魚（Buckling）

在衆多的煙燻鯡魚中，這一種無疑是最美味的。原產於德國的席勒斯威格霍爾斯坦（Schleswig-Holstein），英國、荷蘭及挪威也有製造。它是以鹽水醃泡後用熱式煙燻法製成，不需烹煮，食用法和燻鱒魚一樣爲冷食。

燻鯖魚

燻鮭魚

芬恩那燻鱈魚（Finnan Haddie）

原產於蘇格蘭亞伯丁郡的小村莊芬恩那（Finnan），名字即因此而得，又稱爲芬楝（findon）燻鱈魚或煙燻黑線鱈，傳統上是用泥碳煙燻黑線鱈而成。將魚的頭部及內臟去掉，從背部剖開，然後整隻泡在鹽水裡，任何染料都不要加。泡好後串在魚叉上，讓蛋白質的光澤慢慢形成，最後再進行煙燻。可以單吃、搭配濃蛋汁食用，或切薄片用於煎蛋捲中，同時也是柯喬里燴飯（kedgeree，用燻魚、蛋及米做成的正統英國早餐）的主要材料。

芬恩那燻鱈魚

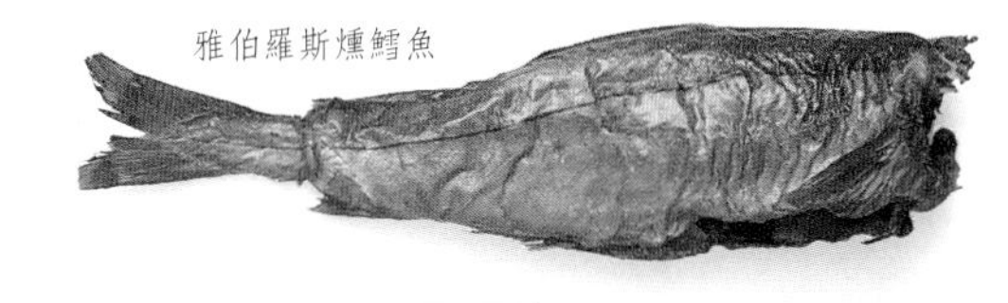
雅伯羅斯燻鱈魚

燻鰻魚

好的煙燻鰻魚不但汁多、肉肥又味美，肉質平滑得有如奶油，幾乎可以拿來當塗醬。荷蘭燻鰻魚公認是最佳燻鰻魚之一。將鰻魚內臟及頭部去除，接著浸於鹽水中，再抹鹽並洗淨、汆燙，然後掛起來煙燻。

雅伯羅斯燻鱈魚（Arbroath Smokie）

產自蘇格蘭東岸的另一種煙燻黑線鱈，通常是去除魚頭、內臟後整尾留用。有些也用小鱈魚，去頭、去內臟，但不剖開，直接一對對綁起來燻乾。通常當作開胃菜食用。

燻鰻魚

燻鯖魚

煙燻可以加強鯖魚原有的濃郁味道，燻好的鯖魚可直接食用，通常用於開胃小點中，搭配檸檬汁一起上桌。

其他燻魚

格拉斯哥白魚乾（Glasgow Pale）

之所以稱爲白魚乾，是因爲這些魚只略經煙燻，沒有上染料。處理步驟是先將魚剖開，去除內臟，然後泡在鹽水中，最後煙燻而成。

布羅特煙燻鯡魚（Bloater）

1835年首次於英國的雅穆斯（Yarmouth）製成，布羅特煙燻鯡魚是用整隻魚做的，帶有特殊的風味，一般認爲這是由於腸酵素作用所產生的效果。這種魚會先用鹽醃製大約12小時，而後洗去過多鹽分，用鐵製「叉子」穿過鯡魚，再架入烤窯裡煙燻。

紅色燻鯡魚

由於這種魚煙燻後魚皮會轉爲紅色而得名。整隻魚先鹽漬或用濃鹽水浸泡，然後斷斷續續地煙燻即成。

燻魚及魚卵

燻庸鰈

燻鱘魚

這種佳餚公認是美食界中的藝術品。雖然很昂貴，卻絕對值得費盡心力購得！處理時應該切得非常薄，當作開胃菜食用。

燻庸鰈

通常製做燻庸鰈的魚是格林蘭庸鰈，由於牠的脂肪很多，所以煙燻似乎很適合牠。建議食用法是在三明治上放燻庸鰈薄片，然後搭配檸檬塊上桌。

煙燻小鯡魚

用德國小鯡魚整尾煙燻，再以德國的傳統方式搭配黑麥麵包及牛油食用。最有名的煙燻小鯡魚產自德國基爾港(Kiel)，稱爲基爾燻小鯡魚(Kieler Sprotten)。製法是清洗後浸入鹽水中。

燻鱘魚

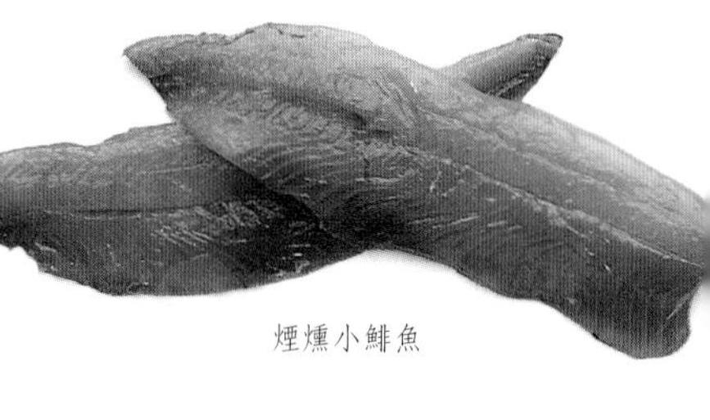
煙燻小鯡魚

軟式鯡魚卵

鯡魚卵也就是雄魚的精子，質地如奶油般平滑。通常是以牛油油炸，然後和檸檬塊一起上桌。市面上也有一種硬式魚卵，然而非常罕見。

軟式鯡魚卵

小粒魚子醬（Sevruga Caviar）

一般魚子醬的名稱是根據鱘魚品種來命名，而這類魚子醬是顆粒最小的，取自裡海中的小型鱘魚，市面有新鮮和壓製的兩種。壓製過的魚子醬是採用毀損的魚卵，鹽醃後擠壓在一起做成。

大粒魚子醬（Beluga Caviar）

顆粒最大的魚子醬，也是最貴的魚子醬，取自裡海中的大型鱘魚，據說這種魚可以活過70歲，體長可達4公尺。市面上售有新鮮、低溫殺菌處理以及壓製過的三種。

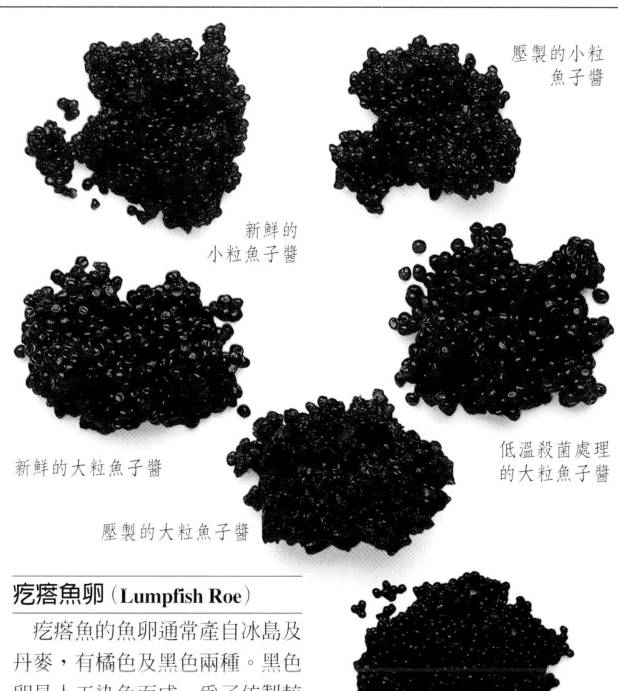

壓製的小粒魚子醬

新鮮的小粒魚子醬

新鮮的大粒魚子醬

低溫殺菌處理的大粒魚子醬

壓製的大粒魚子醬

鱈魚卵

生的和水煮過的魚卵市面上都有供應，圖示爲煙燻製品，可以用來做成希臘調味汁塔拉馬薩拉塔醬（taramasalata）。水煮過的鱈魚卵可以油炸或扒烤。

疙瘩魚卵（Lumpfish Roe）

疙瘩魚的魚卵通常產自冰島及丹麥，有橘色及黑色兩種。黑色卵是人工染色而成，爲了仿製較貴也較上等的大粒魚子醬。

黑色疙瘩魚魚卵

鱈魚卵

橘色疙瘩魚魚卵

鮭魚卵

吃法與魚子醬一樣。雖然所謂的魚子醬一般是指鱘魚卵，但鮭魚卵有時也會稱之爲魚子醬。

鮭魚卵

其他魚卵

波塔溝魚子醬（Botargo Caviar）

這種薩丁尼亞的佳餚是用壓縮過且鹽醃的鯔魚卵製成。

歐斯塔魚子醬（Osetr Caviar）

一種取自多瑙河鱘魚的魚子醬，裡海也找得到這種鱘魚。

魚卵

日本的醃魚卵包括：鱈魚子，一種鹽漬並風乾製成的鱈魚卵；烏魚子，用灰鯔魚或鮪魚卵做成，經過鹽醃、擠壓並且風乾製成；鹹味鱈魚子，又稱魚桃子，用阿拉斯加狹鱈的魚卵鹽醃而成。

海藻及罐頭醃漬魚

海蜇皮

雖然是當作海藻在販賣，而且也被視爲是海藻，但事實上這是將水母皮風乾鹽醃而成。使用於中國、日本和東南亞料理中。

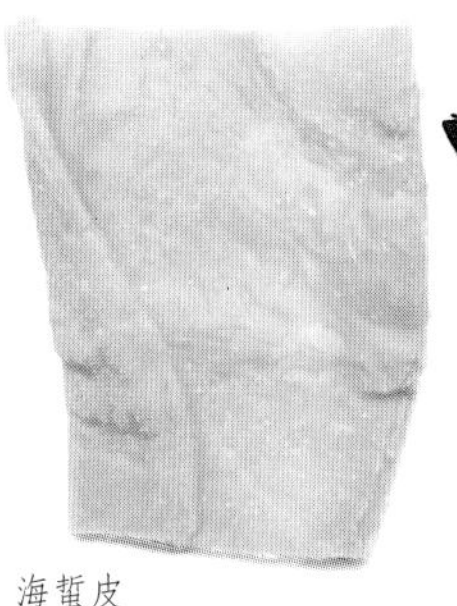

海蜇皮

達爾斯海藻 (Dulse)

達爾斯海藻是一種粗糙的北方海藻，新鮮時顏色爲紅色，採自不列顛群島、冰島及加拿大部分沿海地區。一般賣的是乾海藻，可以像波菜一般烹調，用於調味湯餚，或像口香糖一樣嚼食。

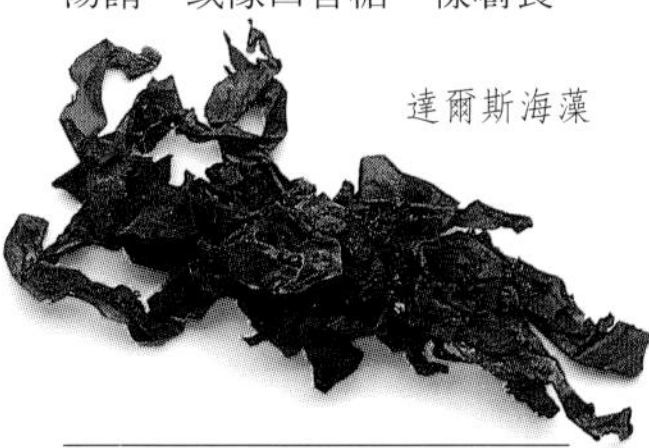

達爾斯海藻

鯷魚罐頭 (Canned Anchovy)

一種多油脂的小魚加上風味強烈的調味料製成。醃製法是以壓迫及發酵的方式將魚身中大部分的油脂去除，通常切片後用鹽水醃泡，然後保存在油裡，有的則放在瓶子裡鹽醃。它的味道很重，可以加在卡那佩、魚醬、比薩餡、尼斯瓦沙拉、巴敦醬(參閱第69頁)和鯷魚牛油中。

昆布

一種特別受日本人歡迎的大型脫水海藻，在日本是拿來做海鮮高湯精(だし)，或用熱水沖泡成海藻茶。使用前先清洗。

昆布

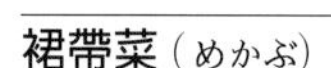

裙帶菜 (めかぶ)

一種日本的圓葉形海藻，很像日本傳統的和歌海藻(わかめ)，通常見到的是乾燥且一股股捲起來的樣子，主要使用在湯、沙拉中，或作爲配飾，使用前必須先泡水。

紫菜 (Laver)

不列顛及愛爾蘭沿岸的人們收集這種海藻已有數世紀之久。石蓴(sea lettuce)是其中一種，用於沙拉、醬料及湯裡。它是種細緻如絲般的植物，搗碎煮熟後會做成紫菜麵包販賣。日本紫菜(*Porphyra tenera*)經過脫水並擠壓成一片片薄又有彈性的黑褐色紫菜片叫nori(如圖示)，使用於醬料、湯、三明治和魚壽司中，還可以作爲其他菜餚的配飾。

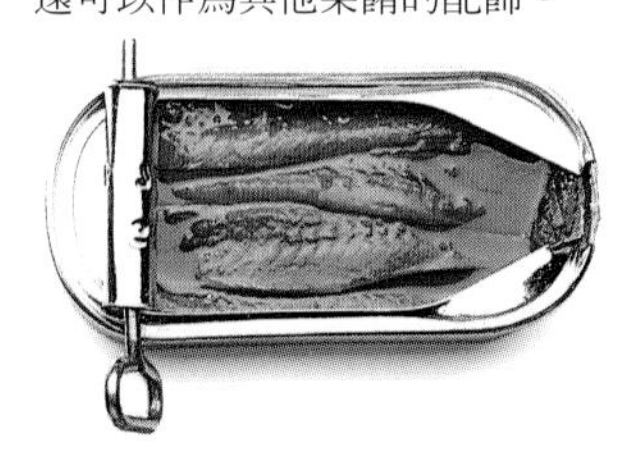

鯷魚罐頭

鹿角菜膠 (Carrageen Moss)

這種海藻又稱愛爾蘭苔，在北歐及新英格蘭沿海以人工採集而得。它可以提煉出一種很像洋菜的膠質，也可以烹煮並當作蔬菜食用，當作蔬菜時很像菠菜。蘇格蘭人則做成一種牛奶凍。

鹿角菜膠

裙帶菜

海苔

鮪魚罐頭

鮪魚罐頭

鮪魚通常保存在油裡、鹽水裡或水裡。結實的肉質適合用在三明治、冷盤以及砂鍋菜中。

沙丁魚罐頭

沙丁魚罐頭

這種鯡魚科(參閱第164頁)的小型魚種通常是整尾裝罐，浸在油(如圖示)或番茄醬裡。魚鱗保留下來，但內臟在加工處理前就去除掉了。醃製步驟會使牠的魚骨軟化，因此罐頭裡的魚骨是可以食用的。主要用途是做開胃菜以及三明治，同時也可以用花生油油炸或蒸煮。

鯡魚捲(**Rollmop Herring**)

將生鯡魚去頭、內臟及魚骨後剩下兩片魚柳，然後平鋪魚片，放上酸黃瓜或洋蔥，將魚片捲起來，放入加有辛香料的醋汁裡醃泡數日。幾天後，就可以搭配黑麵包及奶油食用了。

全隻鹽醃小鯡魚

鯡魚捲

鹽醃小鯡魚魚片

鹽醃小鯡魚

這是在春季時捕捉到的荷蘭小鯡魚，魚隻還不太肥。它稍微撒了點鹽，只放在桶子裡幾天，時間正好夠讓體內的腸酵素發酵。通常是購買從桶子裡取出的整尾鹽醃魚，但是也可以買到切片。使用前都必須泡水。

其他醃製魚及魚類製品

巴袞蝦醬(**Bagoong**)

這種菲律賓蝦醬也可以用小魚來製造。清洗過的小魚和鹽以一比三的比例混合，一起壓入桶子中並染色。泰國的南帕拉醬(Nam pla)則是其遠親。

俾斯麥鯡魚(**Bismarck Herring**)

產自波羅的海的德國鯡魚，只需將魚片和洋蔥圈用醋汁醃泡兩到三天便成。

奴科曼醬(**Nuoc-Mam**)

一種帶有乳酪味及鹹味的亮褐色汁液，是越南人用柯魯匹(clupeid，鯡魚及小鯡魚)之類的小魚加工處理而成。將整隻魚壓入木桶中，加大量的鹽並稍加密封，放置約十二週讓魚汁盡數流出。其他如焦糖、糖蜜、米或煮過的玉米也可以加入以增加風味。奴科曼羅科醬(nuocmam roc)及佩帝斯醬(Petis)都是從它變化出來的。

醃漬牡蠣

牡蠣蒸過並泡鹽水和油後，用熱式煙燻法煙燻，接著泡在裝滿油且消毒的瓶子裡。

PRAHOC 魚醬

產自柬埔寨的一種魚醬，先將魚去除鱗片、內臟並清洗，放在香蕉葉下擠壓，然後混合粗鹽攤在日光下曬，讓魚體流失一些水分，接著搗成魚醬，放在一邊等待發酵。

特拉西蝦醬(**Trassi**)

又稱trasi udang，其中混合了85～90%的蝦子及10～15%的鹽做成，是一種蘇門答臘製的蝦醬。先將蝦及鹽的混合物日曬數天，再用手搓揉並加入染料，直到變成黏稠的紅糰，之後還可以加入馬鈴薯皮或米糠。特拉西蝦醬可無限期保存，而煮熟後混合辣椒粉就成了受歡迎的森巴葛蘭(sambal goreng)調味料。

家禽及野味

「家禽」一詞代表所有人工飼養的鳥類，尤其是指養來食用的動物，包括：雞、火雞、鴨、鵝、珠雞、鴿子或幼鴿。經過幾年下來，家禽畜養事業發展得非常蓬勃，爲了取得食用肉及蛋，選種繁殖已導引出自動化機械生產技術，而今日的家禽肉也比其他動物或鳥類的肉還受歡迎。

現在不論是冷凍或新鮮雞肉都能買到。超市裡的禽肉通常會以烘烤重量來分類包裝，還可能會灌水。一般來說，大型鳥類比較有價值，因爲肉比骨頭多。市面上也能買到切開分售的家禽肉，而雞肉及火雞肉則經常燻成美食者的佳餚(參閱第214頁)。

烹調方法

雞肉是種特別美味的肉類，由於它在高溫下會迅速縮小，所以需要小心烹煮，但主要還是看雞隻的年紀而定：幼雞可BBQ、煎扒、油炸或燒烤；老雞則需要長時間的小火燜煮或慢煨。像蘇格蘭的蒜苗雄雞湯和法國的紅酒雞(coq au vin)這類傳統菜，都不太可能使用小公雞，而是用閹雞或白煮雞。因此家禽的年齡和種類便決定了烹調的方法和菜樣。油炸雞肉時，必須使用厚的平底鍋，將肉塊放入148～162℃的大量熱油中炸約20～25分鐘。扒雞時則必須離火17～22公分烹調，直到雞肉呈現棕色而軟嫩。

燒烤雞肉時，需要在肉的表面塗抹油或脂肪，如果要塞餡料，那麼鬆鬆地塞入後就要隨即燒烤，塞得太緊會烤不透，事先塞入也不行，如果爲了方便而將餡料在燒烤的前一天塞好，可能就會滋長細菌。以鋁箔紙包裹或放在陶製「烤雞專用窯」裡燒烤的雞，事實上不是因爲輻射熱源所烤熟，而是蒸熟的，因此烹調時最後要拿掉覆蓋物，再烤約20～30分鐘成棕色。一般原則是：1公斤的嫩雞在200℃的溫度下需要1小時到1小時15分。測試禽肉是否煮熟，可以用刀尖鋒利的刀子或叉子，插進大腿直入骨頭，如果肉汁清澄不帶血液，或關節很容易拉開，就表示這隻雞可以上桌了。

火雞通常採用燒烤，此時肉用溫度計會是很有用的工具：一隻5.5～8公斤的火雞不加蓋燒烤，約需3～3.75小時，或直到大腿溫度達85℃爲止；包鋁箔則必須以230℃的溫度燒烤2.5～3小時。烤鴨或烤鵝時要將幾處皮刺破，讓多餘的油脂流進平鍋。一隻1.5～2.5公斤的鴨不加蓋燒烤需要2.5～3小時，溫度爲170℃；2～3.5公斤的鵝則需要2.75～3.5小時，溫度是170℃。

燒烤珠雞要選675公克的幼雞，重達1～1.5公斤的老雞(肉質肯定比較硬)比較適合用砂鍋煨或燜煮；幼雞則需要以180℃的溫度烤約1.5小時；幼鴿應該大約烤45分鐘，先用220℃烤20分鐘，再用180℃烤25分鐘。珠雞及幼鴿燒烤時都要蓋上一層培根或燻豬肉，以防胸肉變乾。

儲藏保存

買回來的新鮮冷凍家禽應該在兩三天內使用，一旦烹煮了就必須鬆鬆地包起來，放進冰箱裡在幾天內吃完。但如果將肉汁及餡料取出，也可以冰入冷凍庫裡保存。

將家禽肉解凍時，最好把它放在冷藏室裡慢慢解凍，一隻1.5公斤的家禽大約需要1.小時。另一個解凍法是把家禽放進水槽裡，用冷水淹滿整隻家禽，並記得定時換水，直到家禽完全解凍爲止。

野　味

以烹調用途而言，「野味」是指獵來作爲食物的所有鳥類及獸類，雖然今日已有數種爲人工飼養，但還是歸類爲野味。

基本上，野味區分爲兩類：帶羽及帶毛。野兔絕對是野味的一種，但大部分的人是不會把兔子和鴿子當作野味的，雖然也會捕獵牠們來吃。野味肉還能進一步以肉味及肉質來區分，牠和家禽及農場動物是不同的，大致上野味的肉顏色比較暗，味道也比較重，而且肉質通常較硬。

由於野生動物的飲食習慣及生活方式會使細胞組織帶有特定酵素，這種酵素會瓦解或讓肉的蛋白質發生代謝作用，在獵物被殺約24小時後開始活躍，使肉質軟化、呈膠質狀而美味可口，同時賦予「野味」的風味。當酵素開始作用，厭氧微生物便寄生在野味當中，它是一種微生物，可以幫忙瓦解蛋白質，並形成無毒屍鹼，讓危險的葡萄球菌不會產生，因此這種會影響野味的細菌是無害的；有很多種白肉，特別是豬肉在腐敗時食用絕對會有危險，奇怪的是，這時的野味及某些魚類卻可以安全享用。雖然吊掛野味是種傳統，但如果認爲野味必須成熟卻是錯誤觀念，而且也有歷史證據暗示，野味不一定要肉質完全成熟才能吃。

選擇野味

購買野味時最重要的是知道牠的年紀，因爲這將決定應該如何烹煮。雖然不是絕對可靠，但辨識幼鳥還是有一些規則可循。看看牠的腳爪是不是乾淨柔軟，胸骨是不是具有彈性，而肉距是不是圓的。幼山鶉有一隻尖尖的撥風羽(翅膀的第一支大羽毛)，而老山鶉的撥風羽是圓的。買獵獸時必須記住，年輕的野兔或兔子耳朵很容易撕裂。

倒掛野味

向商家購買的野味大概都經過適當處理且吊掛過了，但是你當然也可以在訂貨時詳細說明你的需求。以下是吊掛新鮮野味的大約所需時間：松雞3～4天，雉鳥6～14天，山鶉7～8天，環頸林鴿2～3天，鷸和山鷸7～10天，野兔和兔子2～3天，鹿肉和野豬至少三週。鵪鶉完全不需要吊掛處理。

野味必須掛在涼爽、乾燥、通風而且沒有蒼蠅的地方。如果你不喜歡那種味道，其實也不一定要吊掛，但一般原則是應該掛到腐臭味飄出爲止，以鳥類來說，應該是從牠的嗉囊或肛門附近開始發出。野味通常會原封不動地吊掛，除了鹿肉、野兔及兔子才可能「剖腹」或馬上取出內臟吊掛。

在英國，野鳥常是以頭部吊掛，而兔子(尤其是野兔)則是倒掛。野兔血通常會用容器收集起來，作爲野兔盅的醬汁濃稠劑。

烹調方法

烹煮野味最好的方法是燒烤，尤其是年輕野鳥更應該用燒烤的方式，而且傳統上不塞餡料。然而實際上像雉鳥和雷鳥這種大型飛禽，也可以塞入調過味的碎牛肉來讓肉質保持溼潤。年齡較老、肉質較硬的的野味應該用砂鍋燉、燜煮，或做成派餅、肉醬或盅。油、薑、葡萄酒(或啤酒)、香料及辛香料的混合滷汁可以讓肉質柔嫩、提升風味。

烤箱的溫度應該先定在200℃，約烤10分鐘，然後以180℃的溫度依下列不同時間將肉烤熟：松雞和山鶉30分鐘，雉鳥45分鐘，鴿子60分鐘，雷鳥45分鐘，鵪鶉25分鐘，鷸鳥45分鐘，野鴨45分鐘，山鷸30分鐘。燒烤一隻野兔或幼兔大約需用220℃烤45分鐘；野鹿應該用220℃先烤20～30分鐘，然後再依照重量用180℃烤，例如一個臀部大約要1.5～2小時。

家禽

燉雞或白煮雞

重達1～3公斤的成熟雞隻滋味相當可口，但肉質相對來說也比較硬，需要長時間且細心地烹煮至軟嫩。雞隻的年紀常常可以從胸骨的狀態來判定：老雞的胸骨硬且無法彎曲。燉雞可用來做白汁燴雞或派類主食，也可以做烤雞（ballottine）、水煮烤雞（galantine）薄麵皮菜及肉膠中，以及最重要的，煮湯。

燉雞或白煮雞

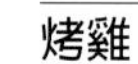

烤雞

烤雞

一種大約十二週大的小公雞或母雞，重量大概爲3公斤，有時也可以買體型更大且重達4.5公斤的成雞，但年紀最大不要超過廿週。烤雞不論是用一般烤箱或用旋轉式烤箱都不錯，也可以切片直接BBQ。

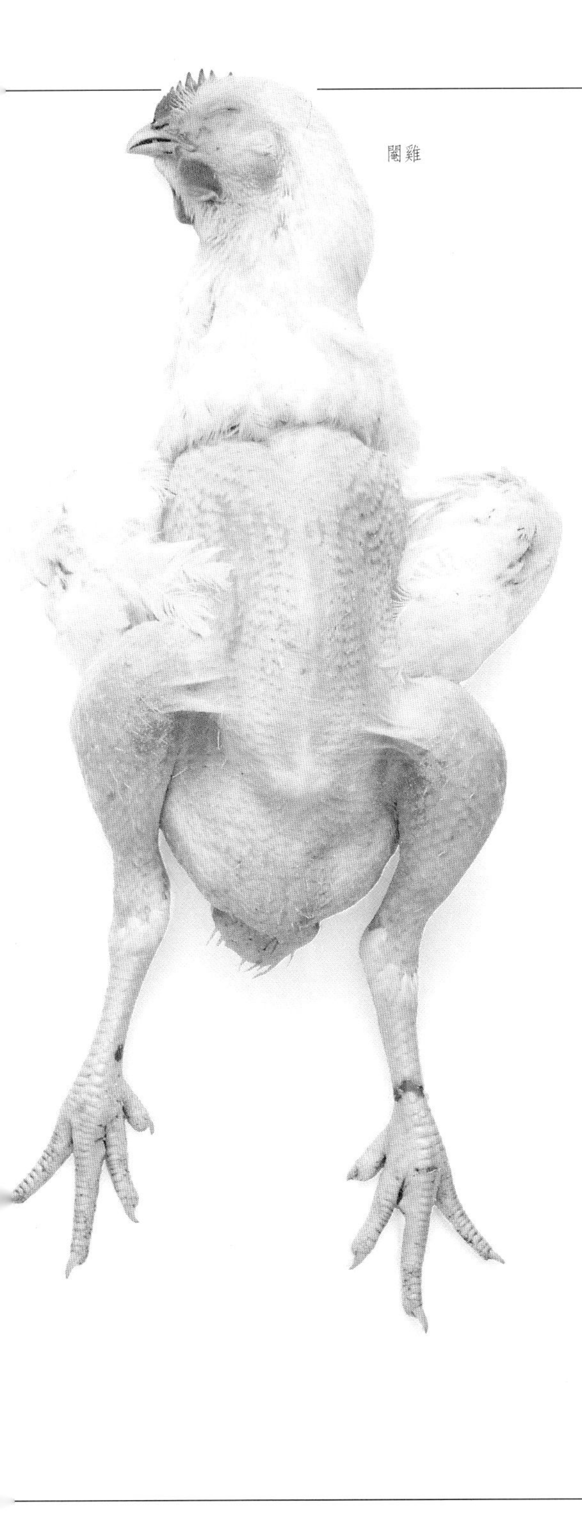

閹雞

閹雞（Capon）

閹雞是刻意拿去閹割並增重的小公雞，飼養目的在於取用牠們的肉，重量大約是在2.7～4.5公斤之間，體型比大部分的雞隻都大。閹雞的肉質非常嫩而有名，白肉的比例比深色肉多許多。通常是用來燒烤，但是也可以像其他雞肉一樣處理。

普桑雞（Poussin）

這是一種重450～900公克的雛雞或幼雞。確定雞隻的年紀必須夠大，才能有結實的肉質和美味。「普桑雞」這個名字也用來指德國漢堡產的小型雞。普桑雞的外型和來亨可尼西雞（Rock Cornish Game Hen）很相似，但後者是可尼西雞和白色來亨雞交配後的雞種。普桑雞的肉質很細，可用來燒烤、焗烤、煎炒或扒烤。通常一人份爲一隻全雞。

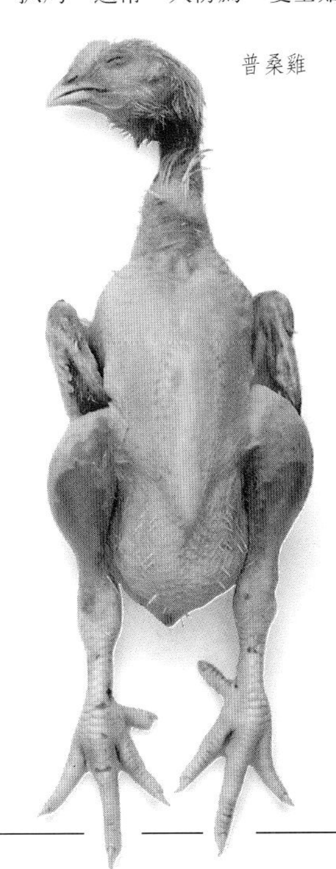

普桑雞

鴨子（*Anas*, spp.）

食用鴨肉大部分是採用圖示中的飼養鴨隻。鴨的骨架很大，脂肪也很多，但是肉卻不多。另一方面，由於鴨骨可熬出絕佳的高湯，肝臟則常做成肝醬，可說是一點也不浪費。法國和中國的鴨肉料理都非常出名。在法國菜的橙皮鴨（caneton à l'orange）裡，柳橙的酸味是肥油鴨肉的絕佳互補搭配。市面上可以買到新鮮或冷凍的鴨隻，一般而言，重量都在1.8～2.7公斤之間，最適合燒烤的是1.5～1.8公斤的鴨子。

鴨子

火雞（*Meleagris*, spp.）

今天人工飼養的火雞是墨西哥野火雞的後代，目前全世界都可以見到牠的蹤影，並公認是聖誕節時必須的傳統食物，而美國也在感恩節時拿來作爲桌上菜。雖然公火雞比母火雞大得多，但母火雞的肉質通常較嫩。傳統的英國諾福克黑火雞（English Norfolk Black）也是火雞的一種。市面上售有整隻火雞或切片的火雞肉，新鮮或冷凍品都有。火雞的重量差異很大，範圍在2.7～13.5公斤之間，但最常見的是4.5～6.5公斤。比較年輕的火雞最好用來燒烤；成雞則通常加在煨菜或湯裡。有些火雞會飼養成胸部肥厚而骨架較小的品種，以縮短烹煮時間，同時又不會變乾。

火雞

珠雞
(Guinea Fowl, *Numida*, spp.)

一般人相信珠雞源自於非洲。珠雞與雉鳥是近親，一度有人認爲是野味的一種，但如今世界許多地方已豢養了數世紀之久。珠雞和野味一樣，在拔羽、處理及烹調之前，最好先掛個兩三天。牠們的肉質很嫩(雌雞比雄雞更嫩)，帶有微臭味，令人聯想到雉鳥，適合拿來燒烤、做砂鍋菜和燜煮，一般來說，任何適用於雉鳥的烹調方式都可以。

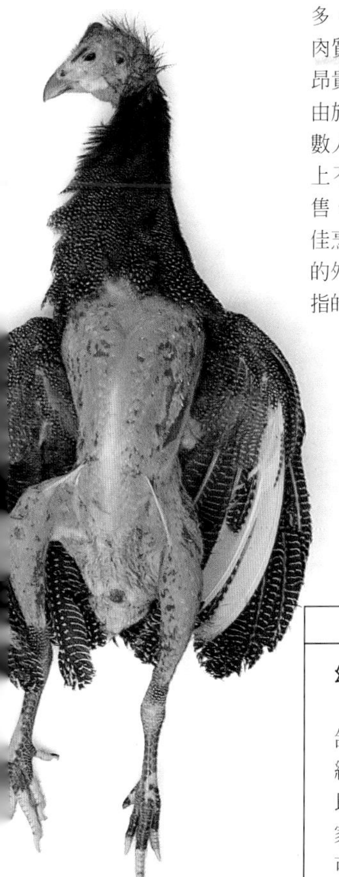

珠雞

鵝 (*Anas*, spp.)

鵝的種類有許多，包括源自於德國及低地國家的恩登鵝(Emden Goose)、中國鵝、羅馬及布萊康巴夫(Brecon Buff)，牠們都是飼養來做聖誕節和聖米迦勒節的桌上佳餚。飼養法國土魯斯(Toulouse)鵝的目的在於做法式鵝肝醬(pâté de foie gras)，斯特拉斯堡(Strasburg)鵝則是拿來做油封鵝(confit d'oie，保存在鵝脂肪裡的肉片)。大型家禽的肉質有時會太硬，通常脂肪也過多，但是較年輕的鵝(如圖示)則肉質細緻又柔嫩。餐用鵝隻非常昂貴，而且肉量比火雞少，但是由於鵝肉稍帶野味風味，因此多數人認爲是家禽的頂級品。市面上不論新鮮或冷凍鵝肉都有販售，通常重約2.5～5.5公斤，最佳烹調方式是燒烤。雌鵝和雄鵝的外型、大小都很像，食譜上所指的烘烤用鵝兩者皆可使用。

其他野味

幼鴿

這是特別飼養來做菜的幼鴿。通常只有四週大，重量約350～675公克。處理幼鴿以及取出內臟的方式和其他家禽一樣。牠的肉質很嫩，可以燒烤、煎炒、扒烤或是慢煨。

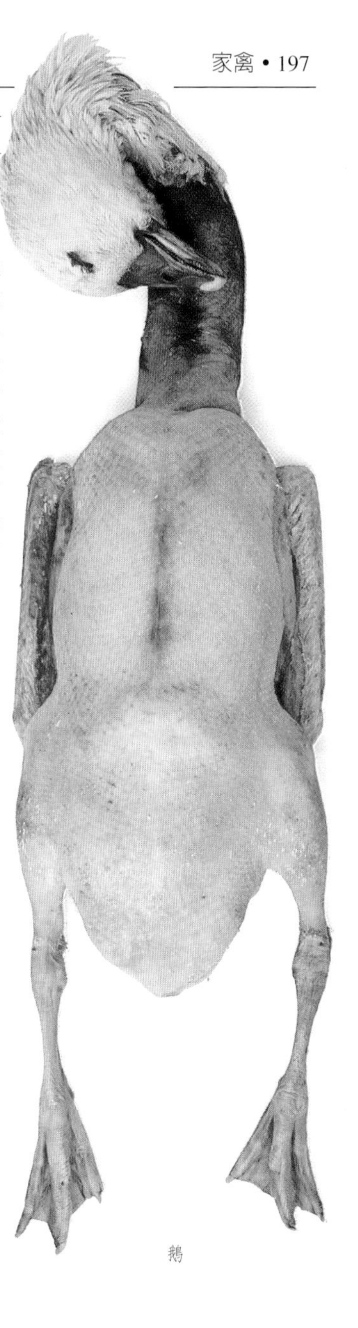

鵝

帶羽野味

松雞（Grouse）

松雞被公認是最美味的鳥類野味。牠的品種有許多，其中包括蘇格蘭的紅松雞(如圖示)、雄性黑松雞、雷鳥(又稱木松雞)，以及北歐雷鳥。美國沒有眞正的松雞，但是鼠尾草榛雞、皺榛雞以及大草原榛雞都是相當接近的品種。松雞也和其他野鳥一樣，供應數量因狩獵季節而受限。幼鳥適合燒烤或扒烤，較老的松雞則可以成功地慢煨或燜煮。一隻松雞爲一人份。

山鷸（Woodcock）

山鷸原產於歐洲和美洲，現全世界都可以見到牠的蹤影，數量常因狩獵季節而受限。山需要吊掛起來，拔羽時也必須心不要傷到皮膚。上桌時每人供應一隻。山鷸適合燒烤、燜或扒烤，如果是採用燒烤的方烹調，必須和近親鷸鳥一樣將臟和頭部留下，只去除砂囊。

鷸（Snipe）

這種鳥原生於歐洲，牠和大部分的飛禽野味一樣，是數目極爲有限的種類。鷸鳥最適合燒烤，即使體型實在很小，但還是可以在烤爐下烹調。通常是連內臟一起烹煮，而且牠的內臟也是一種佳餚。每人應供應一隻。

山鶉（Partridge）

圖中所示爲歐洲品種，除此之外還有許多種類，而且全部是雉鳥的族親。山鶉的供應數量因狩獵季節而有限。牠可以燒烤、慢煨、燜煮或做成砂鍋菜，幼鳥尤其應採燒烤方式烹調，並將牠們的肉汁作爲醬汁一起配食，一隻烤山鶉應爲一人份。法國人還用包心菜及其他蔬菜與山鶉一起烹調，做成一道美麗的夏特魯茲（chartreuse）。

鵪鶉（Quail）

鵪鶉原生於中東，和山鶉一樣都是候鳥型飛禽，同時與雉鳥同緣。受歡迎的鵪鶉品種包括加州鵪鶉以及歐洲鵪鶉，其中歐洲鵪鶉是飼養在鵪鶉農場，並以美食的身分賣給餐廳。鵪鶉全年都有供應，可燒烤、煎炒或扒烤，是很多名菜佳餚的主要材料，特別是淋上膠汁的料理。由於鵪鶉的體型較小，所以供膳時每人份至少要有一隻。

帶羽及帶毛野味

野鴨

原產於北半球，世上最有名、體型最大的野鴨名爲綠頭鴨(圖示爲雄鴨)，而所有的養殖鴨都是這種品種的後代。世上還有其他幾類品種，包括水鴨(一種體型最小的野鴨，極受美食者推崇)、北美鳧、廣味鳧、磯鳧以及白胸鴨。市面上可以買到新鮮野鴨(雖然供應數量因狩獵季節而極爲有限)或冷凍野鴨。用來燒烤非常美味，而且一隻鴨子足足可供應二到三人食用。

雌雉鳥

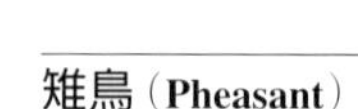

雄雉鳥

野鴨

雉鳥(Pheasant)

原生於中國，但是現在整個北半球都有牠的蹤影，通常雌雄成對出售。儘管一般人認爲雌鳥的肉質較嫩，但牠最多只能供應三人食用，雄鳥卻可供四人分享。雉鳥可能是最受歡迎的飛禽類野味，吊掛後的味道非常好。市面上有新鮮(供應數量因狩獵季節而受限)和冷凍品，不論燒烤、慢煨、燜煮或用油羊皮紙包烤都是種佳餚。市面還有新鮮或冷凍的人工飼養雉雞，可直接燒烤。

野兔(Hare)

原產於歐洲，現今全世界都可以見到牠們的蹤影，但數量因狩獵季節的影響而有限。雖然野兔和兔子同科，但野兔「較野」。牠們的體型也比兔子大，肉的顏色較深，味道也較重。幼野兔不需要吊掛，可以直接燒烤；年紀超過兩歲的野兔則應該吊起來，將肉做成砂鍋菜、煨菜、野味醬

野兔

兔子

戉野兔盅。而牠最主要的用途，當然還是做成陶鍋燉兔肉，在德國還會加入紅酒做成一道砂鍋菜合森菲佛(hasenpfeffer)，在法國則做皇家野兔肉卷(lièvre à la oyale)這道料理。許多傳統法國菜只採用野兔的里脊肉，或里脊肉和後腿肉。

兔子(Rabbit)

原產於非洲，現今世界各地都可以見到野生的兔子，但是受到狩獵季節的影響，供應數量已經沒有養殖兔多。一般來說牠們的肉質都很嫩，但內臟必須取出，並吊掛四到五天。奇怪的是，兔子料理從來沒有成爲名菜，卻一直是鄉間的菜色之一，這點從無數的兔肉派及燉兔肉就可以證明。通常是整隻販售(也可以買到切片或冷凍的養殖兔肉)，用於砂鍋菜、煨菜及燒烤中。

其他帶羽及帶毛野味

熊

偶爾有人會享用歐洲熊(*Ursus arctus*)或美國熊(*Ursus americanus*)的熊排，但基本上熊掌才是人們眼中最上等的部位。熊肉在德國和俄羅斯料理中最受歡迎。

野豬

雖然歐洲野豬(*Sus scrofa*)在歐洲大陸及美洲部分地區的數量很多，但牠與中世紀的種種關聯仍然是最知名的。只有幼豬的肉才是嫩的；較老的野豬需要吊二、三天，烹調前必須用滷汁醃泡。通常採燒烤的方式烹調，在德國及俄國菜中都非常受歡迎。

鹿

所有得自鹿亞科(Cervidae)動物或鹿的野味都稱爲鹿肉。牠是獵肉中最受歡迎的一種，但除非是小鹿肉，否則都需要吊掛及醃泡。兩歲的雄鹿肉質最好，雖然腰肉和里肌肉也很好吃，但最受歡迎的還是臀肉。一般來說都是吃鹿的肉和肝，尤其是麋鹿(*Alces alces*)，不過煙燻麋鹿舌也是一種美食。年輕鹿的嫩肉可以扒烤、或塗豬油燒烤(有些廚師烤前會淋上酸奶油)。

鴿子

鴿肉有時非常硬，所以最適合慢煨或燜煮。在北非，鴿子肉是鴿肉派(bstilla)的主要材料之一，這是用很細的麵糊、糖以及堅果做成的美味肉派。

香腸與醃肉

早期人們在烹調時發現，如果將肉類用風乾、鹽醃或煙燻等方式把水分去除，就可以延長肉的保存時間。如此一來，肉類即可整年常態供應，而火腿、培根及香腸也成爲我們的日常主食，展開了新的紀元。

熱帶地區居民會先敲打肉塊讓肉汁流出，接著將一片片肉放在陽光下或火上烘乾，像南非肉乾就是這一技術的代表產物。在北美洲，印第安人發明了一種肉乾，是將水牛的瘦肉敲打一番並混合脂肪、蔬菜及水果(通常是用蔓越橘)後，包在獸皮中用獸脂封起來做成。現在調理肉醬或肉盅時，依舊是將肉封在油脂中。

墨西哥及中美洲人將水牛肉切成長條狀，日曬成乾。後來拓荒者也製作這種食物，稱之爲「牛肉乾」(jerky或jerked beef)。歐洲鄉民數世紀以來都是食用麵包、啤酒搭配培根爲生，尤其是英國鄉民。當時菜餚中的牛肉大多撒有鹽巴，船隊的採購員則爲英國艦隊以噸計採買鹽醃牛肉。

爲了彌補鹹味，遂發展出多種烹調技術，包括加入大麥之類的穀物來吸收鹽，或是加入各種的蔬菜，如法國的菜肉濃湯(pot-au-feu)和新英格蘭的水煮牛肉便是權宜之下所創出的菜色。辛香料對於提升鹹肉的味道占有很重要的角色，尤其是薑和胡椒。十七世紀的某段時期，富戶的廚房中會存放成堆的柳橙，好將柳橙汁加入肉中烹調。

雖然鹹肉及水牛肉乾在某些地區的重要性不容置疑，但事實上大部分的傳統醃肉都是以豬肉製成。法國肉販在香腸舖裡的歷史特別悠久，像高盧火腿就非常著名，甚至因而出口到羅馬。

香腸(sausage，源自於拉丁文的salsus，意思是用鹽醃)的始祖是由原始人所製造出來的，他們用動物的胃裝入其他內臟，然後拿到火上烹調；蘇格蘭的肚包羊雜很可能就是這種菜的嫡系。隨後希臘人及羅馬人助長了香腸的製造(據說聲稱是香腸發明者的德國人就是向羅馬人學習製造香腸)，不過是法國人才以無邊的想像力來發展這種意念，在多年間發明的種類及變化，都只能用歎爲觀止來形容。法國之後，製作香腸最有變化的要算德國和義大利，以及歐洲其他同樣生產多種香腸的國家。

歐洲人製作火腿及香腸的方法後來傳播至美洲，例如法國人啓發出克里奧-亞凱底亞(Creole-Acadian)的豬血腸及法國肚腸(andouille)，義大利人是紐約的bologna大紅香腸及義大利臘腸，德國人是密爾瓦基的法蘭克福香腸和熟乾腸(knackwurst)，至於拉丁美洲的chorizo辣腸則是源自西班牙和葡萄牙。十九世紀的美洲日常餐飲含有大量的鹹豬肉。由於經濟效益加上貧窮，遂發現使用動物身上的每一塊肉時用鹽醃或煙燻，才能在宰豬季後保存數月之久，而通常宰豬季是在十一月。將動物每個部位完全利用的傳統至今依然存在：香腸、肝腸和血腸使用便宜的部位，而精選的胸脯、里脊及腿肉則留下來煙燻或醃漬，製成培根或火腿。

處理過程

「cure」一字純粹指將肉類趨於腐敗的特性除去的意思。鹽醃法在過去經常讓人不盡滿意，因爲鹽的質地粗糙且未精煉，所以可能會醃製出不平均的成品。糖可以讓肉質柔軟並增加風味，但是只有少數負擔得起成本的人使用，因此肉又乾又硬而且非常鹹，於是到了十八世紀末葉，有人就做了一些嘗試來精進醃製技巧。

香腸和火腿的種類因地方口味、材料及製作技術的不同而差異。匈牙利的香腸會加入甜紅椒粉，德國人則在Westphalia火腿中以野生杜松調味。鹽水浸漬法及煙燻技術也是很多變的。以下即是最常使用的作法。

• 鹽水浸漬：又稱「泡菜」，如果加了糖，則又稱爲「甜味泡菜」。大部分的泡菜都是甜的，但Bayonne火腿則是例外。有些醃漬鹽水裡會加辛香料，可能有杜松、芫荽、薑和其他調香料。加入硝石則是因爲它可以使肉的色澤保持迷人的粉紅色，同時肉中的細菌也會將鹽分轉化成亞酸硝鹽(或是將亞酸硝鹽加入鹽水裡)。亞酸硝鹽可以穩定血液中的紅色肌血球素，讓肉類特有的色澤保留下來。

• 乾式醃製：將乾鹽用力抹入肉中，如果是帶骨肉，抹到骨頭附近時必須特別小心。鹽會吸收水分，所以可以將肉汁吸出變成鹽水，滲入肉中。

• 煙燻：木頭燻煙中含有許多防腐性的焦油生成物，而肉類通常就是用硬木木材或木屑來燻製的。煙燻的時間各有不一，主要是以成品和烹調方式來決定。

• 粗粒法：十六世紀時，「玉米」(corn)和「粗粒」(grain)是同義字，因此，用粗鹽搓肉就稱之爲粗粒醃製。新英格蘭人會將硝石從醃製材料中去除，然而醃出的灰色肉依舊受人喜愛。英國的粗粒醃牛肉則是指一種經過醃製、水煮、壓平處理的罐裝牛肉。

火腿、培根和其他醃肉

火腿是指經過醃製並煙燻處理的豬後腿，至於培根則通常是醃胸脯肉，因爲胸脯肉的脂肪含量高。而背部培根則是切取自豬的里脊，因此瘦肉很多。

世上的火腿種類大約有一百種以上，而且每國都有不同的產品，但是大部分的醃製法多少都有些相同：先抹乾鹽或泡鹽水，接著煙燻，然後讓肉成熟。市面上的培根有煙燻及未煙燻兩類，形狀則有長條片狀以及厚塊兩種。其他如牛肉或羊肉之類的肉則是偶爾醃製處理。

香腸

香腸是用碎肉末做成的，種類包括豬肉、小羊肉、牛肉、雞肉、羊肉和兔肉，甚至也用馬肉或狁狳肉。有些國家會在香腸中加入一定份量的穀類，尤其是英國，然而其他國家像德國，就禁止在香腸裡添加穀類。用來製造香腸的原料非常豐富，如：蛋、奶油、啤酒、葡萄酒、豬血、牛肚、麵包屑、太白粉、燕麥、洋蔥、大蒜、香料、辛香料、鹽及胡椒。有些香腸會先烹煮過，有些是生鮮的，也有些會醃製、風乾或煙燻。

香腸的外皮又稱爲腸衣，是用豬或羊的腸子做成，但是也有人工製品。製做煙燻香腸時必須先風乾處理，然後用硬木塊或鋸木屑煙燻，至於是用冷式煙燻法或熱式煙燻法，就必須視成品而定。

世上至少有數以千計的香腸，單拿德國來說就號稱幾近有一千五百種，更別說大量的義大利香腸了。德國人將香腸區分爲三種：臘腸(bratwurst)是稍微煙燻並汆燙過的新鮮香腸，買回後烹煮；生香腸(rohwurst)是臘腸式的生香腸，經過風乾及煙燻處理；而熟香腸(kochwurst)則是煮熟的香腸，用來撒在料理上或切片冷食。法式香腸可分爲大型熟香腸(saucisson，這種香腸可能煙燻過，如煙燻香腸saucissons fumées)、生香腸(saucisse)或煙燻生香腸，以及水煮香腸(燻臘腸)。種類最多也最千變萬化的莫過於義大利臘腸。這種香腸的特性在於它的處理方法是用鹽水醃漬或煙燻處理，或是兩者併用，而且是以生鮮材料做成。

新鮮香腸

串式香腸

通指一般的新鮮香腸，可能包豬肉、豬肉加牛肉，或包鹿肉及調味料。不同國家有許多不同種類的串式香腸，名稱也各不相同。以上的香腸都包有肉末或肉及調味料。有時也會加入香料。腸衣通常是用可食材料做成。

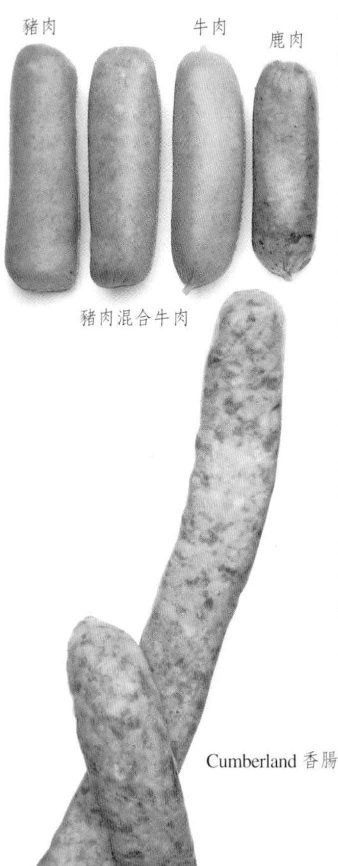

無腸衣香腸

市售香腸也可能沒有腸衣。這種香腸肉可以切成小圓形食用。

CHIPOLATA 香腸

這是用小型腸衣做成的香腸，又稱早餐香腸，通常是作爲配飾使用。圖左所示爲豬肉餡，圖右則是混合牛肉及豬肉的種類。

油煎香腸（Bratwurst）

這種顏色相當白的德國香腸，形狀是長長的一節，材料包括豬肉和(或)小牛肉、培根肉、牛奶和洋蔥末。香腸內加入相當多的鹽、胡椒及豆蔻香料，可以扒烤或油炸。

CUMBERLAND 香腸

這是種粗粒的英式香腸，把粗切的豬肉以及黑胡椒塞入長形腸衣做成。

LUGANEGHE 香腸

這是一種用純豬肉做成的義大利式香腸，就像英式Cumberland香腸一樣，都是長長一條沒有分節。這種香腸尤其受到北義大利人的喜愛，可以水煮或扒烤。

MERGUEZ 香腸

用山羊肉或羊肉製成的北非辛辣香腸，香腸中以何利沙調味料(hrisa)調味，它是將辣椒和孜然芹混合而成的一種調味料。通常拿來扒烤。

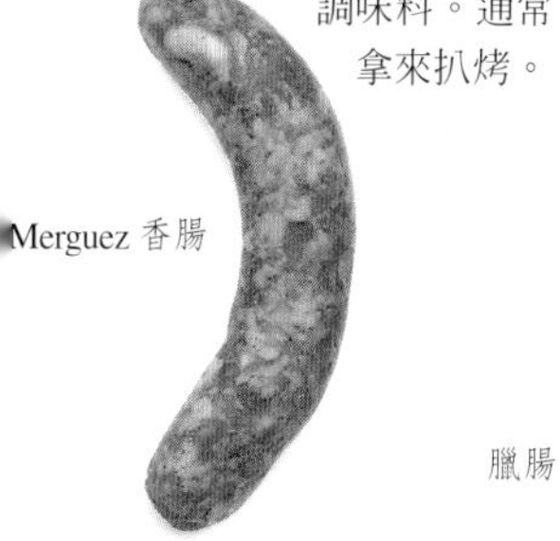

Merguez 香腸

臘腸

臘腸

一種混合豬肉末、穀類、黃豆和乾紅椒做成的中國式香腸。

SALSICCIE CASALINGA 香腸

這個名稱純粹指家中自製的香腸。通常是用純豬肉加大蒜及胡椒做成，可溫煮、扒烤或油炸。

SALAMELLE 香腸

一種辛辣香腸的義大利名。

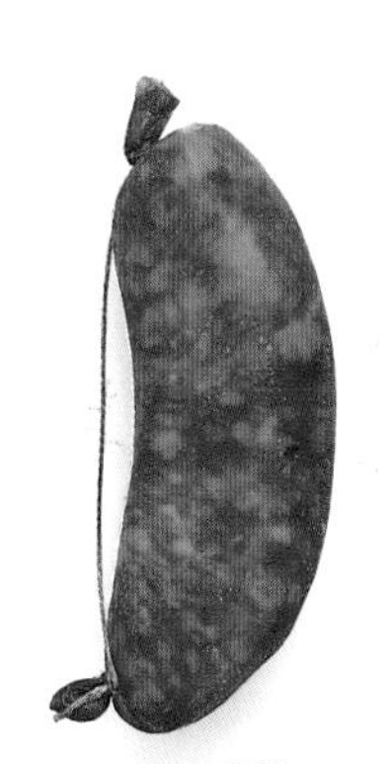

Salamelle 香腸

TOULOUSE 香腸

法國土魯斯出產的香腸，用粗切的豬肉、豬油及胡椒和一點點鹽調味而成，在許多法國菜中都扮演主要角色，尤其是扁豆燉肉盅(cassoulet)這道地方菜。

Toulouse 香腸

Salsiccie Casalinga 香腸

英式辛辣香腸

乾紅椒香腸

法式辛辣香腸

法式辛辣香腸

一種粒子相當粗的香腸，極爲辛辣，並加了許多大蒜。

英式辛辣香腸

這是種淺粉色的香腸，混合了豬肉及辛香料，質地相當平滑。牛津香腸(如圖示)是用豬肉、小牛肉、牛脂、香料和辛香料製成的，而劍橋香腸則是用豬肉、香料和辛香料製成。

甜紅椒香腸

一種粒子相當粗的深色香腸，以小羊肉及牛肉爲原料，另外也加入甜紅椒、芫荽、茴香以及多種調味料。

其他新鮮香腸

粗香腸(Bockwurst)

一種極爲美味但容易腐壞的德國白香腸，材料有新鮮豬肉、小牛肉、細香蔥末、西洋芹、雞蛋以及牛奶。

肚包羊雜(Haggis)

一種蘇格蘭香腸，在節慶或任何時候都以熱盤上桌。這種香腸是將羊肝、肺及心臟混合洋蔥、燕麥、西洋芹剁碎後，加入調味料製成。調成後的混合材料再塞入羊肚裡，就成了肚包羊雜。它需要長時間烹調，但市售商品通常已預先煮過，只要再煮30分鐘左右就可以了。

THURINGER 香腸

一種可能含有一些牛肉或小牛肉的豬肉香腸。新鮮的或煮熟的都可以買到。

新鮮及微煮香腸

血腸(Black Pudding)

雖然這種黑色香腸在不同地區有不同的名稱，但傳統上總會讓人聯想到英格蘭北部(因爲源自於此)。主要材料有豬血、去殼燕麥、脂肪、燕麥、洋蔥、辛香料及調味料。德製的血腸稱爲blutwurst，愛爾蘭血腸稱爲drisheen，義大利血腸叫biroldo。

血腸

MORCILLA 血腸

西班牙血腸Morcilla是西班牙國菜費巴達(fabada)的主要材料，這道菜的材料還有chorizo蒜味辣腸以及培根肉。

默西拉香腸

豬血腸(Boudin)

圖示的黑血腸是種法國血腸，含有豬血。白血腸是法國新鮮香腸，使用白肉製成，但也可能是用豬肉、雞肉或小牛肉加蛋、奶油、調味料及辛香料做成。它是熱食食物，可以溫煮或扒烤。

豬血腸

BUTIFARA 香腸

這種質地密實的西班牙香腸有許多種。一般而言，原料都含有豬肉、白葡萄酒、大蒜、調味料和辛香料。Butifara香腸經過水煮並風乾而成，可以冷食，是加泰隆尼亞菜卡斯瓦拉(cazuela)的主要材料。

小肚腸(Andouillette)

它和比較大的法國肚腸一樣，都是用豬肉和(或)牛肚、小腸、小牛腸系膜、胡椒、或許還有葡萄酒、洋蔥及辛香料做成的。偶爾會煙燻，可以扒烤或者油炸。

希臘香腸

小肚腸

Butifara 香

希臘香腸

這是希臘產的香腸，顏色很深且粗短，通常有很重的辛辣味。

CREPINETTE 香腸

「Crepinette」這個字通指很多種小型碎肉香腸，包括用小羊肉或豬肉腸。它是用胎膜做腸衣，外面再裹一層融化的牛油及麵包屑。

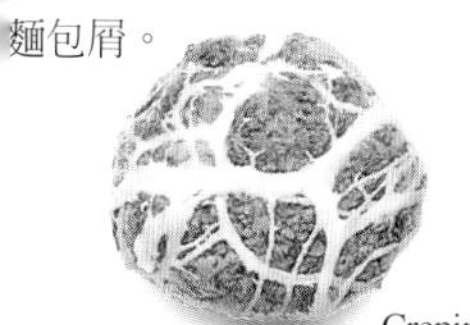

Crepinette 香腸

COTECHINO 香腸

一種摻有肥、瘦豬肉及白酒、辛香料的義大利式香腸。義大利所製都是新鮮香腸，但有一種部分醃製、部分煮好的香腸則是爲了銷售出口而製。新鮮香腸需要數小時的烹調時間，市售商品則只需煮約30分鐘。通常配豆子趁熱吃。

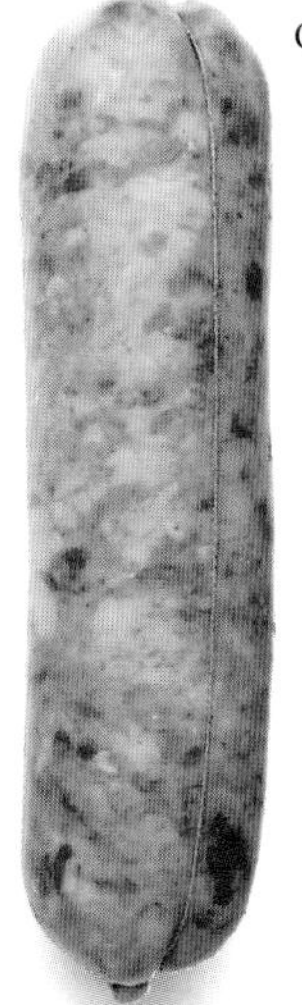

Cotechino 香腸

茶腸（Teewurst）

這種優秀的德國生香腸是用上等碎豬肉和牛肉混合製成，有些很辛辣並略經煙燻處理。是一種塗醬用的香腸。

法蘭克福香腸（Frankfurter）

最早的法蘭克福香腸是用瘦豬肉加鹽漬培根肥肉混成糊狀，然後煙燻而成，但現在的材料不僅千變萬化，成品尺寸及形狀也變化多端。材料通常有牛肉屑、豬肉屑、牛肚及豬心。維也納香腸是小型的法蘭克福香腸，是一種開胃菜。圓胖的熟香腸則用豬肉和牛肉做成。

法蘭克福香腸

燻臘腸

茶腸

乾臘腸

ZAMPONE 香腸

產於義大利馬迪納（Modena）的豬肉香腸，以去骨的豬腳取代腸衣，把肉塞入豬腳做成。

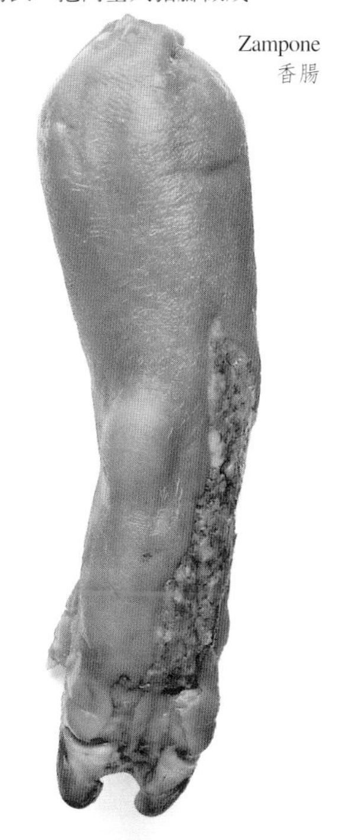

Zampone 香腸

燻臘腸（Cervelat）

這種香腸的名字源自拉丁文的「腦袋」，但今日它通常是用上等豬肉及牛肉末混合而成，並加入大蒜來調味，再煙燻成金黃色。歐洲許多地區都有這種香腸：瑞士製的landjaeger是一種帶有皺紋且經濃煙燻處理的黑色香腸；德國製的goettinger是用辛辣的牛肉和豬肉做成。第211頁圖中的是另一種德國燻臘腸。

乾臘腸（Saveloy）

一種英國製的燻臘腸，裡面有豬肉及家畜的肺臟。由於加有硝石，所以顏色爲亮紅色。

微煙燻的熟香腸

新鮮牛肉燻腸（Schinken Kalbfleischwurst）

這是混有豬肉末、牛肉及小牛肉火腿片的香腸，通常會加一點大蒜，有時候也會用胡椒子和葛縷子的種子來調味。切片冷食。

牛舌臘腸（Zungenwurst）

這種大型的德國煙燻香腸通常很辣，是用肥豬肉和大片豬舌做成，有時也會加入豬肝及豬血。

瘦肉香腸（Mettwurst）

一種德國的塗醬香腸，是用豬肉及牛肉做成，通常也加有甜紅椒。圖中所示的這種顆粒較粗，另一種則質地較滑順、粉紅，兩種都可立即食用，可以當作塗醬或是切片。

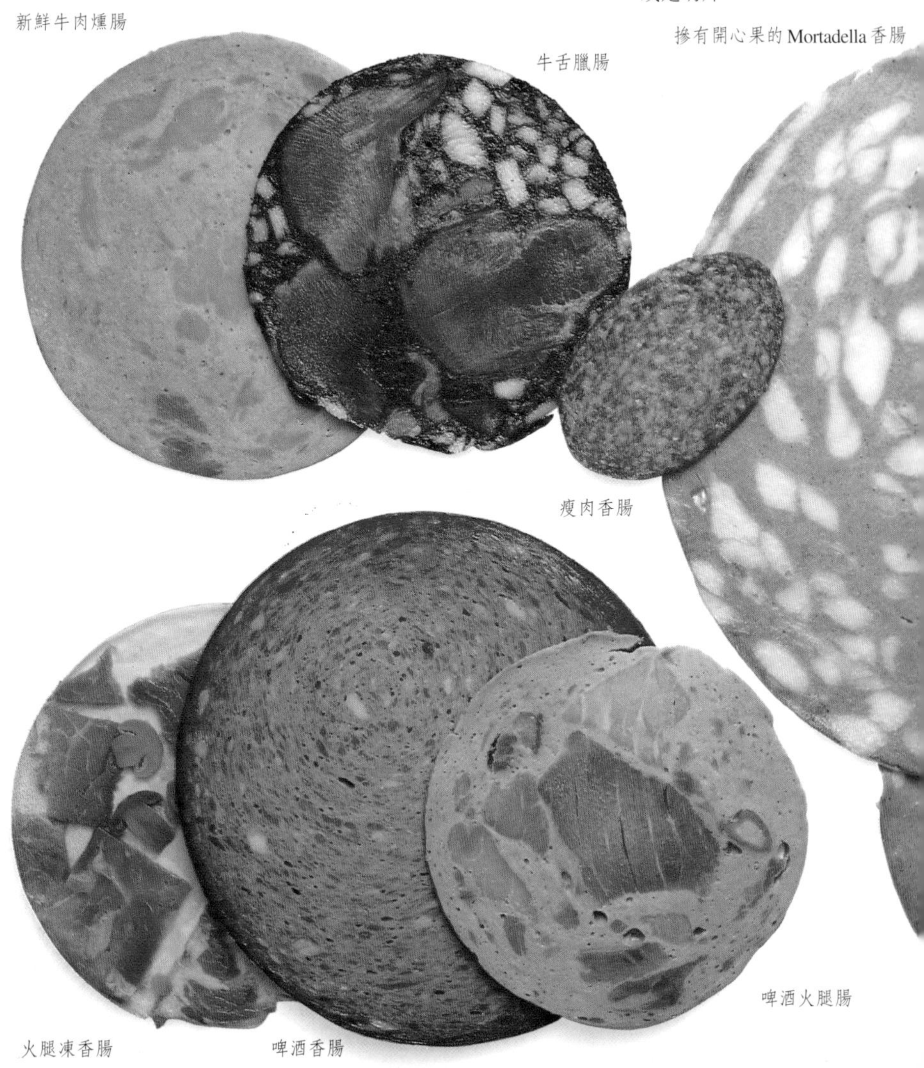

新鮮牛肉燻腸

牛舌臘腸

摻有開心果的Mortadella香腸

瘦肉香腸

啤酒火腿腸

火腿凍香腸

啤酒香腸

ɪORTADELLA 香腸

這是世上最大的香腸之一，它
勺材料變化很多，但大致上為豬
肉、大蒜及調味料。市面上這種
未道溫和的波隆那香腸為原味，
有時也會加開心果或芫荽籽。必
須切成很薄的薄片。

火腿凍香腸（Schinkensulzwurst）

用火腿和菇類做成的肉凍。

啤酒香腸（Bierwurst）

一種以豬肉，或豬、牛肉混合的德國香腸，由脂肪點綴出粒粒斑點，並經過煙燻處理。味道通常很辣。

啤酒火腿腸（Bierschinken）

這種內含瘦豬肉、肥豬肉及火腿片的德國香腸，通常會加入開心果及胡椒子。

燻腸（Extrawurst）

一種混合了牛肉、豬肉或培根肥肉的淡粉紅色香腸。這種德國香腸的質地滑順且容易切片。稍微煙燻過，可溫煮或扒烤。

蒜味香腸（Knoblauchwurst）

味道濃重而突出的大蒜味是這種德國香腸的特色，其中含有瘦豬肉及脂肪，也用鹽、胡椒及辛香料調味。可以扒烤或溫煮。

狩獵臘腸（Jagdwurst）

這種「獵人的香腸」種類有許多，有些又圓又大，有些則窄小扁平。但裡面都塞有豬肉、辛香料並經煙燻處理。圖中所示為狩獵火腿香腸，內含豬肉細碎末、切成丁的脂肪和火腿片。

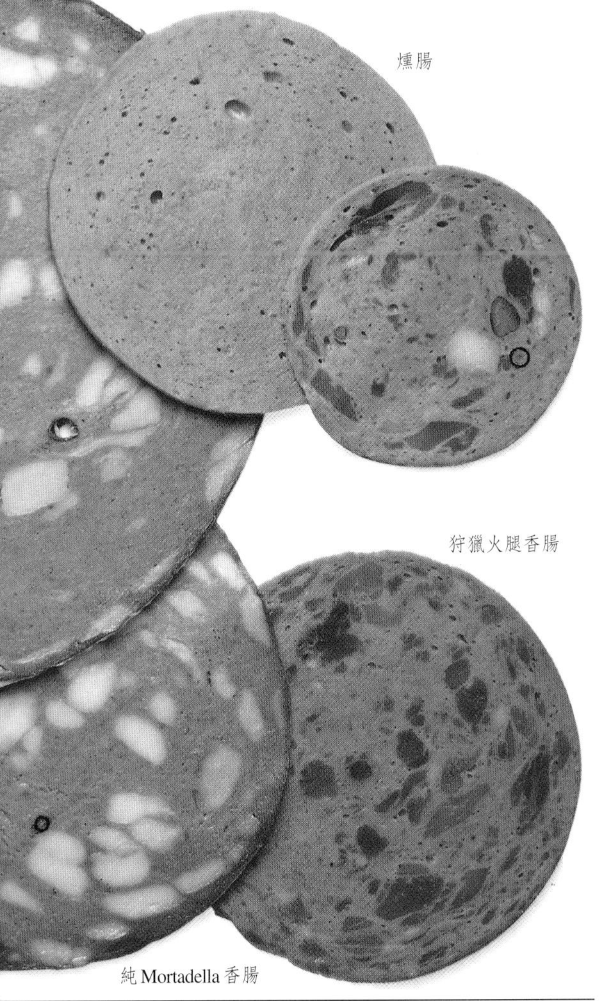

燻腸

蒜味香腸

狩獵火腿香腸

純 Mortadella 香腸

其他熟煙燻香腸

柏林香腸

一種豬肉及牛肉做成的香腸，以鹽和糖適度調味。

LINGUIC 香腸

這種葡萄牙豬肉香腸是以鹽水醃漬、大蒜調味，並加肉桂及孜然芹調味做成。

史特拉斯堡香腸

一種用肝臟及小牛肉做成的香腸，裡面有加開心果。

白香腸（Weisswurst）

這是溫和香辛的德國香腸，用豬肉及小牛肉做成。

煙燻香腸

PEPERONI 香腸

一種義大利乾香腸，裡面混合有牛肉粗末及豬肉末，並添加少許紅番椒粉和其他辛香料。通常當作比薩餡。

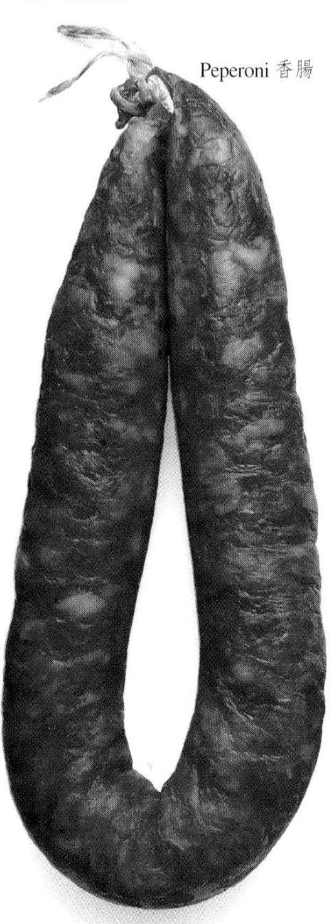

Peperoni 香腸

梨形臘腸（Birnenformige Salami）

名稱中的「Birnenformige」意思是「西洋梨狀」，對這種德國臘腸來說，用這個名字來形容切片前的臘腸再適合不過了。

Kabanos 香腸

鄉村燻腸

梨形臘腸

KABANOS 香腸

用豬肉末做成的波蘭香腸。

CHORIZO 辣腸

一種西班牙(及拉丁美洲)辣味香腸，是用豬肉、紅椒粉、西班牙甘椒或其他辣椒製成，通常包在細長的腸衣裡。這種辣腸有些是新鮮的，但大部分會經乾燥並煙燻。Longaniza則是葡萄牙製的同類辣腸。

Chorizo 辣腸

鄉村燻腸（Katenrauchwurst）

這種黑色腸衣的香腸質地很密實，裡面包有粗切的煙燻豬肉，最早是在農舍或鄉間小屋製造出來，故因此得名。製法爲長期吊在鄉間小屋的煙囪上煙燻。

網子臘腸（Netz Salami）

一種德國臘腸，名稱得自於綁在這種香腸上的細繩。

網子臘腸

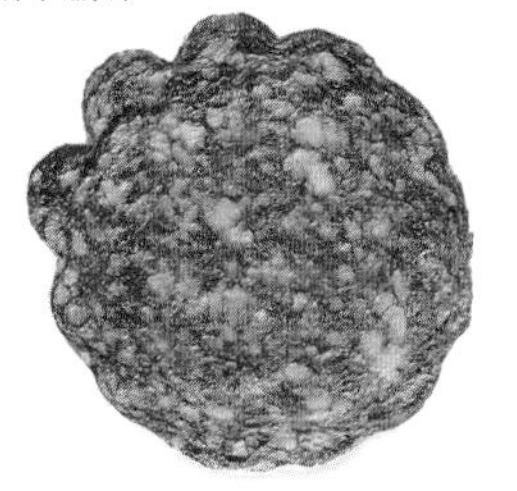

農家臘腸（Land Salami）

一種鄉村式臘腸，通常混合了豬肉、辛香料或香料。

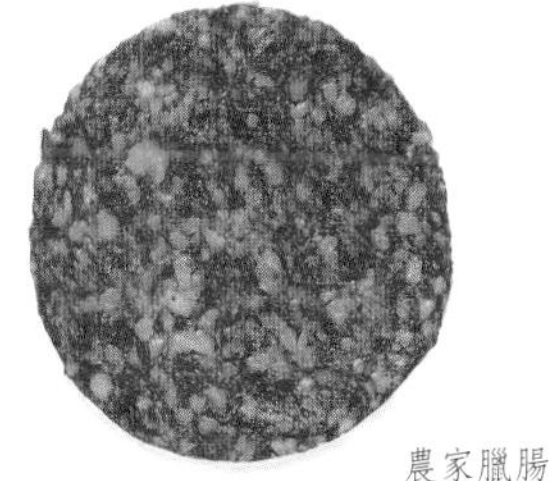

農家臘腸

貴族臘腸（Edel Salami）

Edel的意思是高貴，這是一種混合豬肉及牛肉的奢侈型臘腸。

貴族臘腸

KIELBASA 香腸

用豬肉及牛肉碎末做成的波蘭香腸，帶有大蒜味且口味很重，有新鮮及煙燻兩種。它的波蘭名意思便是香腸，近似俄文。

Kielbasa 香腸

煙燻熟香腸（Saucisson Fume）

這種香腸很大，可以風乾或煙燻。典型的煙燻熟香腸是以豬肉製成，並加有豬背脂末或培根、胡椒子、大蒜及香料。圖示為香料煙燻熟香腸，外皮覆滿了乾燥香料。

煙燻熟香腸

其他煙燻香腸

牛肉香腸（KALBWURST）

德製煙燻小牛肉香腸的通稱，但也可能加有豬肉、豬脂肪以及開心果。

熟燻腸

煙燻並煮熟，原料為豬肉及牛肉，並以胡椒調味。

燻臘腸（Cervelat）

用碎牛肉及豬肉做成的德國香腸，外皮煙燻成金黃色。它的肉末通常比義大利臘腸還細，口味通常也不那麼重。

燻臘腸

方形香腸（Blockwurst）

一種牛肉製或豬肉及牛肉製的德國生香腸，種類有很多，包括圖示的胡椒方形香腸。這是少數的方形香腸之一，名稱也是因此而來，外皮常覆有黑胡椒粗粒。

方形香腸

臘腸

臘腸(Salami)的種類非常多，包括：德國製、義大利製、美國製、丹麥製、匈牙利製及法國製。所有的臘腸都是用生肉做成，原料包括豬肉、牛肉或兩種混合，並添加各式風味。有些臘腸還添入開心果、胡椒或芫荽種子作爲裝飾。如 Kosher 臘腸是以純牛肉製成，並使用大蒜、芥末、芫荽和杜松來增香。臘腸可能會以風乾、煙燻或併用兩種方式來製造，通常是切成薄片冷食，然而切得較厚的臘腸片也會出現在許多義大利菜中，例如比薩裡面就有。小臘腸(Salamini)是比臘腸小的臘腸，而臘腸通常都是大的。

米蘭臘腸

米蘭式臘腸

米蘭臘腸

一種義大利臘腸，用瘦豬肉、牛肉及豬脂做成，並以大蒜、胡椒和白葡萄酒(參閱米蘭式臘腸)調味。

米蘭式臘腸

米蘭臘腸的一種。這兩種香腸通常是當作義大利開胃菜。

TOSCANA 臘腸

Fiorentino是Toscana臘腸中最有名的一種。這種臘腸比一般的臘腸大，通常是用瘦豬肉及豬脂肪混合製成。

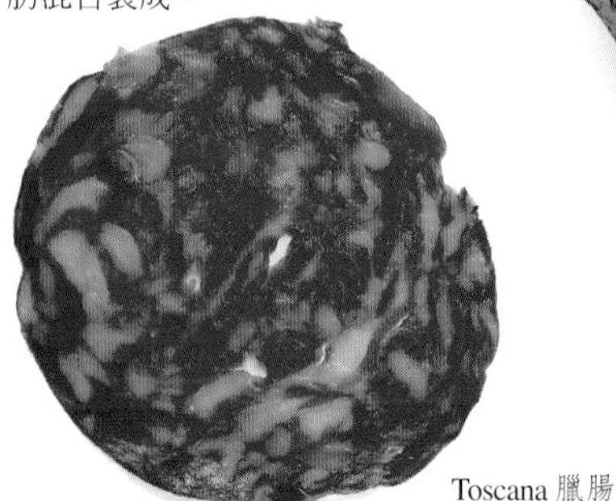

Toscana 臘腸

丹麥臘腸

一種形狀勻稱的臘腸，用來做三明治很適合。它是混合豬肉、小牛肉及辛香料做成，有時也會加入大蒜調味。

丹麥臘腸

法式胡椒臘腸

將豬肉、牛肉混合脂肪粗粒做成，並用整粒黑胡椒調味。通常用來做開胃小點。

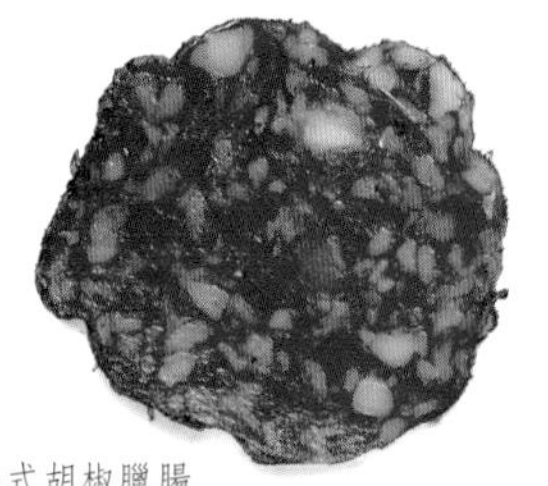

法式胡椒臘腸

法式香料臘腸

用牛肉及豬肉做成並外覆香料的小型臘腸。很適合野餐，也可以當作開胃小點。

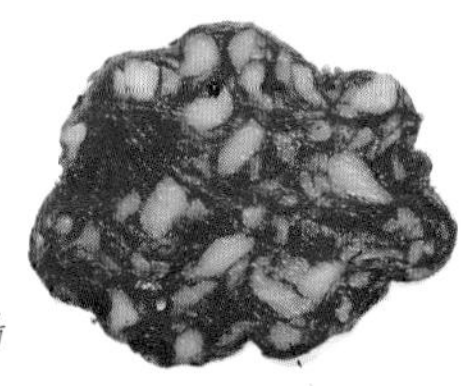

法式香料臘腸

FELINETTI 香腸

產於義大利的巴馬(Parma)，是一種很細緻的臘腸，加有白葡萄酒、胡椒子及一些大蒜。

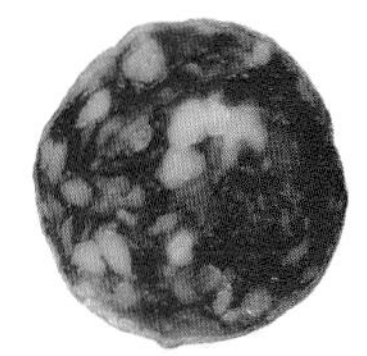

Pelinetti 臘腸

德國臘腸

德國製的臘腸通常是用切得很細的牛肉及豬肉混合做成，煙燻味比義大利製的臘腸濃重許多。

德國臘腸

NAPOLI 臘腸

一種用豬肉及牛肉做成的瘦長臘腸，加有很多黑胡椒及紅椒，味道非常辣。

Napoli 臘腸

GENOA 臘腸

它和蠶豆搭配是一道很受歡迎的開胃菜。這種臘腸是用大蒜、胡椒子及紅葡萄酒調味，並混合豬肉及小牛肉製成。

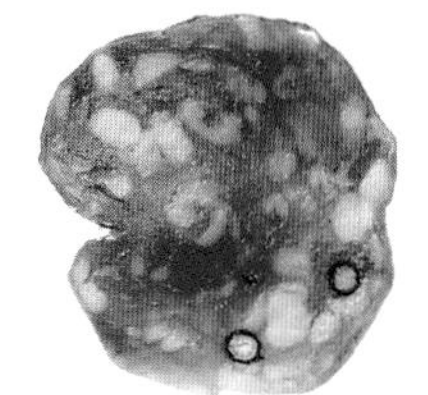

Genoa 臘腸

農莊式臘腸

通常混合了粗切的牛肉以及豬肉，並摻有整粒胡椒子和大蒜。

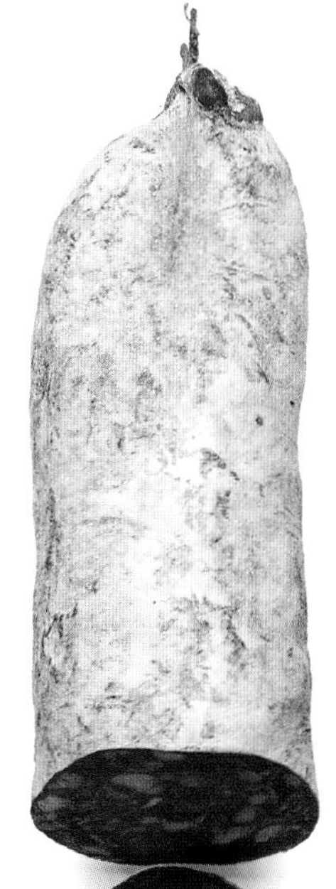

農莊式臘腸

鄉村式臘腸

鄉村式臘腸

將香腸的基本材料混合後，不像一般香腸那樣馬上食用，而是用麻繩綁起來放著，直到香腸乾燥成熟。材料包括豬肉、豬脂、大蒜、香料及胡椒子。

匈牙利臘腸

這種臘腸混合了很肥的豬肉和數種辛香料，腸衣則略經煙燻處理，味道會越放越好。

匈牙利臘腸

醃肉及培根

醃牛肉

這是用一大塊牛肉(通常是牛胸肉)泡在加有辛香料的鹽水裡醃漬而成。

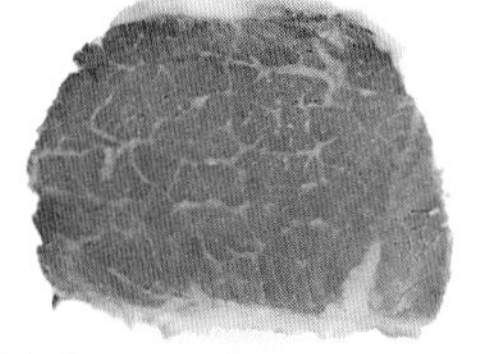

醃牛肉

醃舌頭

通常是用牛舌，鹽醃後溫煮，放涼切片，並搭配沙拉上桌。也可以煙燻或用粗鹽醃製。

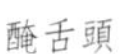

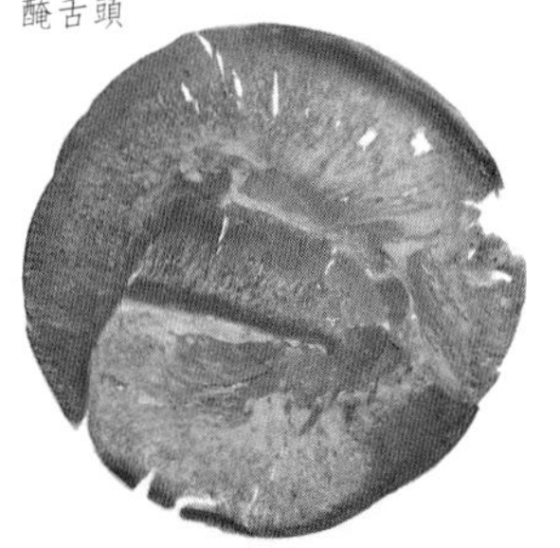

燻火雞肉

先將火雞肉用鹽水醃泡，然後煙燻而成。這種燻肉應切片後與其他冷盤上桌。

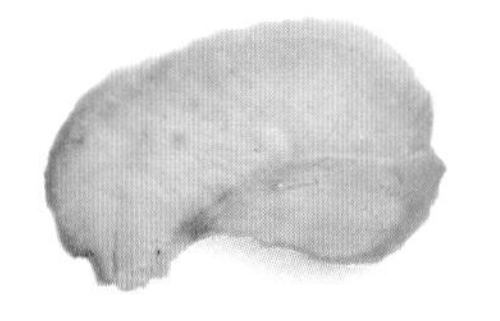

燻火雞肉

BRESAOLA 牛肉乾

這種鹹牛肉乾是義大利倫巴底(Lombardy)的特產。可以切薄片當開胃小點。

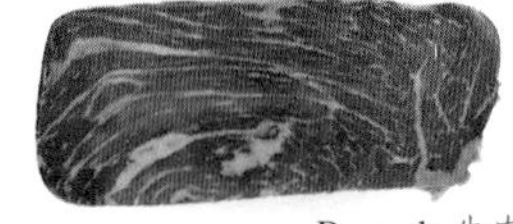

Bresaola 牛肉乾

肉凍(Galantine)

將去骨的畜肉或家禽肉放入含有膠質的高湯裡凝結而成。

油封肉絲醬(Rillettes)

這是罐裝的油封豬腹肉，產自法國，偶爾會加鵝肉或兔肉。

BOLOGNA 大紅腸

這種著名的香腸現今已出現許多不同種類，基本上它是以煮熟的煙燻豬肉及牛肉混合而成。例如英國的Polony大紅腸就是其中一種。

Bologna 大紅腸

五香燻肉(Pastrama)

羅馬尼亞的醃肉，採用羊肉、山羊肉、牛肉、豬肉或鵝肉爲原料，並添加硝石、鹽、大蒜、黑胡椒、肉豆蔻、乾紅椒及牙買加甜胡椒等醃成肉乾後煙燻而成。圖示爲美製五香燻牛肉(pastrami)，爲內側的牛胸肉薄片。通常切薄片做三明治熱食。

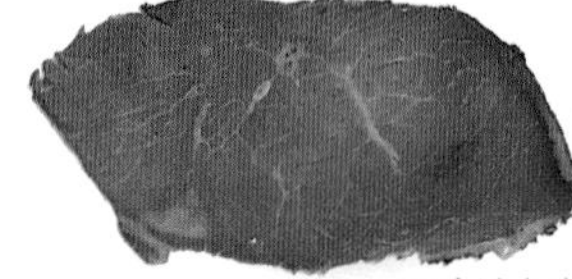

五香燻牛肉

鴨肉盅(Duck Terrine)

用鴨肉、火腿瘦肉及培根肥肉混合調味料、辛香料而做成，有時候也加些白蘭地。

鴨肉醬

肝腸(Liverwurst)

肝腸最早產自德國，如今世上許多國家都有生產。大部分的肝腸都是用很碎的豬肉加豬肝或小牛肝及洋蔥、調味料做成，也可能會加入松茸、胡椒籽或背脂碎粒。它們通常磨得很細，並略微煙燻，可以切片或當塗醬食用。

肝腸

鵝肝醬（Pâté de Foie Gras）

這是用稀有品種的鵝肝混合辛香料及調味料製成，質地滑嫩，是一種奢侈品。

鵝肝醬

庇里牛斯山肉盅（Terrine de Pyrenees）

半滑嫩並含洋菇的肉盅。

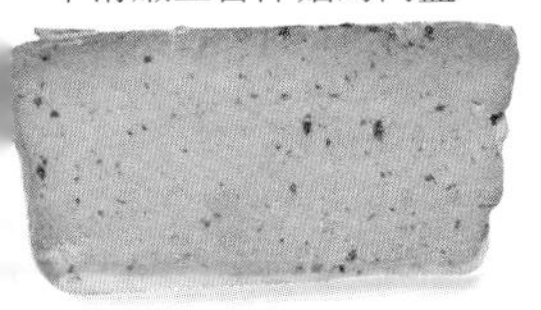

庇里牛斯山肉醬

香菇肉醬（Pâté de Forestier）

質地比庇里牛斯山肉盅粗了許多，雖然它的外面有一層凍，但也是一種貨眞價實的醬料。

香菇肉醬

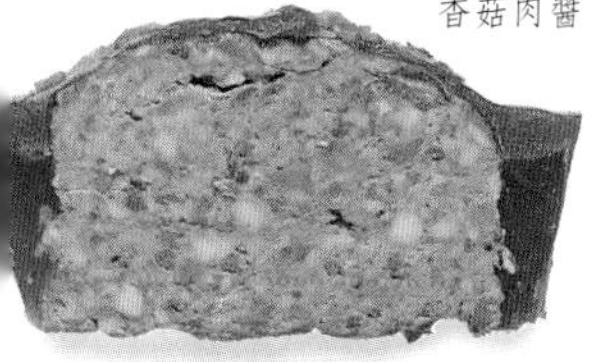

五花肉培根（Streaky Bacon）

不論是煙燻或未煙燻製品都切成單片，由於每片都很平均，所以比培根塊還受歡迎。

未煙燻五花肉培根

煙燻五花肉培根

其他醃肉及培根

農民培根（Bauernspeck）
農民培根的製法是在鹽水中加入杜松子，再將澳洲豬的腹肉及腰窩肉醃入，然後以冷式煙燻法製成。

褐色沈默（Braunschweiger）
一種煮熟且煙燻過的肝腸，加有雞蛋和牛奶。

碎肉凍（Brawn）
一種熟肉製的特別產品，裡面含有許多小塊的豬頭肉，並使用動物膠將肉塊凝結在一起。

瑞士牛肉乾（Bunderfleish）
這種瑞士牛肉乾是用鹽水醃泡，塗以辛香料，然後風乾而成。

荷蘭醃肉（Dutch Loaf）
這是用豬肉及牛肉所組成的冷盤肉。

燻羊肉（Fenelar）
這種挪威的煙燻羊肉是將腿肉不斷抹以鹽、硝石及糖的混合物醃製數天，再泡進加了糖的鹽水裡，然後取出風乾製成。

蜂蜜醃肉（Honey Loaf）
用豬肉、牛肉、蜂蜜、辛香料以及泡菜混合而成。

玉米豬肉（Scrapple）
用豬肉及玉米粉做成的特殊產品。

醃豬肉（Souse）
將豬肉片放入加醋的骨膠裡做成，可能也會加入醃蒔蘿、甜番椒及月桂葉。

鵝肉乾（Spinkganz）
這是德國製的煙燻鵝肉，只使用鵝胸肉，並用鹽、硝石及糖醃製風乾而成。

背肉培根（Back Bacon）

不論是否煙燻市面上都有。背肉培根又稱加拿大培根，是用里脊肉做成，瘦肉分量比其他培根肉多了許多。

煙燻背肉培根

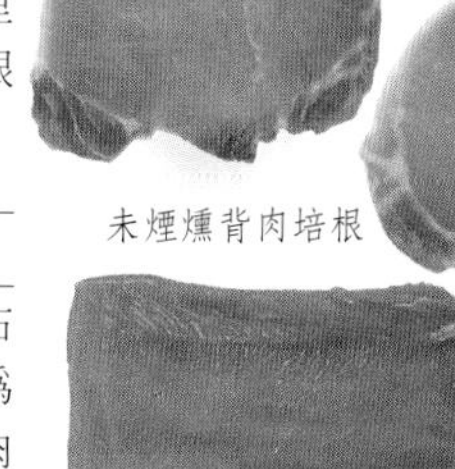

未煙燻背肉培根

培根塊（Slab Bacon）

下圖爲帶皮煙燻培根，下圖右是未煙燻的無皮培根，圖右則爲背肉培根。前兩者是用腹部的肉做成，非常地肥。

背肉培根塊

煙燻五花肉培根塊

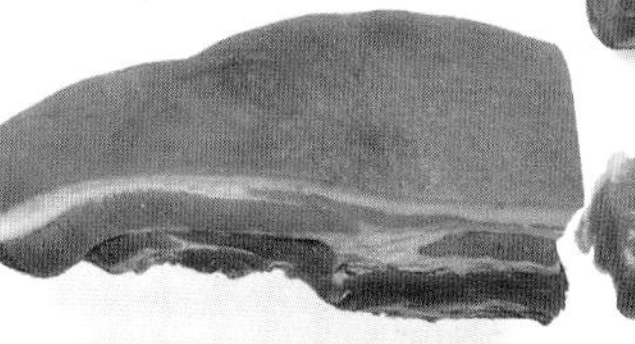

未煙燻五花肉培根塊

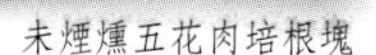

火 腿

BAYONNE 火腿

法國幾乎每一區都有自己的鹹火腿及煙燻火腿，圖示的巴斯克(Basque)鄉間火腿是最著名的一種。它是在法國西南部的奧塔斯(Orthez)煙燻而成，屬於一種生火腿，也就是jambon cru。醃汁中含有紅酒、迷迭香及橄欖油，醃漬後用稻草包裹，然後煙燻。

PARMA 火腿

一種品質很好的生火腿(prosciutto crudo)，產於義大利巴馬附近的蘭吉拉諾(Langhirano)。火腿抹上鹽、糖、胡椒、硝酸鹽、甜辣椒、肉豆蔻、芫荽及芥末的混合物十天，然後重複同樣步驟，直到火腿成熟。將火腿壓平、蒸熟並抹胡椒。

WESTPHALIA 火腿

德國最有名的火腿之一，它和Bayonne及Parma火腿一樣都是生火腿。這種濃郁的深色火腿醃製(用鹽、糖和硝石)煙燻後，還需要一段長期的老化處理。

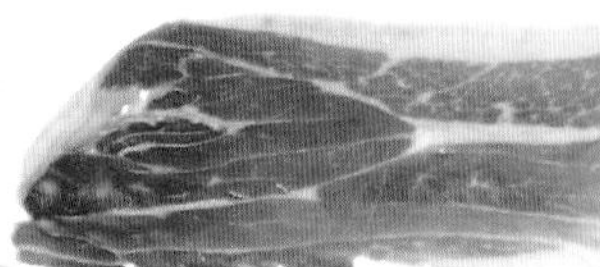

Westphalia 火腿

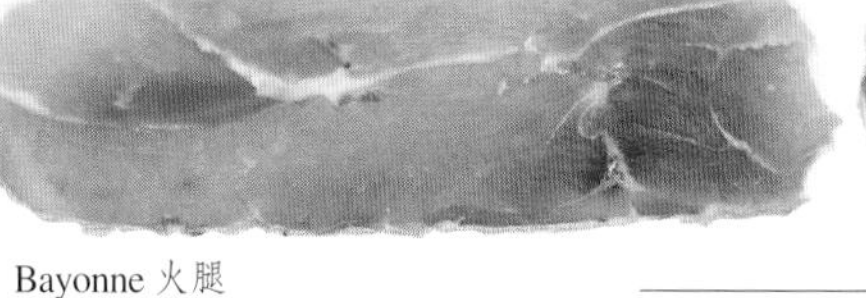

Parma 火腿

Bayonne 火腿

糖漿火腿

一種無骨的熟火腿，並澆有糖蜜，市面上有整條火腿、半隻火腿或切片。

ARDENNES 火腿

一種品質很好的比利時火腿，風味和Parma、York及Bayonne火腿同等級。

蘋果膠火腿

一種淋上蘋果膠的無骨全熟火腿，這種蘋果膠是用蘋果凍、檸檬汁及丁香做成。

蘋果膠火腿

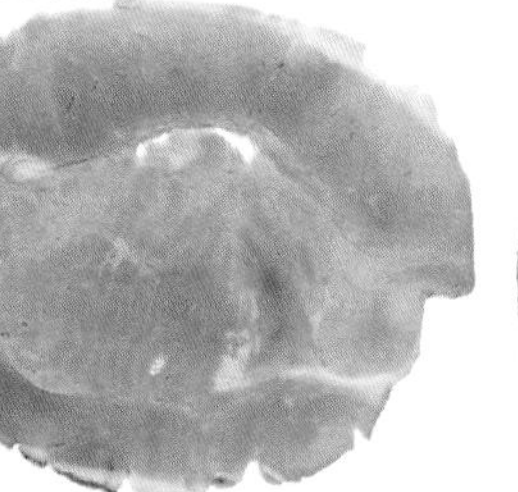

糖漿火腿

Ardennes 火腿

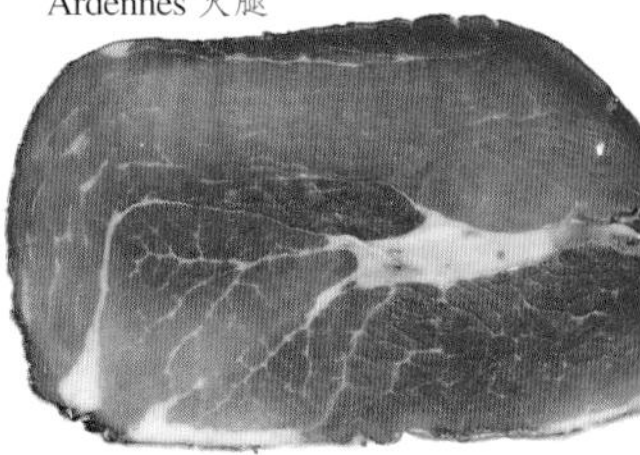

YORK 火腿

這種英國火腿享譽全球，質地結實且柔嫩，以其細緻的味道而著名。它通常是用鹽醃製而不是用鹽水醃泡，並略微經過煙燻處理。圖中所示的York火腿包有一層麵包屑。

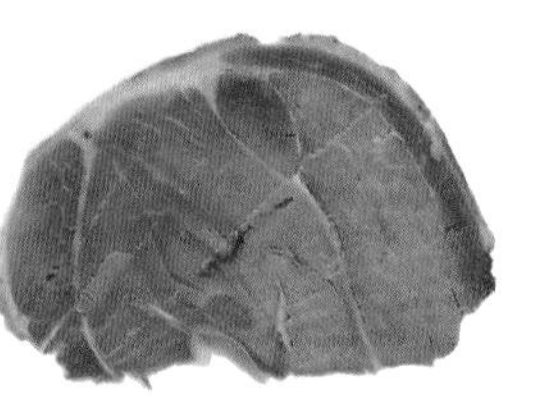

Suffolk 火腿

SUFFOLK 火腿

這種昂貴的英國火腿是泡在蜜漿裡而不是鹽水中，因此火腿的表皮會變成很顯眼的黑色。

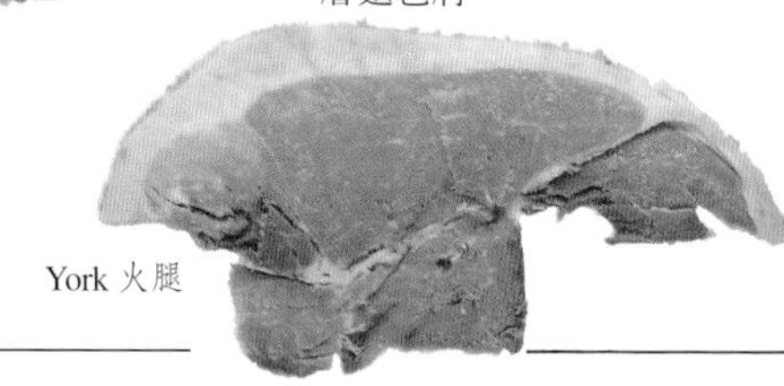

York 火腿

SMITHFIELDS 火腿

這種火腿是根據美國維吉尼亞州的一個小鎮而命名，因爲它的製法是由該鎮鎮民所開發的，而Virginia火腿則是這種火腿的小型版。Smithfields火腿的製法是先抹兩次鹽及硝石後洗掉，接著用山核桃木猛烈煙燻，再塗以胡椒，並放置18個月以上讓火腿成熟。

Smithfields 火腿

Bradenham 火腿(切片)

Smithfields 火腿(切片)

Bradenham 火腿

BRADENHAM 火腿

這種火腿產自英國的奇彭罕(Chippenham)，以乾醃法醃製，先用辛香料及糖蜜醃製，然後吊掛數月讓它老化，由於醃料中有糖蜜，因此外皮是黑色的。

其他火腿

辣味火腿(Devilled)

一種用很碎的火腿及調味料處理成的產品。

愛爾蘭火腿(Irish)

通常指一種乾醃火腿，是用泥炭煙燻而成。Limerick和Belfast兩種最爲有名。

KENTUCKY 火腿

一種鄉下的乾醃火腿，必須醃到成熟爲止。

SEAGER 火腿

產於英國沙福克(Suffolk)，以加有糖漿的鹽水醃泡而成，接著乾燥、煙燻再放熟。

內臟及碎肉

英文offall的字面意思是指屠宰肉中「不用」(off-fall)或切剩(off-cut)的部位，數世紀以來一直讓人又愛又恨，因爲某些內臟如腦及心臟據說會引發憂鬱症，然而頭部卻具有勝利的象徵涵意，尤其是野豬頭。

很多人至今仍然不願吃動物的腦、胰臟或牛肚，而有更多人無法辨識或正確指出腸系膜、胎膜及小腸的位置。有些內臟不受歡迎的原因是出於社會、經濟或宗教理由，其他內臟則始終有相當大的市場需求量，尤其是小牛的肝及腎。看一看動物的解剖圖，就可以得知一些我們比較不熟悉的內臟。

烹調須知

所有的內臟都應該儘可能買新鮮的。不新鮮的內臟通常爲黑色，表面也會乾乾地。

動物的腦、胰臟及舌頭必須先泡水。腦部應該泡在冷水裡直到血液完全溶入水中，接著必須將動脈及纖維質剔除。胰臟需要泡在水裡一個小時或更久，然後在加了酸的水中汆燙至半熟，羊的胰臟大約需時7分鐘，小牛則約需10分鐘。新鮮的舌頭必須泡在加有酸物的水裡一小時，鹽醃品則應該泡在清水中一夜。小的舌頭要用熱水燙10分鐘，較大的則需要30分鐘，而且必須把舌頭放入冷水中去皮。

牛及豬的腎臟可以泡在加酸的水裡約30分鐘。其他內臟如肝、牛肚、蹄、小牛腳、心臟及頭部則通常是由肉販處理。

小牛或羊的頭可能會去骨，也可能不會。它可以整顆上桌，但通常是切塊並搭配適合的調味料，再以舌頭和腦部切片裝飾。豬頭主要是熟食店做肉凍及臘腸的材料。豬耳朵及小牛耳則可扒烤或塞餡料。小牛的蹄及豬腳含有豐富的膠質，可以讓湯料變稠，也可以去骨、塡餡料、油炸後用於碎肉凍中。尾巴可以燜煮或水煮，羊尾可以做成派。牛尾富含膠質且風味十足，加在長時間烹煮的砂鍋菜或湯餚中最能發揮出來。

許多切剩部位是來自動物的體內，如脾臟和腸子。豬的脾臟是香腸的原料，牛及小牛的脾臟可以塞入餡料烹調。豬腸是香腸的腸衣，而小腸搭配綠芥藍則是南美洲的名菜。小牛的腸系膜(腹膜的一部分)也是做香腸的材料之一，但是也可以油炸或採用牛肚的烹調法。肺臟適合慢煨。豬胎膜是包著肚子的蕾絲般薄膜，主要用來綁crépinette香腸(小香腸，參閱第207頁)。

腦

羊腦和最受歡迎的小牛腦都是淡粉紅色且質地細嫩，烹調法通常是煎炒、切塊油炸或磨成泥與奶油或牛奶混合。小牛腦有時會和黑牛油醬配食，或油炸後和雞蛋牛奶麵糊一起烹調。

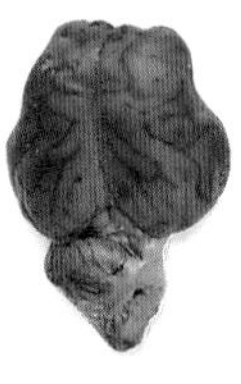
羊腦

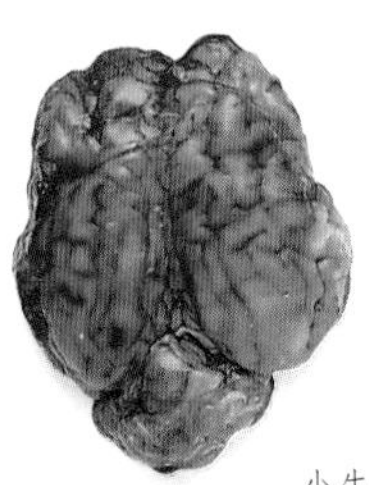
小牛腦

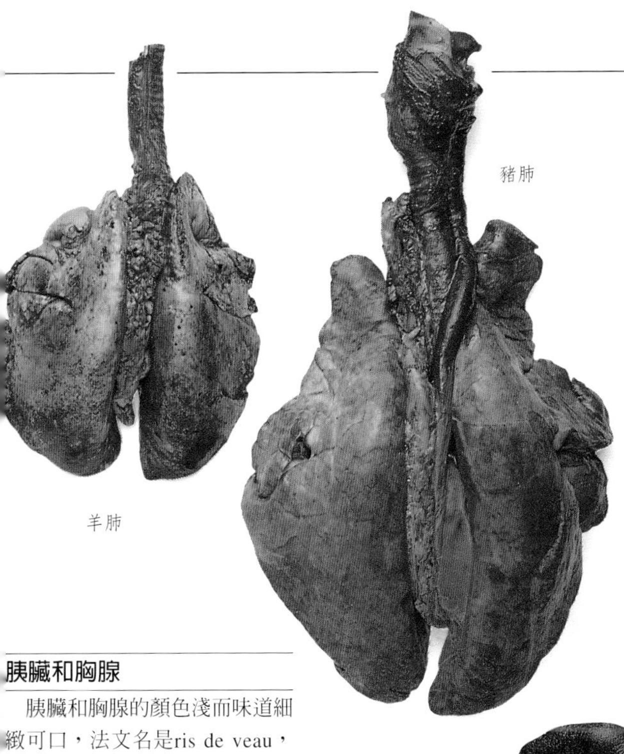

豬肺

羊肺

肺

這類內臟是動物的肺部，在英國及美國通常是寵物的食品，但在其他國家則是桌上菜餚。肺臟本身的營養並不豐富，所以通常會搭配營養的醬料，或加入煨菜裡煮，肉商還會拿它來當作肝醬(pâté de foie)的材料。

脾臟

指動物的脾臟(圖示是豬的脾臟)。雖然脾臟也可以入菜，但西方國家通常是當作寵物食品。美食家的評價一般不高，脾臟不是用來做香腸，就是和心臟及肺一起慢煨，另外公牛及小牛的脾臟還可以填入餡料。

胰臟和胸腺

胰臟和胸腺的顏色淺而味道細緻可口，法文名是ris de veau，指幼齡動物的胰臟和胸腺，前者外形渾圓肥厚，後者則是長管狀(圖示為小牛胸腺)。烹煮這類內臟需要一番準備工夫，首先必須泡水並徹底清洗，烹煮方法則有燜煮、油炸或煎炒，通常與黑牛油醬配食。胰臟和胸腺的菜式多少可以互相替代。

小牛胸腺

脾臟

牛肚

牛肚通指醃公牛或乳牛的兩個胃：百葉胃指的是牛的第一個胃或稱瘤胃；蜂巢胃通常較細嫩，是牛的第二個胃。市面上的牛肚通常已清洗乾淨並汆燙過，有時候會完全煮熟。如果買來的是生牛肚，就必須慢工細煮，西方的傳統烹調法是加入洋蔥以白汁慢煨。而最著名的菜應該是法國的卡恩牛肚(tripe à la mode de Caen)。

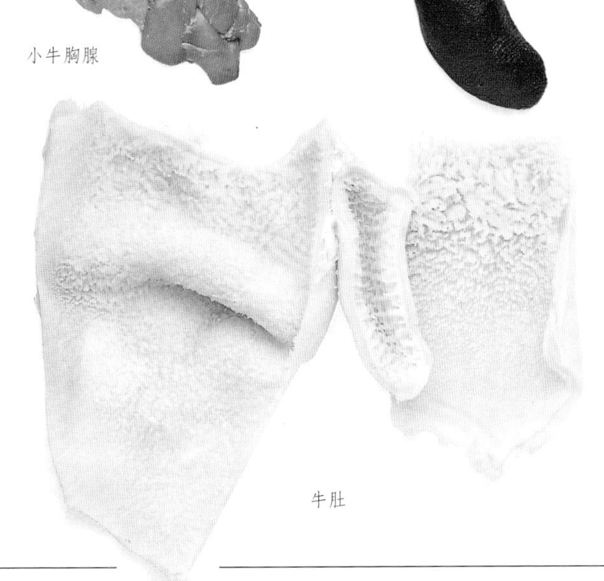

牛肚

眼球

一般中東人認爲，眼球，尤其是羊的眼球是很美味的食物，通常在燒烤或水煮頭部後，會立刻取出眼球食用，不論加不加調味料都可食。

羊的眼球

心臟

心臟極具養分且穢物較少。羊心及小牛心的味道最佳，而且很適合塞餡料，豬心較大但稍微粗糙些，牛心則最不嫩。所有的心臟都需花長時間慢慢烹調。

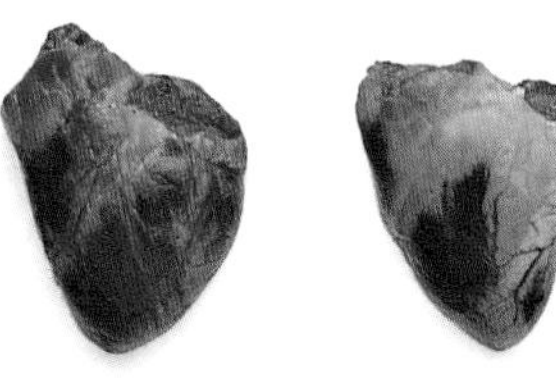

豬心

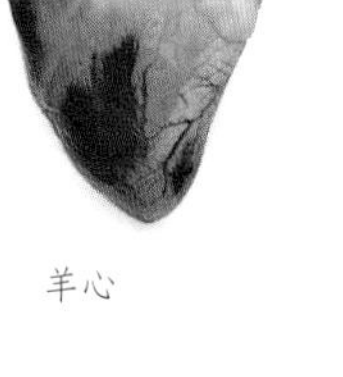

羊心

雞心

牛心

帶髓骨

牛及小牛的肩骨或大腿骨含有大量骨髓，烹煮時柔軟多脂的骨髓就會釋出。骨髓可以用在調味汁、湯或煨菜裡，並加入義大利燉菜中，另外也可以趁熱作爲開胃小點的塗醬。

尾巴

尾巴美味又滋養，價錢相對來說也比較不貴，通常去皮切塊販賣，以便用在湯或煨菜裡。牛尾應該有奶白色的脂肪和深紅色的肉，肉和骨頭的比例相同。尾巴富含膠質、風味十足，加在砂鍋菜或湯餚中長時燉煮即可盡釋美味。羊尾還可做成派餅。

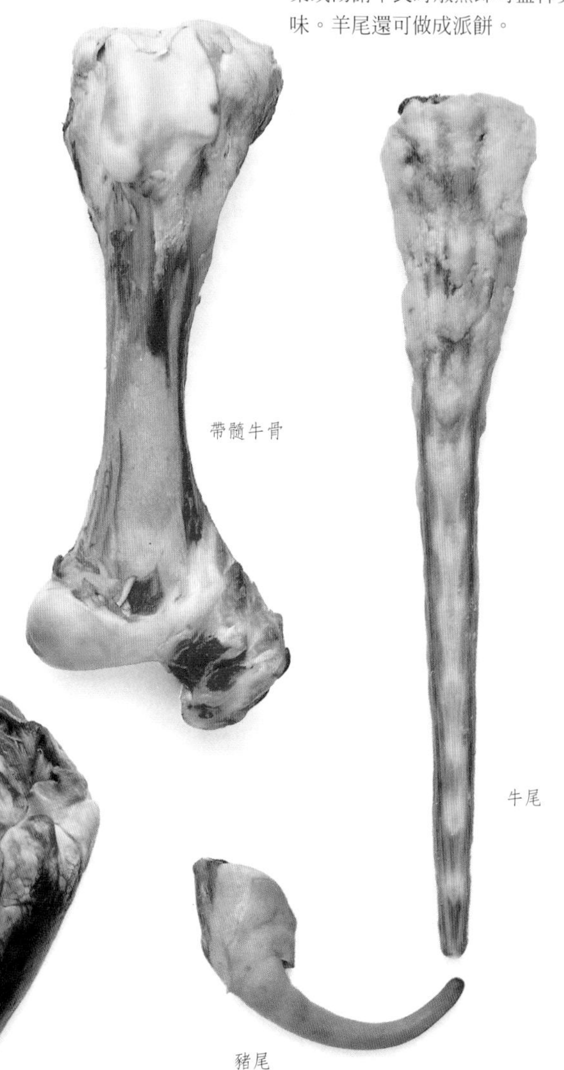

帶髓牛骨

牛尾

豬尾

舌頭

某些市場賣的舌頭立即可食，但生的、煙燻的或粗鹽醃的舌頭較常買到，煮後不論熱用冷食、加不加調味料都不錯。鹽醃舌頭通常是擠過汁的煮熟切片，一般採冷食(參閱第214頁)，生舌頭可加葡萄酒溫煮，或水煮後添上各類配飾上桌。牛舌和小牛舌最爲常見，而羊舌的肉質則最嫩。

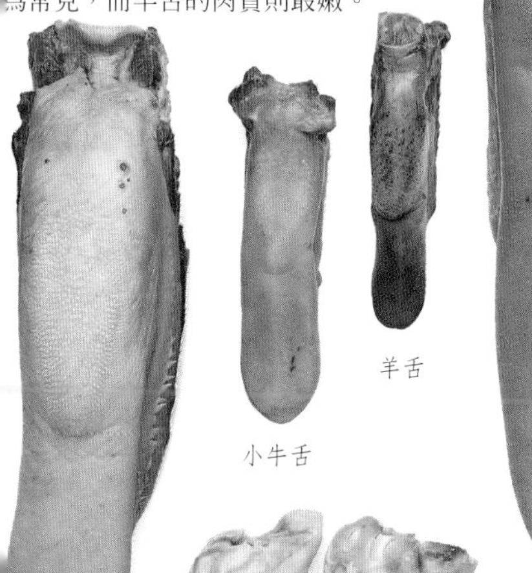

羊舌

小牛舌

牛舌(醃製品)

牛舌

豬腳

小牛腳

腳和蹄

豬蹄和小牛腳通常是整隻或剁半出售，用來熬成濃稠的高湯、清燉肉湯或肉膠，也可以扒烤後搭配調味醬趁熱吃，或加入肉凍和煨菜裡以增加額外的黏稠度，並且可以淋肉膠冷食，或去骨塞餡料油炸。

其他內臟

小腸

豬腸通常用來做香腸，在美國及法國非常受歡迎。小腸可以扒烤或油炸。

耳朵

豬耳及小牛耳可以扒烤或鑲餡料烹調。在中國，豬耳常添加辛香料調理。

頭

豬頭主要是香腸熟食舖在使用，或加在肉凍、香腸裡，也常常將舌頭和腦取出後一起水煮，或是用滷汁醃泡。市面上的小牛頭和羊頭有可能去骨或不去骨，通常是由肉販來處理。它們也可以整顆上桌，但通常是切成小塊沾醬料吃。煙燻豬頰肉大部分是水煮後像火腿一樣冷食。

腸系膜

腸系膜是腹薄膜的一部分。小牛的腸系膜則是香腸的原料之一，但市面上也有油炸的，或像牛肚一樣事先處理好。

睪丸

又稱frie或animelle，羊及小牛的睪丸可以煎炒或裡雞蛋牛奶糊油炸，也可以加入皇家肉湯裡烹調，然後配油醋汁上桌。

肝

肝臟富含鐵質，在西方國家可能是最受歡迎的內臟。圖示有多種肝類，其中以小牛肝的品質及風味最佳，因此也最昂貴。除了公牛肝通常用於煨菜及砂鍋菜之外，所有的肝類都可以油炸或扒烤，但是採用煎炒的方式才最能保存肝臟的溼潤。羊肝的腥味比小牛肝強，肉質較不嫩，在中東的烹調法是串在鐵叉上燒烤。公牛肝的價錢不貴，但腥味很強，而且一般肉質堅硬。豬肝的腥味也很強，但廣受熟食店使用，通常會做成肝醬。大部分的雞肝和鵝肝也是做成肝醬。

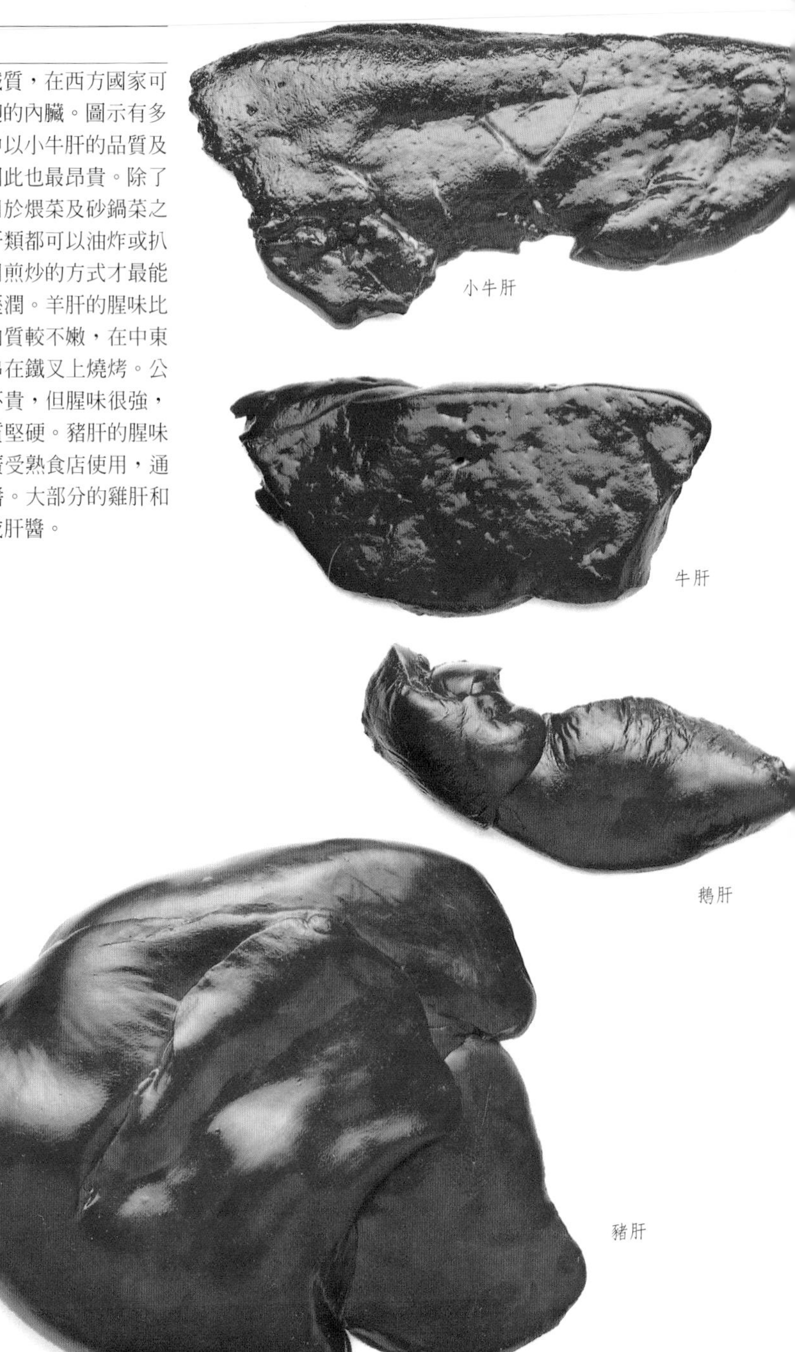

小牛肝

牛肝

鵝肝

豬肝

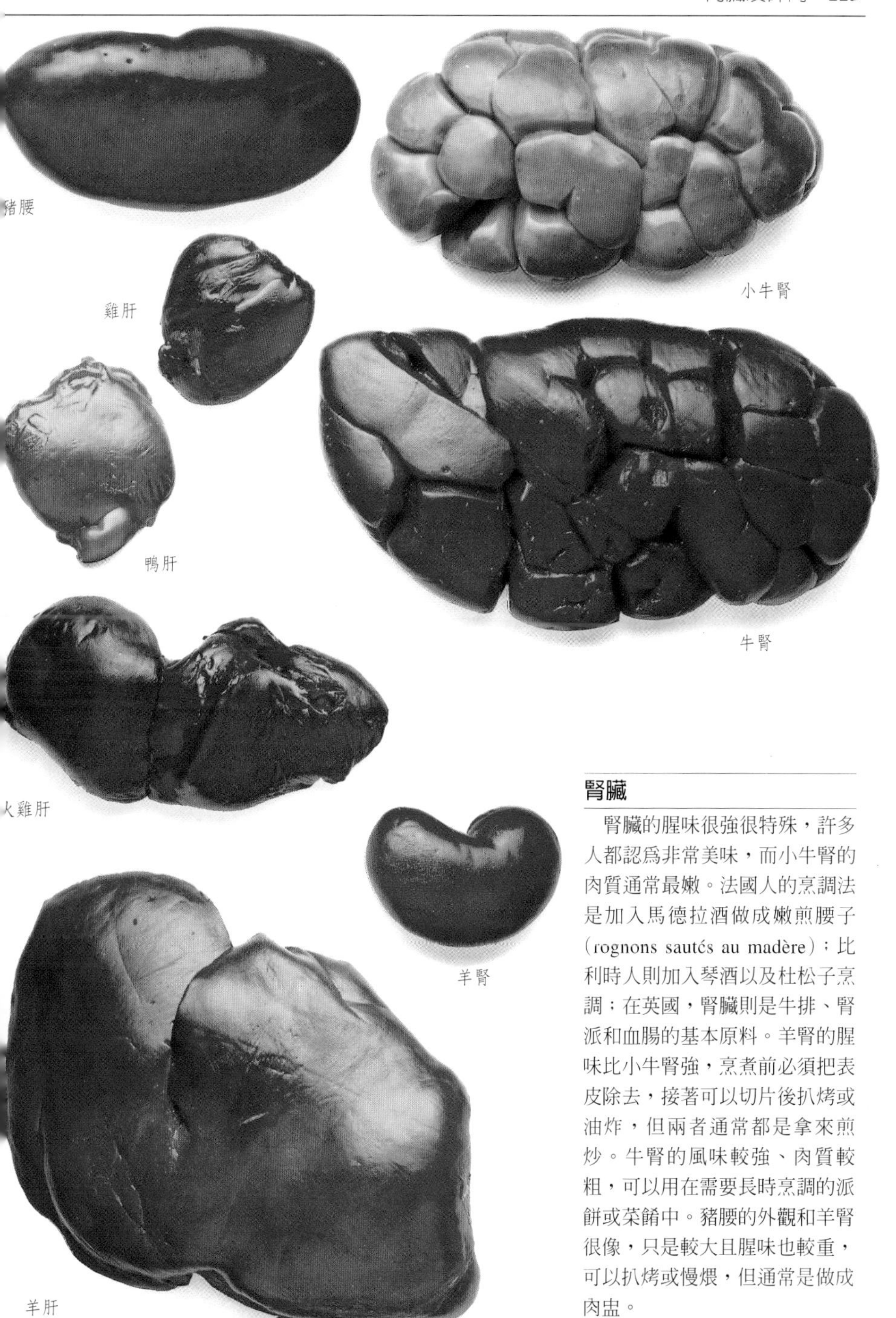

腎臟

腎臟的腥味很強很特殊，許多人都認爲非常美味，而小牛腎的肉質通常最嫩。法國人的烹調法是加入馬德拉酒做成嫩煎腰子（rognons sautés au madère）；比利時人則加入琴酒以及杜松子烹調；在英國，腎臟則是牛排、腎派和血腸的基本原料。羊腎的腥味比小牛腎強，烹煮前必須把表皮除去，接著可以切片後扒烤或油炸，但兩者通常都是拿來煎炒。牛腎的風味較強、肉質較粗，可以用在需要長時烹調的派餅或菜餚中。豬腰的外觀和羊腎很像，只是較大且腥味也較重，可以扒烤或慢煨，但通常是做成肉盅。

肉　類

人類自古以來就是肉食性動物。雖然肉類在今日餐飲的重要性已經經過重新評估，但不論它的缺點如膽固醇、高價位和道德考量是否超越了它身爲蛋白質供應者的價值，肉類依舊是生活費中最貴的一項，而且必須花費很多心思和智慧來選購及使用。

許多菜式所使用的肉都是來自人類所畜養的三種動物——牛、羊及豬，以提供我們牛肉、小牛肉、羊肉、小羊肉和豬肉。它們在半數以上的各國料理中都是主菜，然而因爲地區性偏好、宗教及氣候也可能會有某些影響，或許還會被其他畜肉所取代，例如馬肉、山羊肉及鹿肉。

今日肉販所賣的肉大多採用精選的培育及飼養技術，因此動物是被小心地飼養，以達到高標準並符合特定需求：現今對肉類的需求是瘦嫩，而現代的牛、羊及豬比起一個世紀前的祖先來說，都是肉質肥美但結實的生物，至於最瘦嫩的肉則是里肌肉及後臀肉。

肉塊

消費者的需求因社會及經濟趨勢而不同，宗教習慣以及動物的構造則會影響屠夫如何切割肉塊。區域氣候、家庭職業以及當地烹飪方法的不同，例如香料、水果及蔬菜的不同，都會影響到烹飪方法，因此也決定了該如何切肉。屠夫的切割技術各有不同，不僅國與國間不同，甚至城市及鄉鎮間也各有差異。除了美國以外，切割下來的肉塊名稱差異也很大，而美國在七〇年代就將各區不同的肉塊名稱統一化了。英國的肉塊名稱特別多，多到單單一塊牛腩就有多達27個不同的地方名稱，包括底肉(bedpiece)、頂肉(top piece)、骨眼肉(pope's eye)、烤肉(broil)、後臀肉(rump)、老鼠肉(mouse)、冠條肉(crown)以及軟邊肉(soft side)。針對動物特定部位的肉，不論是切割方式或烹調方式都可能會根據當地習俗而定，更嚴格來說，是以地區宗教儀式而定，尤其對猶太教正統派及回教教義派而言更是如此。

選擇肉類

肉類是天然食品，因此不是一種單一化的產物，肉的品質會因屠宰物的不同而異，至於味道、質地及外觀則取決於動物的種類及飼養方式。雖然油脂的確賦予食用肉的特定風味，烤肉時也幫助肉能保有水分，但沒有理由認爲只有帶肥的肉才香。食用肉的顏色同樣不是品質好壞的指標。消費者傾向於選購顏色較淡的肉，例如喜歡買鮮紅的牛肉，因爲認爲它比暗紅色的牛肉新鮮。剛屠宰的新鮮牛肉會呈現鮮紅色，因爲肌肉組織中的色素(肌紅蛋白素)與空氣中的氧氣產生了化學變化。數個小時後，色素又進一步氧化成變質肌紅蛋白素，顏色也轉爲暗紅或褐色。脂肪顏色的變化範圍可從小羊的純白色到牛的鮮黃色，主要取決於餵養方式及品種，而在某種程度上，也取決於屠宰季節。

對肉塊的了解以及知道它們是取自牲口的哪個部位，是嫩度及品質的最佳指導原則。各部肉塊的名稱已將肉塊做了詳細說明，但原則上最瘦最嫩的肉塊，也就是「上」肉，是取自臀部及後腿。「粗」肉又指頸部、腿部、前腿及肩部的肉，這些部位經過了充足的鍛鍊，纖維已經變硬，可以燜煮或慢煨。雖然它們需要慢慢地烹調才能煮嫩，許多人還是認爲這些肉塊比較香。

年幼動物的肉通常較嫩，既然嫩度是首要條件，因此在屠宰動物前可能會注射酵素，例如木瓜脢，以軟化組織和肌肉。但這只不過加速了原本較好的自然過程而已：肉類本身含有分裂蛋白質的酵素，它會隨著屍體腐化而逐步瓦解蛋白質的細胞壁。這就是為什麼食用肉會在一定的溫度及溼度下，吊上10～20天再拿到市面上賣的原因。放得越久肉價越貴的原因，在於冷藏的成本不低，而且肉本身也會因脫水而縮小，切割邊緣也會變硬。

烹調須知

食用肉是一種用途極廣的產品，不但可以用各種方式烹調，同時幾乎可與任何蔬菜、水果及香料搭配。肉的味道會受肉塊(如腱子、肉排、前胸肉)、加熱方式(如燒烤、燜煮、扒烤)及烹煮時間和溫度所影響。生肉很難嚼的原因在於肌肉纖維中含有彈性蛋白質(膠原)，這只能利用剁碎的方式來讓它變軟，例如韃靼生拌牛肉末(steak tartare)，或是藉由烹煮來讓肉質變嫩。煮肉時，肉中的蛋白質會隨著溫度的上升而逐漸凝結。到了77℃時凝結完成，蛋白質轉硬，如果再繼續烹煮就會變韌了。

既然嫩度加上香味是肉類料理的目標，烹調時就要非常仰賴時間及溫度的比例。大致上來說，長時間慢煮會比大火快煮更能保有肉汁及嫩度。當然，有時高溫也是必須的：例如你必須用很短的時間大火煎牛排，才能將表面煎得焦脆褐黃，肉心又粉嫩多汁，而用低溫就不會得到這種效果。但會變硬的肉塊，如胸肉，或含有大量結締體素的部位，例如小羊頸肉，慢速烹煮可以將組織膠質化，讓肉質更軟嫩。

帶骨肉需要用更長的時間烹調，因為骨頭是較弱的導熱體。堅韌的肉或粗肉應該用扣或煨的烹調方式。醃泡於酒或酒醋中可以讓肉質更嫩，同時可以增加風味。在燒烤或煨煮前，先把肉放入熱油中或熱烤箱裡燙一下，就可以凝結蛋白質產生脆皮，但和許多人所想的不一樣，並不能封住肉汁。如果外部溫度過高且烹煮過久，肉塊會急速脫水並收縮，造成肉汁及脂肪大量流失。烹調前在肉上抹鹽也會加速水分流失，因為鹽就是種測溼器，並且會吸收水分。

肉骨可以為湯及高湯添香，尤其是帶有大量骨髓的牛骨。小牛骨富含膠質，可以讓湯頭或調味汁變得濃稠。脂肪則可煉油，可以拿來油炸，或在需要豬油或板油時使用。

烹調方法

簡略來說，肉類的烹調法可區分為以下幾類：從中火到大火的快速烹調，例如扒烤、BBQ和油炸(適合上等嫩肉如牛排、小排骨、小牛肉薄片和串燒羊肉)；小火到中火的烹調，如燒烤或使用旋轉式烤肉機(適合大塊的上肉，如沙朗牛肉、小羊腿、豬肉塊及小牛肉塊)；放在液體中慢煮，如煨或扣(適合粗肉如厚腰窩肉、腿、腱子及頸肉)。煨肉有一大優點，就是不論剩下多少都很容易再加熱。事實上，很多菜就是因為能讓它們「成熟」後再加熱才更為美味。另一方面，燒烤就比較沒有彈性，而且冷掉的烤肉也不適合再加熱，因為它缺乏必要的水分。再加熱的肉必須從裡到外徹底熱透，而且只能再加熱一次，以免食物中毒。

當你在為烹煮肉類準備時，千萬不要用水洗，只要拿塊溼布擦拭就可以了。燒烤時要使用肉用溫度計，很多溫度計不但刻有溫度，並且也依照肉和肉塊的種類標示刻度位置。溫度計可將肉的內部溫度顯示出來。需要切割的肉應該先放15分鐘再切，好讓肉失去彈性較易切割，而且肉汁也比較不會流失。每次都要從不滑溜並可以收集肉汁的一面開始切割。使用鋒利的刀子並用切割叉固定，否則肉會從邊緣處碎裂。

牛肉和小牛肉

逐步發展近千年的養殖牛是我們食用牛肉的來源。牠們的祖先古代野牛(*Bos Primigenius*)最早大約在公元前6000年的小亞細亞及希臘地區開始畜養，而歷史上記載的最後一隻古代野牛則是在1627年出現於波蘭，血統相當綿長。羅馬和希臘人以大量胡椒和其他辛香料來處理牛肉，這不是因爲肉不新鮮或已經喪失原味，而是辛香料和牛肉都是昂貴的烹調材料。這樣精緻的食材只在特殊場合裡供應，同時意味著主人的富裕。

牛肉在歐洲

牛肉一直是昂貴的食用肉。中世紀時，平民百姓的珍貴食物是鹹豬肉及羊肉，而牛肉則是富人的特權。在英國，農人會將牛和羊群保留下來，只在放牧結束和寒冬來臨前宰殺一部分牲口。此時是食用新鮮牛肉，剩下的才鹽醃起來作爲下幾個月的食物。然而到了十八世紀，英國已是著名的食牛國。鐵叉叉著大肉直接火烤來吃，這可能暗示當時的屠宰技術很原始，也表示當時人對小肉塊不了解或忽視。但後來牛排引進倫敦，就某方面而言，可說是烹調上的革命。

法國美食家布里亞薩瓦蘭(Brillat-Savarin)首先注意到牛排肉。當地和倫敦一樣，屠宰技術已逐漸改進，但只有城裡的屠夫才能切出供扒烤的牛排肉，有位牛排迷寫道：「鄉村屠夫似乎還不知道適當肉塊的奧秘。」

牛肉在美國

牛肉一直是美國最受歡迎的肉類，而牛排則在十九世紀中葉成爲美國人的最愛。由於稱作「馬伕房」(porterhouses)的驛馬站經常供應牛排給過往旅客食用，因此這種牛排又稱爲porterhouses。

早期美國人對牛肉的渴望因西班牙肉牛成功運到德州而獲得紓解。由於牛隻是在安達魯西亞畜養，很能耐受高溫及缺水環境，因此德州的長角牛能克服被群集於鐵路中心等待船運的嚴酷旅程。如果說這些牛供應了美國人喜愛的肉類，牛仔就是讓BBQ這種受人喜愛的烹調方式流行起來的人。身爲美國主要肉類的德州長角牛雖然早已被英國的多肉牛取代，但今日的美國也取代英國成爲食牛國。美國人不論牛肉的食用量或進口量都較其他國家高，每人每年的消耗量大約是29公斤，種類包括BBQ沙朗牛排、牛肉漢堡及扒烤丁骨牛排和馬伕房牛排。

選購和烹調

從柔嫩的腓利牛排到堅韌的胸肉或牛腱，不同的牛肉塊差異很大，其種類不但比其他肉類多，名稱的變化也很多，光是單邊的主要肉就有十四種，每一種都帶有肌肉、脂肪、骨頭及結締體素。肌肉較不發達的肉塊適合燒烤或扒烤，通常是由內側切割而得；較瘦或較韌的肉塊則是切自較發達的外側肌肉。例外的是肋肉和牛柳，它們都是從外側切割而得，但基本上是不動的肌肉。

了解肉塊來自哪個部位可以決定烹調的方法。前半部通常重達70～86.5公斤，可分爲八個部位：頸肉、肩肉、牛腱、上腦、前肋肉、上(厚)肋肉、平(薄)肋肉以及前胸肉。頸、肩肉及牛腱來自牛的可移動部位。這些部位的肉質很可能因爲含有大量的締結體素而較爲堅韌，需要長時慢煮，如燜煮、燜煨或扣，讓肉煮到最佳也最嫩的效果。上腦位在頸肉後面，可以切成兩大塊，或數個較小的大塊或是薄片。上腦比頸肉細，也是以加水的方式烹煮。前肋肉來自背部中央的不可移動區，是前半部裡唯一的上肉，可以整塊燒烤，或去骨後捲起來，或者切成肋排扒烤或油炸。在上腦及前肋肉下方，也就是前胸肉上方的是上肋肉及下方的平肋肉。這兩種肉最好去骨或切成牛排用小火燒烤或燜煮。前胸肉也是經常移動部位，需要加水長時間烹調，然而醃製處理也可以醃出嫩肉來，如粗鹽牛肉，或鹽漬後清燉。

後半部通常重達68～82公斤，由七個主要部位組成：腿、腰部上肉、腿端肉、上臀肉、後臀肉、沙朗和牛腩。腿肉最好燜煨或燜煮，而牛腩也有相當多的締結體素，通常剁碎販賣。其他部位則皆爲上肉，可以燒烤或切成牛排扒烤或油炸。馬伕房牛排、牛腰肉大牛排和腓利牛排都是切自沙朗部位。

小牛肉

小牛肉是三個月大的酪牛肉，目前正處於短缺狀態且昂貴：小牛在細心照顧下成長，許多是完全以牛奶餵食。小牛肉和牛奶的關連最晚可以追溯到諾曼時代，也就是廚師調理出牛乳凍(blancmange小牛肉、牛奶和杏仁合煮的菜)並教英國廚子用小牛肉、雞蛋、牛奶和辛香料烹調成小牛燉肉(veel bukkenade，中世紀時的白汁小牛燉肉blanquette de veau)時。

特殊的小牛肉料理「麵包粉扇貝小牛肉」有一段奇特的軍旅史。這道菜可能源自於西班牙，在十六世紀時引進米蘭，當時米蘭市仍爲西班牙大帝國的屬地，市民稱這道菜爲米蘭扇貝小牛肉(scallopine Milanese)，或許這是因爲海扇殼爲西班牙守護聖徒聖雅各的標誌，所以才如此稱呼，而扇貝對米蘭人來說也象徵著美味。後來米蘭被拉德茨基元帥(Marshal Radetsky)所率領的奧地利軍佔領，拉德茨基又將這道菜介紹給奧皇約瑟夫的廚師，此後這道菜便成爲有名的維也納炸牛排(Wiener schnitzel)。法國菜則有白汁小牛燉肉這道地方菜及上等奧羅夫小牛腰肉(selle de veau Orloff)。義大利早已有很多小牛肉的菜色，更因配有鮪魚醬的小牛肉冷盤(vitello tonnato)、托斯卡尼煨菜斯圖法提諾(stufatino)以及用小牛小腿加番茄燜煨而成的名菜歐索布可(ossobuco)而著名。羅馬尼亞人把小牛肉剁碎做成砂鍋菜，保加利亞人則將小牛肉和山葵一起煮。

選購和烹調

和牛肉不同的是，小牛肉可以用肉色來判斷品質。顏色越白表示餵養牛奶的比率越高，肉質也可能比較柔嫩美味。較成熟的小牛肉是粉紅或玫瑰紅中帶乳白色脂肪，外表乾乾黃黃或有斑點則表示已經腐壞。小牛肉的脂肪較少，很容易變乾，所以在燒烤、扣燒或燜煮時通常會先塗豬油，來潤澤肉質。

一隻小牛可以分成前半部和後半部。前半部有五個主要部位：頸肉、中頸肉、肩肉、頸尾上肉及胸肉。頸肉通常整塊出售，但有時也會切塊。中頸肉會切成薄片或去骨做成小牛肉派。這兩個部位的肉都需要長時間加水烹煮，如燜煨或燜煮。肩肉通常已燒烤好而且整塊出售，或是去骨以包餡料並捲起。頸尾上肉是切成薄片以供扒烤或油炸。胸肉是切成細條以燜煮或燜煨，或去骨後拿來包餡料、捲起並燒烤。後半部的三個部位可提供主要的上等肉塊：腿部、牛柳及牛腩。腿部通常切爲肘子及後腓利。市面上的肘子通常爲大肉塊或薄片，用來燜煮或燜煨，去骨切丁肉則可做砂鍋菜。後腓利腿肉以大塊烤肉的形式出售，或從腿的上部開始切成薄薄的肉片以扒烤或油炸。至於剩下的大肉塊則去骨並捲成較小的肉塊以供燒烤。牛腩通常捲成燒烤肉塊或做香腸。

腰部上肉（**Topisde**）

切割自後半部的瘦嫩肉塊，很適合溫煮或扣燒。

牛腿端肉（**Silverside**）

切自牛的後半部，由臀肉切得，可以扣燒或做成傳統的清燉牛肉。

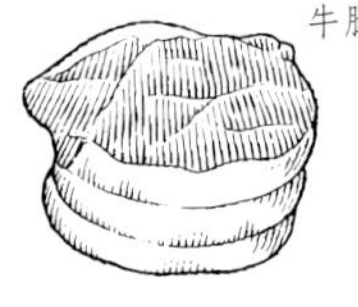

上臀肉（**Top Rump**）

上臀肉切自臀肉，又稱為厚牛腩，可買到去骨且捲好的。可以扣燒或溫煮。

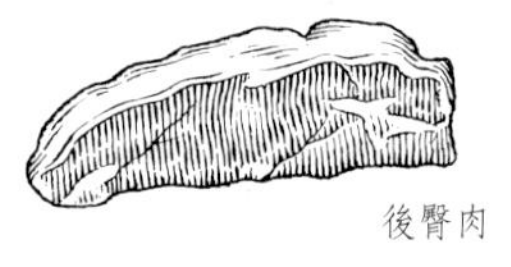

後臀肉（**Rump**）

雖然嫩度比腓利差些，但也是上等的肉塊，適合扒烤或油炸。

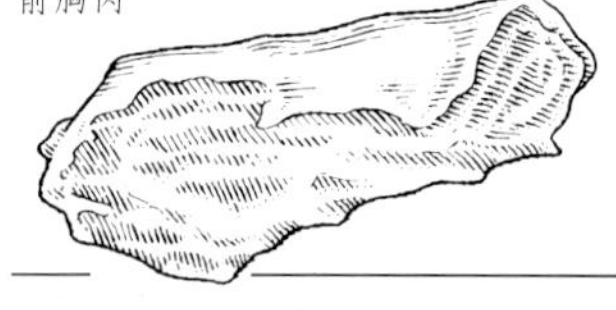

上肋肉（**Top Rib**）

因為它的形狀，有時又稱「羊腿肉塊」。通常去骨後捲起來，可以扣燒或溫煮。

肋間肉牛排（**Entrecôte Steak**）

從肋骨或沙朗肉切割而得的無骨牛排，嫩度比後臀肉略遜，適合扒烤或油炸。

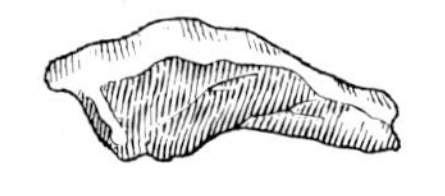

沙朗（**Sirloin**）

切割自背部的柔嫩瘦肉，去骨或未去骨皆可買到，適合燒烤。

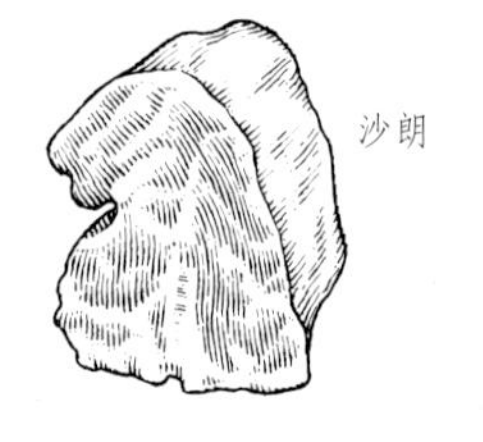

前胸肉（**Brisket**）

從牛的肩部下方切得的肉塊。脂肪相當多，帶骨或不帶骨以及鹽醃的都有出售。適合長時間燒烤或溫煮。

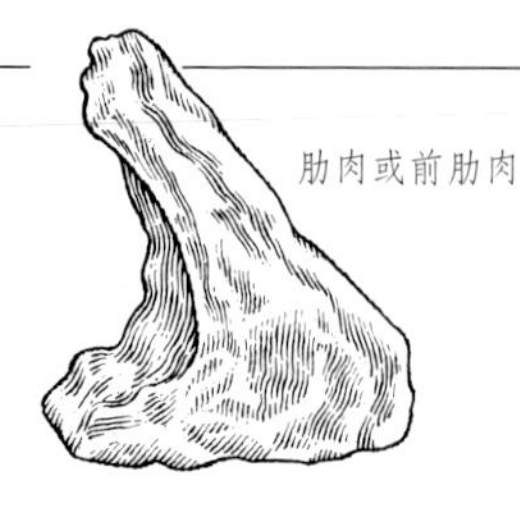

肋肉或前肋肉（**Rib or Fore-Rib**）

帶骨或去骨捲起的都有出售，適合燒烤。

丁骨牛排（**T-Bone Steak**）

從沙朗後腓利切得的肉塊，這種肉塊適合油炸或燒烤。

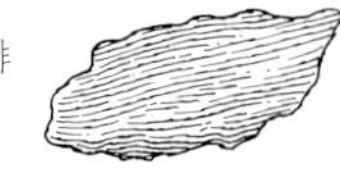

快熟薄肉排（**Minute Steak**）

通常是切自牛腩或肋間肉的肉片，適合扒烤。

腓利牛排（**Fillet Steak**）

以腓利肉橫切下的瘦肉塊，是肉質最嫩的牛排，很適合扒烤或油炸。

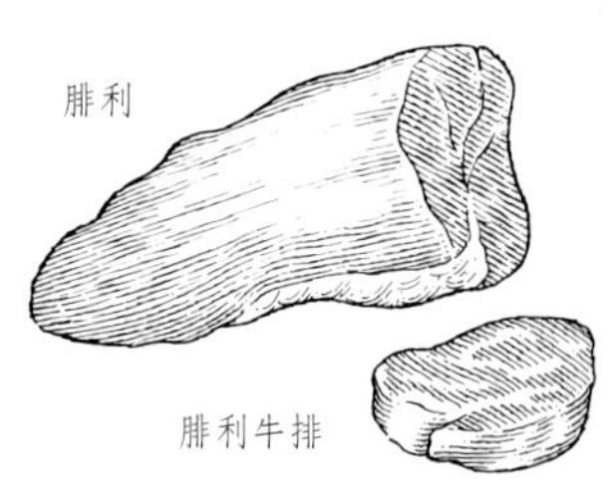

牛腩（**Flank**）

從牛隻腹部切取的無骨肉，適合清燉、溫煮或燜煨。

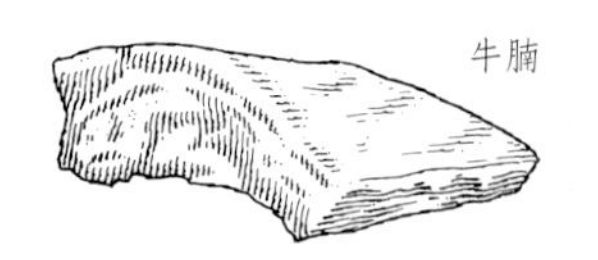

其他牛肉塊

牛腰肉大牛排（Chateaubriand）
從腓利中央所切得的大塊牛排，適合扒烤或油炸。

腓利（Fillet）
從牛背切得的肉塊，是最柔嫩的部位，切自沙朗肉中段。可切成牛排或燒烤。

捲肋肉（Rolled Ribs）
從前半部的下部位取得，帶骨或去骨捲起的都有售，適合燒烤或扣燒。

牛腩橫隔肉（Skirt）
像軟骨一樣的無骨肉塊，通常拿來燜煨或切成肉末。

小牛頸尾上肉（Best End of Veal Neck）

適合燒烤或燜煨的肉塊。

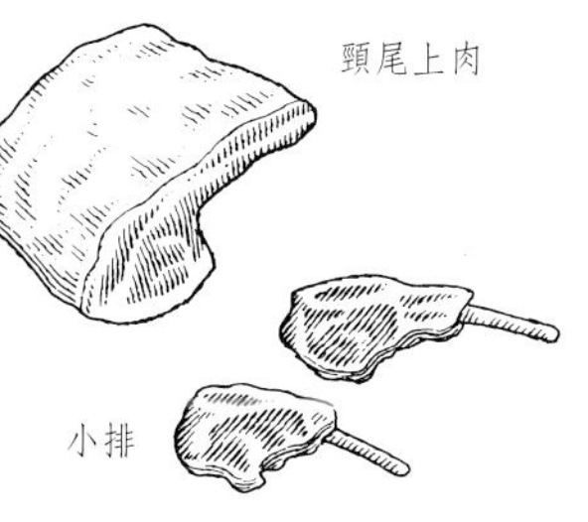

小牛薄片（Veal Cutlets）

由頸尾上肉中切得的肉片，可以扒烤或油炸。

小牛排（Veal Chops）

由里肌肉切得並帶有牛骨的肉塊，適合扒烤或油炸。

肉排

小牛腿（Knuckle of Veal）

這是牛的小腿，爲帶有粗骨的肉塊，用來清燉及燜煨，並加在歐索布可(ossobuco)燉牛肉中。

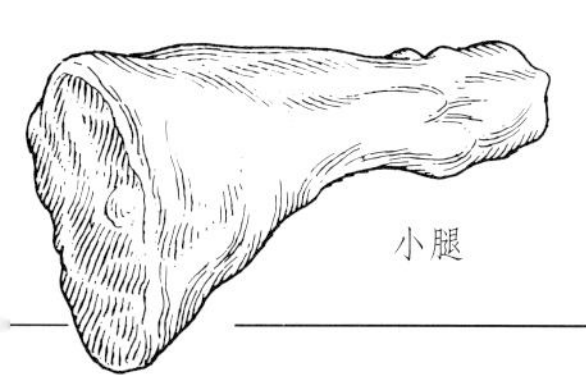

前腿肉

小牛腿（Leg of Veal）

一種上肉，通常帶骨燒烤。

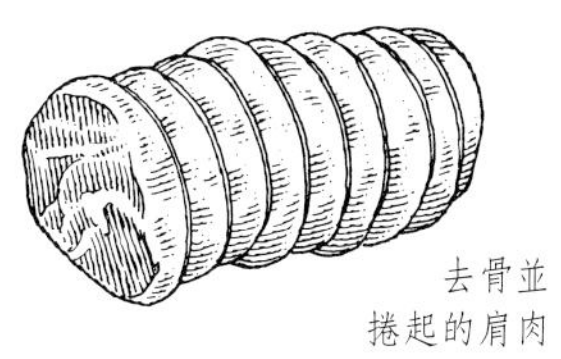

小牛肩肉（Shoulder of Veal）

可以去骨並捲起來燒烤，但通常會切碎小火燜煨或做派餡。

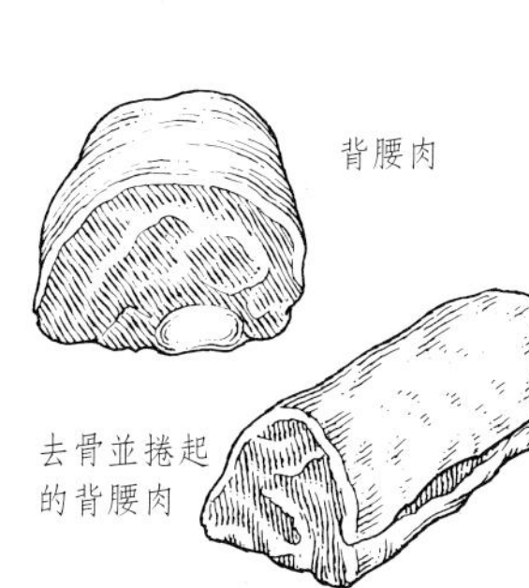

小牛柳（Loin of Veal）

取自小牛背部的肉塊，適合帶骨或去骨捲起後燒烤。

腓利小牛肉（Veal Fillet）

從後半部切得的無骨肉塊，有時候出售做燒烤用，但大部分會切成腓利牛排或切成薄片出售。

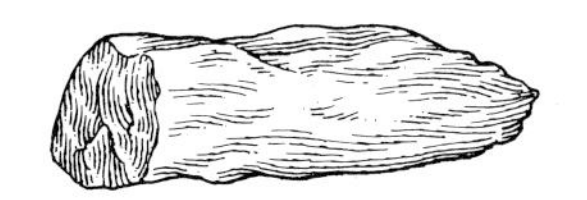

碎小牛肉（Pie Veal）

肩部、胸部、頸部或小腿經切割後所剩的碎肉，很適合做派餡和燜煨。

小牛胸肉（Breast of Veal）

雖然通常會去骨包餡料以供燒烤，但是也可以切成小肋肉。

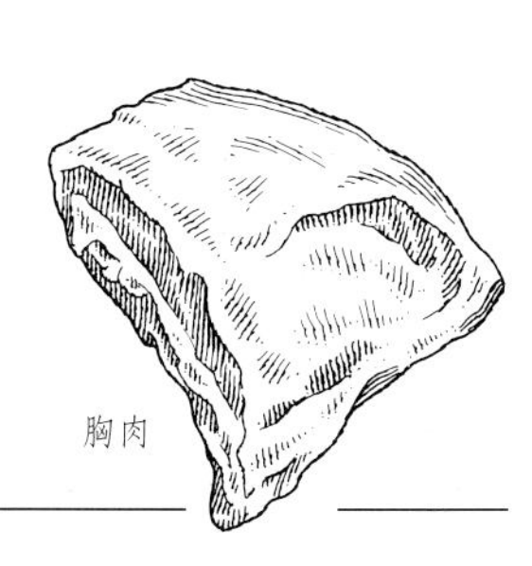

小羊肉和羊肉

綿羊和山羊的祖先比牛、豬的祖先歷史還要久遠，可以回溯至公元前9000年。綿羊提供了羊毛和羊肉兩種產品，但今日羊肉遠比羊毛重要得多。

小羊肉得自年紀不滿一歲的綿羊，一歲以上則稱爲一歲羊，而牠的肉即是羊肉。小羊肉的肉塊較小，肉質更嫩；羊肉在烹煮前則需要長時間吊掛讓肉質成熟，由於羊肉通常很肥，所以需要好好處理。年紀五到七個月大的小羊肉品質最好，又稱春羔羊、夏羔羊或羔羊肉。現在小羊肉大部分的風味已經因大量生產而喪失，一隻冷藏過的小羊腿，味道絕對比不上新鮮的春羔羊腿，但是後者的供應量極爲有限，而且價格很高。紐西蘭和澳洲是小羊肉的主要生產國，出口大量的小羊肉到英國、俄國、中東和日本。

烹調須知

小羊肉在世界許多地方都很受歡迎，不同的國家都有各自的烹調法。中東和北美料理是以整隻小羊爲特色，他們用鐵叉穿過羊身燒烤，稱爲叉羊肉(mechoui)或串烤羊肉(shish kebab)，事實上就是指「串烤羔羊」。許多人將小羊肉末加去殼麥子食用，生吃或熟食皆可。在伊朗，羊肉採慢煨的煮法；在突尼西亞則會加入辛香料和葡萄乾一起煮。法國人特別喜歡烤羊腿。小羊肉則創造出不朽的愛爾蘭煨肉及蘭開夏濃燉湯。

小羊肉很適合某些水果或附加料：薄荷醬搭小羊肉或酸豆醬配羊肉在英國都很受歡迎。阿爾及利亞人拿小羊肉與梅乾及杏仁一起煮，摩洛哥人則是搭配檸檬和橄欖。比利時人加入菊苣，瑞典人加蒔蘿，其他還有迷迭香和杜松子等。小羊肉必須經過烹煮，這樣才能保留粉紅的色澤，然後切薄片。

選購和烹調

品質好的小羊肉應該有質佳的白色脂肪，剛切開的肉色應爲粉紅色；至於羊肉則肉色較深。小羊應有一層薄似羊皮紙的外皮，也就是所謂的羊皮，通常和小羊肉一起燒烤，才能維持形狀。但剁小塊時一定要去掉。越年輕的羊肉質越嫩。判斷羊隻年紀的好方法是看重量，尤其是小羊腿的重量：肉質最好的重約2.3公斤，而且絕對不會超過4公斤。較小的肉塊通常肉質較嫩，價錢也較貴。

一隻小羊肉通常重13.5～17.5公斤，而羊肉則重約32～36.5公斤。兩者都會切割成前半段和後半段，主要的肉塊也相同。前半段包括頸肉、中頸肉、肩肉、頸尾上肉及胸肉。頸肉和中頸肉通常一大塊出售，或切成小塊小火慢煨，或做成扣肉和砂鍋菜。肩肉可以整塊出售或分割成肩胛肉及後肘肉，或去骨後串燒、做砂鍋羊肉及羊肉派。小羊頸肉、中頸肉及肩肉的肉質都遠比其他動物的肉質嫩，這是因爲小羊肉尚未成熟的緣故。頸尾上肉是整塊帶骨或去骨出售，或是切成薄片。兩邊的頸尾上肉可以做成環狀烤肉(crown roast)出售。胸肉是去骨切成小塊或一大塊出售，以用來燒烤或燜煮。

後半段包括里肌肉、帶骨厚肉塊及腿肉。里肌肉爲整塊出售，偶爾會去骨並捲起，或切成小肉塊。帶骨厚肉塊是腿部上端的厚肉塊，通常切成小肉塊出售，但是連里肌肉一起切下時則以一大肉塊出售。腿部是整隻出售，也可以切成兩半爲後腓利和後腱子肉。從羊的頸部、中頸部及胸部切得的肉塊都需要長時間加水烹調。其他肉塊則用180℃燒烤至全熟或半熟。帶骨厚肉塊及里肌肉塊抹油後，可以扒烤或油炸12～15分鐘，其他肉排及小排只需8～10分鐘。

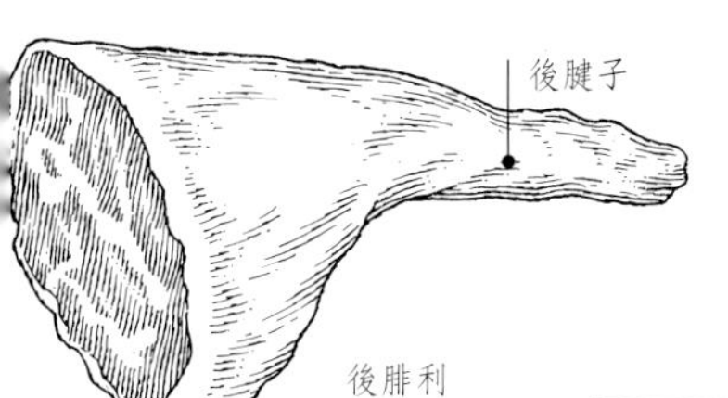

腿

腿肉（Leg）

通常被分割爲里肌肉和腱子兩部分的嫩肉塊。帶骨出售的是做燒烤用，至於去骨並捲起的是做砂鍋菜用。

羊小排（Cutlets）

這是從頸尾上肉以骨頭爲準分割開的肉塊。它們可以拿來扒烤或煎炒。

小排

頸尾肉（Scrag End of Neck）

多骨又多脂肪，常用來燜煨及做湯。

頸尾肉

肋肉

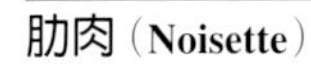

肋肉（Noisette）

這是圓且小的肉片，厚度大概只有50公釐，是從里肌肉或是羔羊頸尾上肉切得的。通常用來燒烤或用平鍋油煎。

帶骨厚肉塊（Chump Chop）

在腰及腿間切得的肉塊，通常扒烤或油炸。

帶骨厚肉塊

頸尾上肉（Best End of Neck）

帶骨出售的小肉塊，適合拿來燒烤。

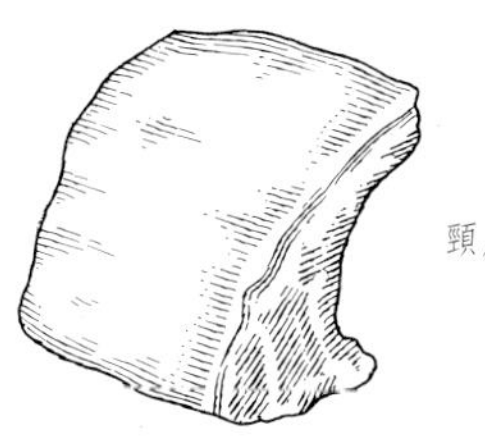

頸尾上肉

胸肉

胸肉（Breast）

帶有許多脂肪的肉塊，通常去骨出售以包餡料並慢火燒烤。

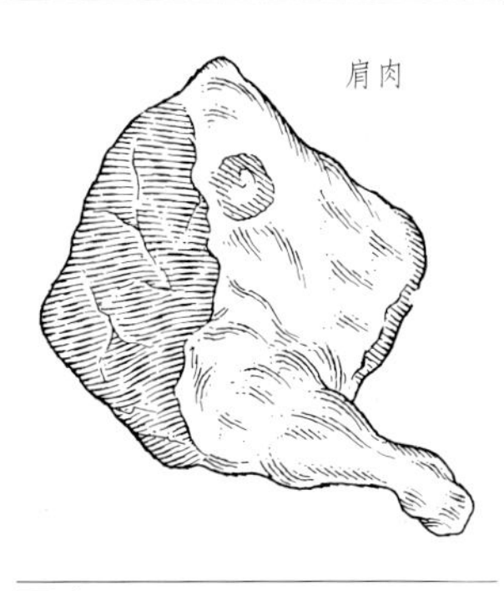
肩肉

肩肉（Shoulder）

帶骨出售且肉上帶有相當多的脂肪，它可以帶骨燒烤，也可以去骨包餡料捲起來，以及切塊串起燒烤或做成砂鍋菜。

小肋排

小肋排（Riblets）

切掉大排骨肉後剩下的帶骨胸肉，通常放在液體中烹煮。

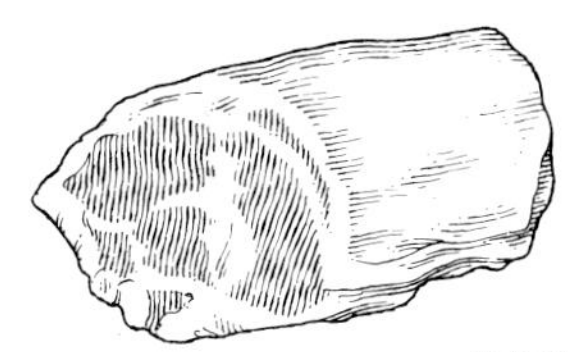
里肌肉

里肌肉（Loin）

從背部切下的帶骨或不帶骨嫩肉塊，適合燒烤。

里肌肉塊

從里肌肉切下的帶骨肉塊，適合扒烤、油炸及燜煮。

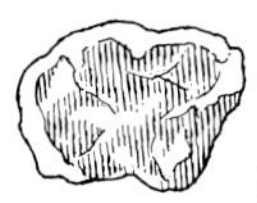
里肌肉塊

豬 肉

第一個嚐到烤豬肉味道的民族大概是中國人，在中國出土的新石器時代遺跡中也顯示豬不僅是食物，也是當時唯一的畜養牲畜。十八世紀時亞洲品種東印度豬(*Sus scrofa vittatus*)出現，而現代大部分的豬種都是承襲自這支亞洲豬種。

豬肉最令人爭議之處在於它是某些宗教的禁忌品。各方意見認爲豬肉基本上不衛生，在炎熱氣候下會危害健康。另一個觀點是豬曾經是部落圖騰，因此也是神聖的。

儘管如此，許多國家都非常重視豬肉，並視爲主要的嫩肉。後來豬與人類的關係也非常密切。過去數個世紀以來，歐洲農民都是用自己畜養的豬隻鹽醃或醃漬，來充作日常食物；海軍將它們配給水兵使得水兵逐漸厭惡豬肉，而貴族們也不喜歡，認爲豬肉是窮人的食物。儘管豬肉的地位低下，它依舊是每戶農家的主食，豬隻並隨著移民遷至新大陸而廣爲繁殖，以致遠在牛肉取得主導地位以前，豬肉就是美國料理中的主要菜樣。從前人們將豬隻放在樹林裡養肥，然後像今天一樣將牠們充分利用，包括頭部、內臟及豬腳(參閱第202-17頁及218-33頁)。

豬幾乎什麼都吃且貪食，像是自然界中的吸塵器，但是豬農必須爲牠們控制飲食，才能養出脂肪、重量及肉質比例正確的豬隻。豬不能只吃草，而要餵食穀類、蛋白質、礦物質及綜合維他命；飲食會影響肉的味道，這可能也是古時自由放養的豬隻風味較自然的緣故，雖然肉質可能也比較硬且肥。

烹調須知

豬吃苦耐勞、雜食兼能吃腐肉殘飯的特性，是讓牠們能忍受各種氣候及環境的主要因素。也許是因爲豬肉與鹽關係深遠，所以通常會和水果一起煮或搭配食用：很多歐洲國家是用蘋果醬配食，丹麥人則以梅乾餡塞豬肉一起煮，德國人也是如此，並且還把豬肉放入啤酒裡燜煨，然後搭配醬汁及馬鈴薯或酸泡菜上桌。在俄國、義大利、希臘和波蘭，整隻乳豬用鐵叉架在架上燒烤，烤乳豬則是波蘭復活節的主菜。但在豬肉料理上最變化多端的要算是中國人，豬肉絲以八角及薑片等辛香料快炒，或和菇類一起燜煨。

選購和烹調

豬肉應有淡粉色的肉及堅實的白色脂肪。幾乎所有的豬肉塊都是上選肉，也就是可以燒烤或扒烤，因爲豬都是在年輕時宰殺，因此不論哪個部位的肉都很嫩。大部分的食譜都建議把豬肉煮到全熟且乾透，好讓寄生蟲的危害性降到最低，然而現今科學家提出新的安全標準，只要豬肉內的溫度達77℃即可，這樣也可以保持肉質的濕潤和嫩度。

新鮮豬隻可區分爲七個主要部位。豬頰肉賣給製造商做香腸，豬腳則當作內臟來賣(參閱第221頁)。五個主要零售部位是腿、里肌肉、腹肉、頸尾肉及前腿肩肉。市售的豬腿有整隻、去骨或切成豬肘及腓利腿肉兩大塊。後里肌肉可以切成大塊帶骨厚肉，但通常作爲烘烤大肉塊或去骨切成肉排。剩下的里肌肉切成脂肪較多的大肉塊或小肉塊。腹部可以沿著肋骨切出相當瘦的肉塊，以及腿部附近骨頭較少但脂肪較多的大肉塊。頸尾部位通常切成一塊帶有肩胛骨的肉塊及一大塊排骨肉(排骨肉便是由此切出)。前腿肩肉通常切成一大塊及幾塊豬排。

所有豬肉塊的內部都必須加溫達77℃。扒烤或油炸肉塊及豬排時，先抹一些油，再烹調約15～20分鐘。

嫩里肌肉（Tenderloin）

從里肌肉內側切出的不帶骨瘦肉，嫩里肌肉或稱豬腓利很適合燒烤、燜煮、扒烤或油炸。

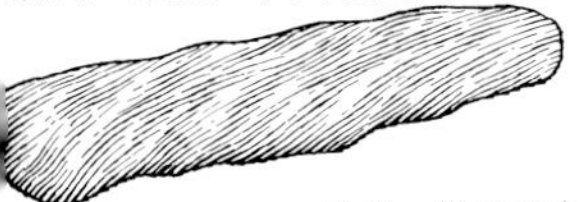

腓利；嫩里肌肉

里肌肉（Loin）

一大塊瘦肉，有時還包含了豬腰。很適合燒烤。

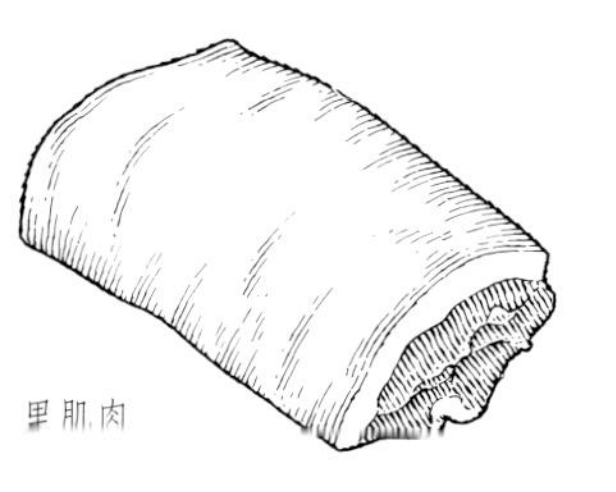

里肌肉

里肌肉排（Loin Chop）

從里肌肉的前段或中段所切得的肉塊，適合扒烤或油炸。

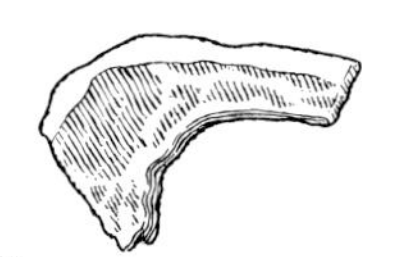

里肌肉排

腹肉（Belly）

通常會做成培根，但有時候也會直接販售，並用來做香腸，否則就是拿來扒烤或焗烤。

腹肉

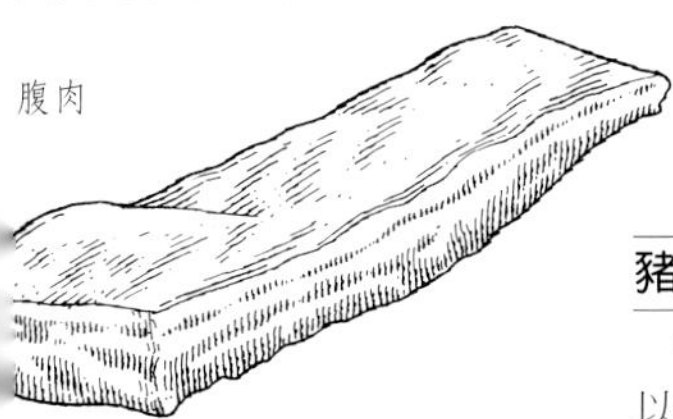

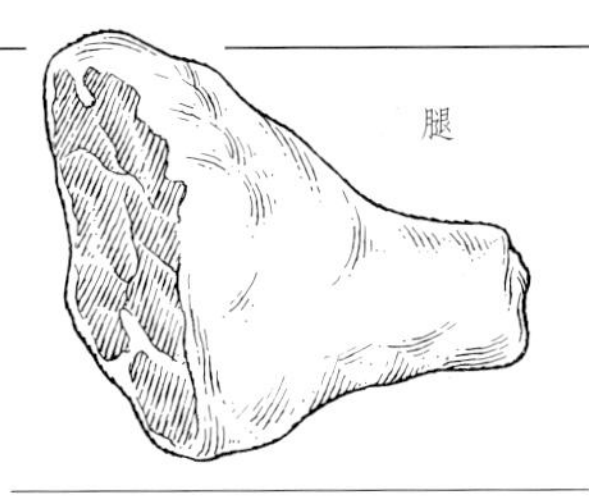

腿

腿（Leg）

後腿肉是又瘦又嫩的大肉塊，市面上售有帶骨或去骨肉，很適合燒烤。

帶骨厚肉塊（Chump）

從後里肌肉切出的大肉塊，帶骨或去骨都買得到，適合燒烤。還可以切成大塊厚肉排。

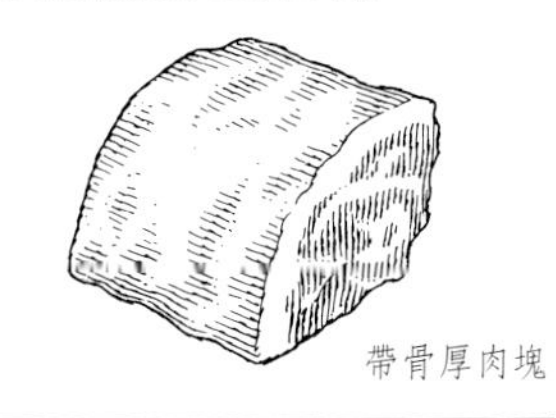

帶骨厚肉塊

美國肋排肉（American Spare Ribs）

這些排骨肉是從豬的腹部切得的，通常用來BBQ。

美國肋排肉

豬肘

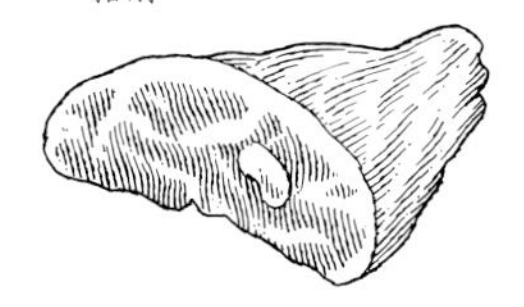

豬肘（Hock）

從前腳切得的小塊帶骨肉，可以燜煨或用來煮湯。

排骨（Spare Rib）

從豬的前半段切得，可以一整塊販賣，或切成一塊塊的小排骨出售，適合燒烤、扒烤或油炸。

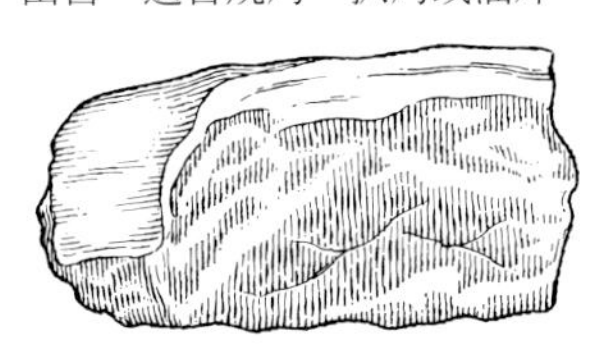

排骨

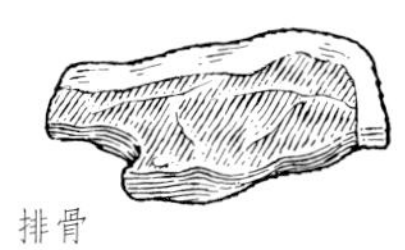

排骨

肩胛肉（Bladebone）

取自前半段的嫩肉塊，去骨或帶骨都買得到，肩胛骨或肩胛肉是用來做砂鍋菜或串燒。

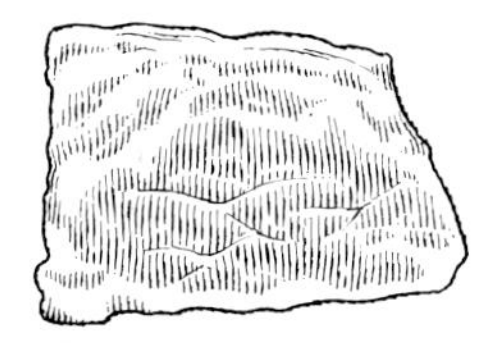

肩胛肉；肩肉

前腿肩肉（Hand and Spring）

取自豬的前半段，可以整個帶骨出售，或是切成前腿肉和腱子，適合燒烤或燜煮。

前腿肩肉

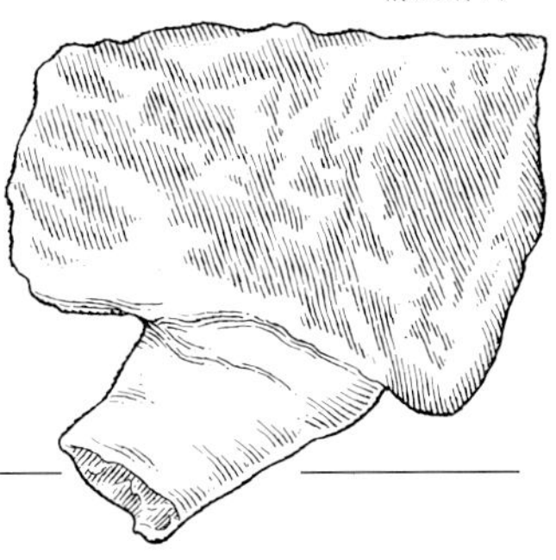

中文索引

二劃

三劃

四劃

五劃

六劃

七劃

八劃

十劃

十一劃

十二劃

十三劃

十四劃

十五劃

十六劃

十七劃

十八劃

十九劃

二十劃

二十一劃以上

英中索引

.C.

.D.

.I.

.J.

.K.

.L.

.Q.

.R.

.S.

.T.

.U.

.V.

.W.

.Y. / .Z.

國家圖書館出版品預行編目資料

大廚食材完全指南 / Adrian Bailey 著；陳系貞譯. -- 初版. -- 臺北市：貓頭鷹出版：城邦文化發行，1999〔民88〕
面； 公分 .--（DIY生活百科；9）
含索引
譯自：Cook's ingredients
ISBN 957-0337-06-0（平裝）

1. 烹飪 2. 食物

427 88011791

DIY生活百科

全系列其他書目

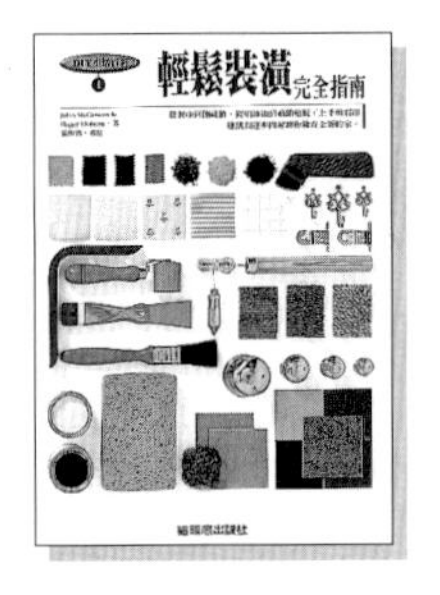

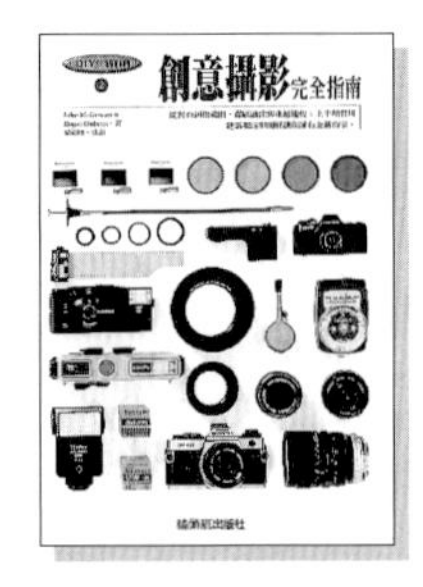

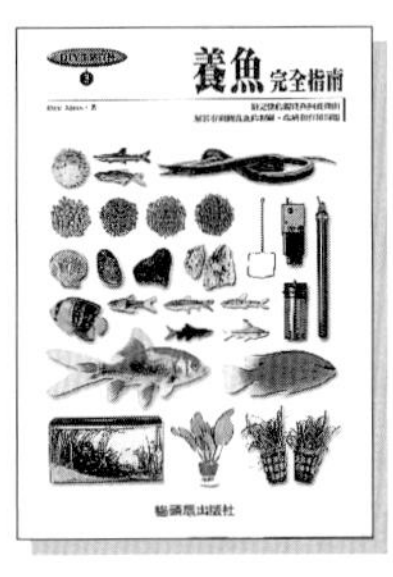

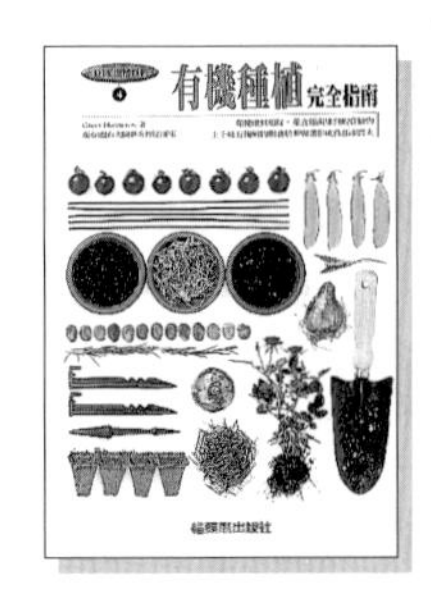

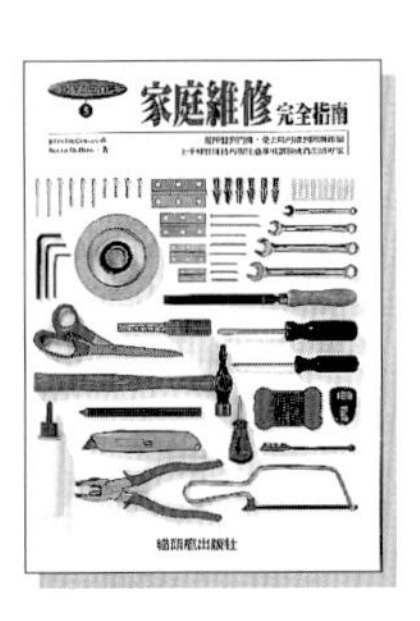

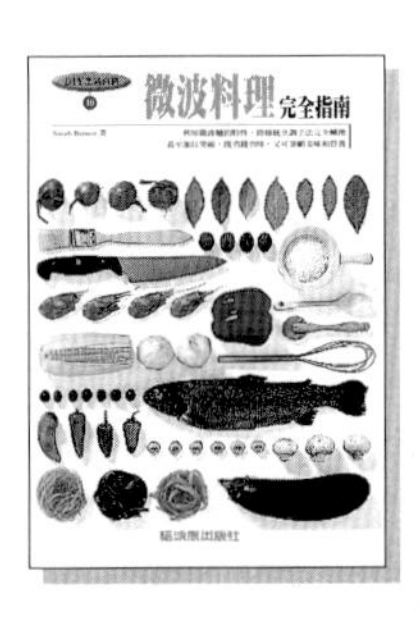

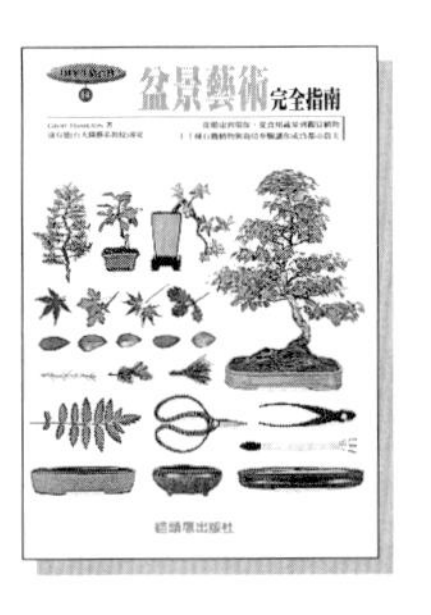

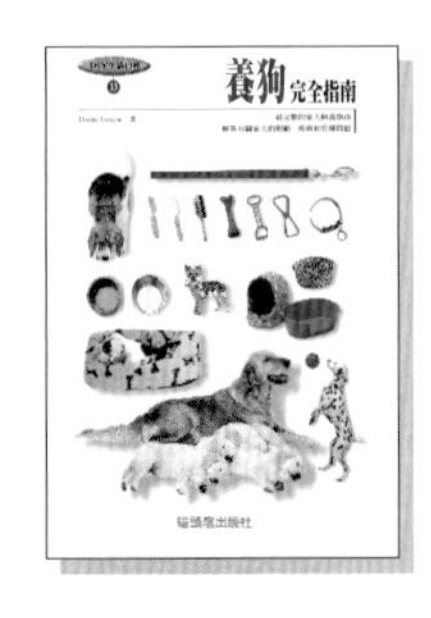

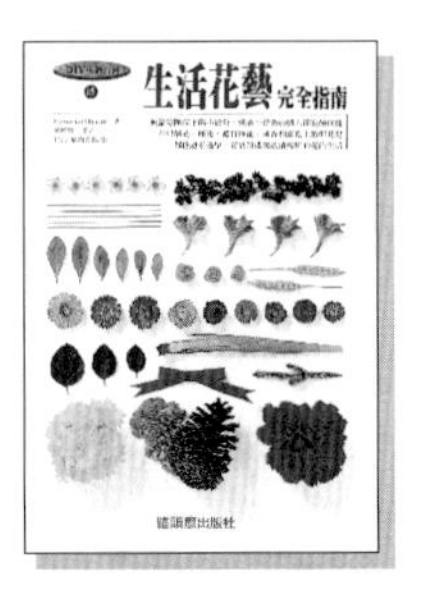

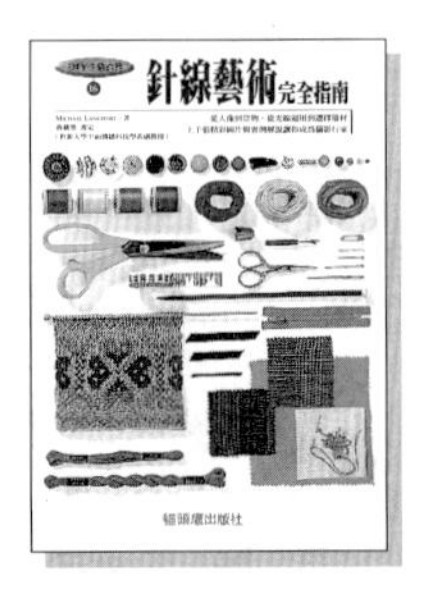